应用型高等院校校企合作创新示范教材

大学计算机基础

主　编　阙清贤

副主编　刘　浩　刘泽平

中国水利水电出版社
www.waterpub.com.cn
·北京·

内 容 提 要

本书是根据教育部计算机基础教学指导委员会提出的《大学计算机基础课程教学基本要求》，按照"注重基础，强调技能，突出能力，展望前沿"的思路编写而成的。本书的主要内容包括计算机基础及信息编码、计算机系统、操作系统、计算机网络、办公软件（Word、Excel、PowerPoint）、信息安全与网络安全、计算机常用工具软件、计算机新技术等。为了方便教师使用和学生学习，本书配有网络在线教学资源和测试系统。

本书可作为高等学校计算机公共课程教材，也可作为各类计算机考试参考用书。

图书在版编目（CIP）数据

大学计算机基础 / 阙清贤主编. -- 北京 ：中国水
利水电出版社，2019.9（2022.7 重印）
应用型高等院校校企合作创新示范教材
ISBN 978-7-5170-7980-4

Ⅰ．①大… Ⅱ．①阙… Ⅲ．①电子计算机－高等学校
－教材 Ⅳ．①TP3

中国版本图书馆CIP数据核字(2019)第194663号

策划编辑：周益丹　　责任编辑：周益丹　　加工编辑：张天娇　　封面设计：李　佳

书　　名	应用型高等院校校企合作创新示范教材 **大学计算机基础** DAXUE JISUANJI JICHU
作　　者	主　编　阙清贤 副主编　刘　浩　刘泽平
出版发行	中国水利水电出版社 （北京市海淀区玉渊潭南路 1 号 D 座　100038） 网址：www.waterpub.com.cn E-mail：mchannel@263.net（万水） 　　　　sales@mwr.gov.cn 电话：（010）68545888（营销中心）、82562819（万水）
经　　售	北京科水图书销售有限公司 电话：（010）68545874、63202643 全国各地新华书店和相关出版物销售网点
排　　版	北京万水电子信息有限公司
印　　刷	三河市德贤弘印务有限公司
规　　格	184mm×260mm　　16 开本　　20 印张　　490 千字
版　　次	2019 年 9 月第 1 版　　2022 年 7 月第 7 次印刷
印　　数	15001—20000 册
定　　价	49.00 元

前　言

　　大学教育包括知识、能力、素养三个方面，大学计算机基础理论注重信息知识的普及，计算机操作技能与网络资源应用能力对学生的可持续发展具有非常重要的作用，信息素养有利于提高学生对信息社会的适应能力。本书以知识、能力、素养为主线，按照"注重基础，强调技能，突出能力，展望前沿"的思路，凝聚一线教师的教学经验和教改成果撰写而成。

　　为方便教师教学与学生学习，本书配有数字教学资源，对应章节与知识点配有二维码，可以使用移动终端随时随地进行学习，并根据课程要求建立了相应的教学测试平台供教师管理与学生操作练习。

　　本书分为 10 章，具体编写分工如下：第 1 章为计算机基础及信息编码，由颜富强编写；第 2 章为计算机系统，由王剑波编写；第 3 章为操作系统，由羊四清编写；第 4 章为计算机网络，由李芳编写；第 5 章为文字处理软件 Word 2016，由黄诠编写；第 6 章为电子表格软件 Excel 2016，由刘永逸编写；第 7 章为演示文稿制作软件 PowerPoint 2016，由赵巧梅编写；第 8 章为信息安全与网络安全，由刘泽平编写；第 9 章为计算机常用工具软件，由阙清贤编写；第 10 章为计算机新技术，由胡婵编写，罗如为完成了"教学考"平台的设计与开发工作。

　　由于时间仓促，书中难免存在疏漏之处，我们真诚希望得到广大读者的批评指正，同时对编写过程中参考文献的原作者表示感谢。

编　者

2019 年 5 月

目　　录

1

计算机基础及信息编码

本章导读

　　随着计算机和互联网技术的发展，人类社会进入到一个信息爆炸的时代。计算机与我们的生活息息相关，它为人们的工作、生活、学习带来了极大的便利。学习计算机能够使我们掌握步入社会后应具备的技能，提高我们的综合素质，进而实现自身能力的可持续发展。本章从计算机的产生和发展出发，对计算机的特点和分类进行阐述，重点介绍了计算机中常用数制及其转换、数据的表示及字符编码、汉字编码等基础知识。

本章要点

- 计算机的发展、应用与分类
- 常用数制及其转换
- 数据与信息编码

扫码看视频

1.1　计算机发展历程

　　人类历史的诞生伴随着信息的诞生，可是人类对信息的认识却姗姗来迟。直到电子计算机出现以后，信息时代的真正面目才逐渐展露出来。计算机的普及应用与现代通信技术的结合是人类社会继语言的使用，文字的创造，印刷术的发明和电报、电话、广播、电视的发明之后的第五次信息革命。它的广泛使用提高了人类对信息的利用水平，极大地推动了人类社会的进步与发展。

1.1.1　计算机的概念

　　计算机（Computer）俗称电脑，是现代一种用于高速计算的电子计算机器，可以进行数值计算，也可以进行逻辑判断，还具有存储记忆功能，是能够按照程序运行，自动、高速处理海量数据的现代化智能电子设备。它由硬件和软件组成，没安装任何软件的计算机称为裸机。

经过短短几十年的发展，计算机技术的应用已经十分普及，从国民经济的各个领域到个人生活、工作的各个方面，可谓无所不在，计算机已经深入我们的日常生活。因此，学习计算机知识，对于学生、科技人员、教育者和管理者都是十分必要的，也是每一个现代人所必须掌握的，而使用计算机应该是人们必备的基本技能之一。

1.1.2 计算机的起源与发展

1621 年，英国数学家威廉·奥特雷德（William Oughtred）根据对数原理发明了圆形计算尺，也称对数计算尺，如图 1-1 所示。对数计算尺在两个圆盘的边缘标注对数刻度，然后让它们相对转动，就可以基于对数原理用加减运算来实现乘除运算。他创造的对数计算尺不仅能做加、减、乘、除、乘方、开方运算，甚至可以计算三角函数、指数函数和对数函数，它一直被使用到袖珍电子计算器面世为止。它的出现开创了模拟计算的先河。计算尺曾经为科学和工程计算作出了巨大的贡献。

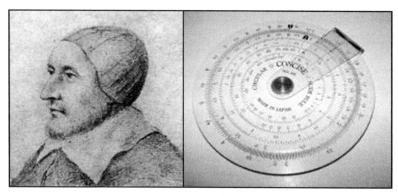

图 1-1 威廉·奥特雷德和他发明的圆形计算尺

1642 年，法国科学家布莱斯·帕斯卡（Blaise Pascal）为了帮助父亲计算税款而发明了帕斯卡加法器，如图 1-2 所示。这款计算器设有一系列齿轮，第一个齿轮上有 10 个齿，旋转到一定刻度后转移到第二个齿轮上，依此类推，分别表示个、十、百、千、万等。这是人类历史上第一台机械式计算机器，它第一次确立了计算机器的概念，其原理对后来的计算工具产生了持久的影响。现在这种装置还用于汽车里程表、水电表和煤气表等设备中。

图 1-2 帕斯卡加法器

第二次世界大战期间，迫切的军事需求对火炮的精度提出了更高的要求，弹道计算日益复杂，原有的计算器不能满足计算要求，需要有一种新的快速的计算工具。1946 年，世界上第一台电子计算机"埃尼阿克"（Electronic Numerical Integrator and Calculator，简称 ENIAC）诞生了，如图 1-3 所示。它是由艾克特（J. Presper Eckert）和莫奇利（John Mauchly）在美国宾夕法尼亚大学莫尔电子工程学院研制成功的。它装有 18000 多只电子管和大量的电阻、电容，第一次用电子线路实现了运算。"埃尼阿克"的问世，归功于无数杰出的科学家为之付出的艰苦努力，这些科学家有布尔、香农、图灵、冯·诺依曼，他们的名字将永远被铭记于心。

图 1-3　第一台电子计算机

自 1946 年世界上第一台通用电子计算机问世以来，它已被广泛应用于科学计算、工程设计、数据处理及人们日常生活等广大领域。到目前为止，计算机的发展按计算机内部所采用的电子元器件来划分，经历了以下四个时代。

第一代（1946—1957 年）：电子管时代。其特征是采用电子管作为逻辑元件，主要使用机器语言编程，应用于科学研究和工程计算。

第二代（1958—1964 年）：晶体管时代。其特征是晶体管代替电子管，晶体管比电子管小，消耗能量较少，处理更迅速、更可靠。计算机的程序语言从机器语言发展到汇编语言，主要用于数据处理和过程控制。

第三代（1965—1970 年）：中小规模集成电路时代。其特征是采用集成电路代替分立元件晶体管，出现了操作系统和诊断程序，高级语言更加流行，第三代计算机开始应用于科技工程领域，具有实时处理功能。

第四代（1971 年至今）：大规模及超大规模集成电路（Very Large Scale Integration，VLSI）时代。使用的元件依然是集成电路，不过，这种集成电路已经大大改善，它包含着几十万到上百万个晶体管，人们称之为大规模集成电路和超大规模集成电路，微型计算机问世。从此，人们对计算机不再陌生，计算机开始深入到人类生活的各个方面。

1.2　计算机发展趋势

扫码看视频

现代计算机的发展主要表现在两个方面：一是冯·诺依曼计算机的发展趋势，主要朝着巨型化、微型化、网络化和智能化方向发展；二是非冯·诺依曼计算机的发展趋势，光子计算机、生物计算机、量子计算机等方面的研究将取得重大突破。总之，未来计算机的前景美好。

1.2.1 冯·诺依曼计算机的发展

冯·诺依曼计算机的发展趋势，主要有四个方面：巨型化、微型化、网络化、智能化。

1. 巨型化

巨型化是指计算机具有庞大体型、极高运算速度、大容量存储空间、更加强大和完善功能。超级巨型计算机主要用于航空航天、军事、气象、人工智能、生物工程等学科领域。例如，我国的银河-Ⅰ、银河-Ⅱ和银河-Ⅲ，美国的 Cray-1、Cray-2 和 Cray-3，日本富士通的 Vp-30、Vp-50 等都属于巨型计算机。它们对尖端科学、国防和经济发展等领域的研究起着极其重要的作用。

2. 微型化

微型化是指计算机的体积微型化，由于大规模及超大规模集成电路的发展，计算机的体积越来越小、功耗越来越低、性能越来越强、性价比越来越高，微型计算机已广泛应用到社会的各个领域。计算机芯片的集成度越来越高，具备的功能越来越强，使计算机微型化的进程和普及越来越快。

3. 网络化

网络化是指用通信线路把各自独立的计算机连接起来，形成各个计算机用户之间可以相互通信并使用公共资源的网络系统。1969 年 10 月 29 日，从洛杉矶向斯坦福传递了一个包含 5 个字母的单词 LOGIN，标志着计算机网络时代的到来，随着互联网的飞速发展，计算机网络已广泛应用于政府、学校、企业、科研、家庭等领域，在社会经济发展中发挥着极其重要的作用。

4. 智能化

智能化是指计算机具有人的智能，能够像人一样思维，能够进行图像识别、定理证明、研究学习、探索、联想、启发和理解人的语言等。人工智能是 20 世纪 70 年代以来世界三大尖端技术（空间技术、能源技术、人工智能）之一。人工智能也是 21 世纪三大尖端技术（基因工程、纳米科学、人工智能）之一。人工智能在计算机领域内得到了愈发广泛的重视，并获得了迅速的发展，在机器人、经济决策、控制系统、仿真系统中得到了广泛的应用。

1.2.2 非冯·诺依曼计算机的发展

根据摩尔定律，传统电子计算机中的逻辑电路逐渐接近物理性能极限，而且电子计算机在计算能力等方面也存在局限性，科学家们期待并开始寻找新的计算模型来代替传统的电子计算。随着高新技术的研究和发展，我们有理由相信计算机技术也将拓展到其他新兴的技术领域，计算机新技术的开发和利用必将成为未来计算机发展的新趋势。

1. 光子计算机

光子计算机（Photon Computer）是一种由光子取代电子进行数字运算、逻辑操作、信息存储和处理的新型计算机。它的基本组成部件是集成光路，主要包括激光器、光学反射镜、透镜、滤波器等光学元件和设备。光的并行和高速天然地决定了光子计算机具有很强的并行处理能力，具有超高的运算速度，其存储量也是现代计算机的几万倍。光子计算机还具有与人脑相似的容错性。光子在光介质中传输所造成的信息畸变和失真极小，光传输、转换时的能量消耗和热量散发极低，对环境条件的要求比电子计算机低得多。光子计算机可以对语言、图形和手势进行识别与合成。在 1990 年年初，美国贝尔实验室制成了世界上第一台光子计算机。目前，光子计算机的许多关键技术都已获得重大突破，相信在不久的将来，它将成为人类普遍使用的工具。

2. 生物计算机

生物计算机（Biological Computer）又称仿生计算机，是以生物芯片取代集成在半导体硅片上的数以万计的晶体管而制成的计算机，它是以分子电子学为基础研制的一种新型计算机。它的主要原材料是生物工程技术产生的蛋白质分子，并以此作为生物芯片。生物计算机芯片本身还具有并行处理的功能，其运算速度要比当今最新一代的计算机快 10 万倍，存储量可达到普通计算机的 10 亿倍，而能量消耗仅为普通计算机的十亿分之一，而且其组成器件的密度比大脑神经元的密度高 100 万倍，传递信息的速度比人脑思维的速度还快 100 万倍。生物计算机正是由于上述独特的优势而受到科学家们极大的青睐。

3. 量子计算机

量子计算机（Quantum Computer）是一类遵循量子力学规律进行高速数学和逻辑运算、存储及处理量子信息的物理装置。量子计算机的概念源于对可逆计算机的研究，研究可逆计算机的目的是解决计算机中的能耗问题。量子计算机以处于量子状态的原子作为中央处理器和内存，其运算速度将比目前的 Pentium 4 芯片快 10 亿倍，可以在一瞬间完成对整个互联网的搜索，还可以轻易破解任何安全密码。2009 年 11 月 15 日，世界上首台量子计算机在美国正式诞生。

1.3　计算机应用领域

扫码看视频

计算机的应用已渗透到社会的各个领域，正在改变着人们的工作、学习和生活的方式，推动着社会的发展。其应用领域归纳起来可以分为以下九个方面。

1. 数值计算

数值计算也称科学计算，是指应用计算机处理科学研究和工程技术中所遇到的数学问题。在现代科学和工程技术中，经常会遇到大量复杂的数学计算问题，这些问题用一般的计算工具来解决非常困难，而用计算机来处理却非常容易。随着现代科学技术的进一步发展，数值计算在现代科学研究中的地位不断提高，在尖端科学领域中显得尤为重要。在工业、农业和人类社会的各个领域中，计算机的应用都取得了许多重大突破。例如，同步通信卫星的发射、人造卫星轨迹的计算、房屋抗震强度的计算、宇宙飞船的研究设计，以及我们每天收听收看的天气预报都离不开计算机的科学计算。

2. 数据处理

数据处理也称信息处理，是指对大量数据进行加工、存储、检索和处理。在科学研究和工程技术中，会得到大量的原始数据，其中包括大量的图片、文字、声音、视频等，如在生物工程中，对大型基因库数据的分析与处理，就是数据处理的典型应用。目前，计算机的数据处理应用已经非常普遍，如人事管理、库存管理、财务管理、图书资料管理、情报检索和图形处理系统等。

数据处理已成为当代计算机的主要任务，也是现代化管理的基础。据统计，全世界的计算机用于数据处理的工作量占全部计算机应用的 80%以上，大大提高了工作效率，提高了管理水平。

3. 自动控制

自动控制是指通过计算机对某一过程进行自动操作，它不需人工干预，能按人预定的目标和预定的状态进行过程控制。所谓的过程控制，是指对操作数据进行实时采集、检测、处理和判断，再按最佳值进行调节的过程。目前自动化控制技术被广泛地应用于化工、生产制造、电气工程和现代建筑等多个行业中。使用计算机进行自动控制可以大大提高控制的实时性和准确性，提高劳动效率、产品质量，降低成本，缩短生产周期。

计算机自动控制还在国防和航空航天领域中起决定性作用，如无人驾驶飞机、导弹、人造卫星和宇宙飞船等飞行器的控制，都是靠计算机自动实现的。可以说，计算机是现代国防和航空航天领域的神经中枢。

4. 辅助工程

计算机辅助工程主要包括计算机辅助设计、计算机辅助制造和计算机辅助教育三个方面的内容。

（1）计算机辅助设计（Computer Aided Design，CAD）。计算机辅助设计是指借助计算机及其图形设备，帮助设计人员进行各类工程的设计工作。它可以提高设计质量，缩短设计周期，做到设计自动化或半自动化。目前，CAD 技术已应用于飞机设计、船舶设计、建筑设计、机械设计、大规模集成电路设计等。在铁路的勘测设计中，使用计算机辅助设计系统绘制一张图纸仅需几个小时，而过去人工完成同样的工作则要一周甚至更长的时间；又如大规模集成电路版图设计要求在几平方毫米的硅片上制成几十万甚至上百万个电子元件，线条只有几微米宽，人工无法完成设计，只能借助 CAD 自动绘制复杂的版图。可见，采用计算机辅助设计，可以缩短设计时间，提高工作效率，节省人力、物力和财力，更重要的是提高了设计质量。CAD已得到各国工程技术人员的高度重视。

（2）计算机辅助制造（Computer Aided Manufacturing，CAM）。计算机辅助制造是指在机械制造业中，利用计算机通过各种数值控制机床和设备，自动完成离散产品的加工、装配、检测和包装等制造过程，以及与此过程有关的全部物流系统和初步的生产调度。其核心是计算机数值控制，简称"数控"。

（3）计算机辅助教育（Computer Based Education，CBE）。计算机辅助教育是指以计算机为主要媒介所进行的教育活动，也就是使用计算机来帮助教师教学，帮助学生学习，帮助教师管理教学活动和组织教学等。它主要包括计算机辅助教学（Computer Aided Instruction，CAI）、计算机管理教学（Computer Managed Instruction，CMI）、计算机辅助测试（Computer Aided Testing，CAT）和计算机辅助学习（Computer Aided Learning，CAL）。

有些国家已经把计算机辅助设计、计算机辅助制造、计算机辅助测试等计算机辅助工程组成一个集成系统，使设计、制造、测试和管理有机地组成为一体，形成高度的自动化系统，因此产生了自动化生产线和"无人工厂"。

5. 计算机网络

计算机网络是指将地理位置不同的具有独立功能的多台计算机及其外部设备，通过通信线路连接起来，在网络操作系统、网络管理软件及网络通信协议的管理和协调下，实现资源共享和信息传递的计算机系统。

随着网络技术的发展，计算机的应用进一步深入到社会的各行各业，通过高速信息网实现数据与信息的查询、高速通信服务（电子邮件、电视电话、电视会议、信息传输）、电子教育、电子娱乐、电子购物（通过网络选看商品、办理购物手续、质量投诉等）、远程医疗和会诊、交通信息管理等。计算机的应用将推动信息社会更快地向前发展。

6. 多媒体技术

多媒体技术（Multimedia Technology）是指把数字、文字、声音、图形、图像和动画等多种媒体有机组合起来，利用计算机和通信技术，使它们建立起逻辑联系并进行加工处理的技术。多媒体计算机（Multimedia Computer）是指能够对声音、图像、视频等多媒体信息进行综合处理的计算机。多媒体计算机一般是指多媒体个人计算机（Multimedia Personal Computer，MPC）。多媒体计算机可以分为家电制造厂商研制的电视计算机和计算机制造厂商研制的计算机电视。

随着电子技术特别是通信和计算机技术的发展，人们已经把各种媒体综合起来，在医疗、教育、商业、银行、保险、行政管理、军事、工业、广播和出版等领域广泛应用。

7. 虚拟现实

虚拟现实（Virtual Reality，VR）是利用计算机生成的一种模拟环境，通过多种传感设备使用户"投入"到该环境中，实现用户与环境直接进行交互的目的。虚拟现实技术是一种能够创建和体验虚拟世界的计算机仿真技术，它利用计算机生成一种交互式的三维动态视景，其实体行为的仿真系统能够使用户沉浸到该环境中。

虚拟现实不仅被关注于计算机图像领域，它已经涉及更广的领域，如电视会议、网络技术和分布计算技术，并向分布式虚拟现实发展。在医学院校，学生可以在虚拟实验室中进行"尸体"解剖和各种手术练习。这项技术由于不受标本、场地等限制，所以培训费用大大降低。一些用于医学培训、实习和研究的虚拟现实系统，仿真程度非常高，其优越性和效果是不可估量和不可比拟的。

8. 人工智能

人工智能（Artificial Intelligence，AI）是研究和模拟人类智能、智能行为及其规律的学科，可以展现某些近似于人类智能行为的计算系统。它由不同的领域组成，如机器学习、计算机视觉等，总的说来，研究人工智能的一个主要目标是使机器能够胜任一些通常需要人类智能才能完成的复杂工作，主要包括计算机实现智能的原理、制造类似于人脑智能的计算机，使计算机能实现更高层次的应用。

人工智能是计算机应用的一个新的领域，近年来它获得了迅速的发展，在很多学科领域都获得了广泛应用，并取得了丰硕的成果，在医疗诊断、定理证明、语言翻译、机器人等方面已有了显著的成效。例如，我国已开发成功了一些中医专家诊断系统，可以模拟名医给患者诊病开方。机器人是计算机人工智能的典型例子。智能机器人具有感知和理解周围环境，使用语言、推理、规划和操纵工具的技能，能模仿人完成某些动作，还能代替人在危险工作中进行繁重的劳动。例如，机器人可以从事深海作业、安检排爆工作等。

9. 娱乐游戏

随着互联网技术和多媒体技术的快速发展，音乐、影视、游戏等娱乐活动深受广大网友的喜爱。在娱乐游戏中应用了计算机后，使得娱乐游戏的内容更加多样化和复杂化了，而且可以达到很高深的程度。适当进行这种娱乐游戏，不仅可以使人感到精神轻松愉快，而且对人的脑力、智力和反应速度都能起到很好的训练作用。美国阿塔瑞公司就是通过把计算机应用到娱乐游戏中后取得显著成绩而闻名的。

扫码看视频

1.4　计算机分类与特点

1.4.1　计算机的分类

　　计算机发展至今，已是琳琅满目、种类繁多，并表现出各自不同的特点，可以从不同的角度对其进行分类。下面我们从计算机的原理、功能用途等角度对其进行分类介绍。

　　1.　按照信息的表示形式和处理方式分类

　　根据计算机内部处理信号类型的不同，一般可以将电子计算机分为模拟计算机、数字计算机和数模混合计算机三类。

　　（1）模拟计算机。模拟计算机又称"模拟式电子计算机"，它是以连续变化的电流或电压来表示被运算量的电子计算机。因根据相似原理解答各种问题，并包含模拟概念，由此得名。模拟计算机中，"模拟"就是相似的意思。模拟计算机的特点是运算量由连续量表示，运算过程也是连续的。使用模拟计算机的主要目的，不在于获得数学问题的精确解，而在于给出一个可供进行实验研究的电子模型，适合于解高阶的微分方程。

　　（2）数字计算机。数字计算机又称"数字式电子计算机"，它是以数字形式的量值在机器内部进行运算和存储的电子计算机。数的表示法常采用二进制，并利用算术和逻辑运算法则进行计算。它具有运算速度快、精度高、灵活性大、便于存储等优点，因此适合于科学计算、信息处理、实时控制和人工智能等应用。我们通常所用的计算机，一般都指的是数字计算机。

　　（3）数模混合计算机。数模混合计算机是指将模拟计算机与数字计算机联合在一起应用于系统仿真的计算机系统。混合计算机出现于20世纪70年代，那时数字计算机是串行操作的，运算速度受到限制，但运算精度很高；而模拟计算机是并行操作的，运算速度很高，但精度较低。把两者结合起来可以互相取长补短，因此混合计算机主要适用于一些严格要求实时性的复杂系统的仿真。例如，在导弹系统仿真中，连续变化的姿态动力学模型由模拟计算机来实现，而导航和轨道计算则由数字计算机来实现。

　　2.　按照功能用途分类

　　电子计算机按照功能用途进行分类，可以分为专用计算机和通用计算机两类。

　　（1）专用计算机。专用计算机是指专为解决某一特定问题而设计制造的电子计算机。它一般拥有固定的存储程序，具有单纯、使用面窄甚至专机专用的特点。因此，它可以增强某些特定的功能，而忽略一些次要功能，使其能够达到高速度、高效率地解决某些特定的问题。一般地，模拟计算机通常都是专用计算机。军事控制系统也广泛地使用了专用计算机。

　　（2）通用计算机。通用计算机是指各个行业、各种工作环境都能使用的计算机。例如，学校、家庭、工厂、医院、公司等用户都能使用的就是通用计算机，平时我们购买的品牌机、兼容机也都是通用计算机。通用计算机不但能办公，还能做图形设计、制作网页动画、上网查询资料等。它具有功能多、配置全、用途广、通用性强等特点。

　　3.　按照综合性能指标和规模分类

　　按照计算机的运算速度、字长、存储容量、软件配置等多方面的综合性能指标和规模分类，可以分为巨型计算机、大型计算机、小型计算机和微型计算机。

　　（1）巨型计算机（Supercomputer）。巨型计算机是一种超大型电子计算机，它具有很强的计算和处理数据的能力。主要特点表现为高速度和大容量，配有多种外部和外围设备及丰富的、多功能的软件系统。目前，巨型计算机朝两个技术方向发展：一方面是开发高性能器件，缩短时钟周期，提高单机性能；另一方面是采用多处理器结构，提高整机性能。

巨型计算机是一个相对的概念，它是在一定时期内速度最快、性能最高、体积最大、耗资最多的计算机系统。一些专家对巨型计算机的性能指标有规定：一是计算机的运算速度平均每秒 1000 万次以上；二是存储容量在 1000 万位以上。例如，我国的银河-Ⅰ、银河-Ⅱ和银河-Ⅲ，美国的 Cray-1、Cray-2 和 Cray-3，日本富士通的 Vp-30、Vp-50 等都属于巨型计算机。它们对尖端科学、国防和经济发展等领域的研究起着极其重要的作用。

（2）大型计算机（Mainframe）。大型计算机是对一类计算机的习惯称呼，本身并无十分准确的技术定义。这里的大型计算机就是指国内所说的一般大型机和中型机，其规模、速度、功能等方面均比巨型计算机略逊一筹，如中科院的"757"，IBM 公司的 IBM360、IBM370。其特点表现在通用性强、具有很强的综合处理能力、性能覆盖面广等，主要应用在公司、银行、政府部门、社会管理机构和制造厂家等，通常人们称大型机为"企业级"计算机。

大型机研制周期长，设计技术与制造技术非常复杂，耗资巨大，需要相当数量的设计师协同工作。大型机在体系结构、软件、外设等方面又有极强的继承性，因此，国外只有少数公司能够从事大型机的研制、生产和销售工作。美国的 IBM、DEC，日本的富士通、日立等都是大型机的主要厂商。

（3）小型计算机（Minicomputer）。小型计算机是相对于大型计算机而言的，小型计算机的软件、硬件系统规模比较小。但这类机器价格低、结构简单、设计试制周期短，便于及时采用先进的工艺，并且可靠性高，对运行环境要求低，易于操作且便于维护，用户使用机器也不必经过长期的专门训练。因此小型机对广大用户更具有吸引力，加速了计算机的推广普及。

小型机应用范围广泛，如用于工业自动控制、大型分析仪器、医疗设备中的数据采集、分析等，也用作大型计算机、巨型计算机的辅助机，并广泛用于中小企事业管理及大学和研究所的科学计算。美国的 PDP-11 系列、NOVA 系列和我国的 DJS100 系列均属于小型计算机。

（4）微型计算机（Microcomputer）。微型计算机又称个人计算机（Personal Computer，PC），是指能独立运行、完成特定功能的计算机。个人计算机不需要共享其他计算机的处理器、磁盘和打印机等资源也能独立工作。个人计算机除了用户以单机方式使用外，也可以和其他计算机连接以达到共享数据和程序的目的，它主要是用于处理个人数据任务。目前，微型计算机因形状与尺寸方面的差异，又可以进一步细分，如台式计算机、电脑一体机、笔记本电脑、掌上电脑、平板电脑和嵌入式计算机等。

微型计算机从出现到现在，因其小、巧、轻、使用方便、价格便宜，其应用范围急剧扩展。目前，微型计算机已渗透到各行各业和千家万户，是我们日常生活中应用最多的计算机。它既可以用于日常信息处理，又可以用于科学研究，并协助人脑思考问题。微型计算机按照微机制造厂家分为 IBM-PC 机及其兼容系列和非 IBM-PC 兼容系列。例如，我国的"浪潮""长城"，美国的 AST 系列等均与 IBM-PC 兼容；而我国早些时候的"紫金""中华学习机"、美国的 Apple-Macintosh 系列和 Motorola 系列及 IBM 的 OS/2 系列均是非 IBM-PC 兼容系列。

（5）服务器。服务器是在网络环境下为多用户提供服务的共享设备。服务器具有高性能、大容量、高可靠性和可伸展性，一般分为文件服务器、打印服务器和通信服务器等。

（6）工作站。工作站是一种高档微机系统。它的独特之处是有大容量主存、大屏幕显示器，具有较强的图形交互与处理功能，特别适合于计算机辅助设计领域。

1.4.2 计算机的特点

计算机作为一种通用的信息处理工具，具有极高的处理速度、很强的存储能力、精确的计算能力和逻辑判断能力，其主要特点有以下五点。

1. 运算速度快

当今，大型计算机的运算速度最快已达到 10^{16} 次/秒，微机也可达 10^8 次/秒以上，使得大量复杂的科学计算问题得以很快解决。例如，卫星轨道的计算、大型水坝的计算、24 小时天气预报的计算等，过去人工计算需要几年、几十年，而现在用计算机只需几天甚至几分钟就可完成。目前，世界上运算速度最快的计算机是我国的"天河二号"，已达到 $3.39×10^{16}$ 次/秒。

2. 计算精确度高

科学技术的发展特别是尖端科学技术的发展，需要高度精确的计算。计算机控制的导弹之所以能准确地击中预定的目标，是与计算机的精确计算分不开的。一般计算机可以有十几位甚至几十位（二进制）有效数字，计算精度可由千分之几到百万分之几，是任何计算工具所望尘莫及的，如上面所述，近藤茂利用家用计算机将圆周率计算到了小数点后 10^{12} 位。

3. 具有记忆存储功能

随着计算机存储容量的不断增大，可存储记忆的信息越来越多，计算机不仅能进行计算，而且能把参加运算的数据、程序及中间结果和最后结果保存起来，以供用户随时调用。基于现代计算机采用了冯·诺依曼的存储控制理论，数据和指令都保存在相应的存储设备中。

4. 复杂的逻辑判断能力

人是有思维能力的，思维能力本质上是一种逻辑判断能力，也可以说是因果关系分析能力。借助于逻辑运算，可以让计算机作出逻辑判断，分析命题是否成立，并可以根据命题成立与否作出相应的对策。

5. 具有自动控制能力

计算机内部操作是根据人们事先编好的程序自动控制进行的。用户根据需要，事先设计运行步骤与程序，计算机将严格地按程序规定的步骤操作，整个过程无须人工干预。数据和程序储存在计算机中，一旦向计算机发出运行指令，计算机就能在程序的控制下，自动按照事先规定的步骤执行，直到完成指定的任务为止。计算机能够高度自动化运行是其与其他计算工具的本质区别。

1.5　进制转换

计算机中采用二进制表示数据。由于二进制表示的数据长度过大，不方便，所以又引入了八进制和十六进制。

1.5.1 数制及其特点

数制也称进位计数制，是指用一组固定的符号和统一的规则来表示数值的方法，它遵循由低位向高位进位计数的规则。在进位计数制中有数码、基数和位权三个要素。

（1）数码。它是指数制中表示基本数值大小的不同数字符号。例如，十进制有 10 个数码（0、1、2、3、4、5、6、7、8、9），数位是指数码在这个数中所处的位置。

（2）基数。它是指在某种进位计数制中，每个数位上所能使用的数码的个数。例如，十进制数基数是 10，每个数位上所能使用的数码为 0～9。

（3）位权。它是指数码在不同位置上的权值。在数制中有一个规则，如果是 N 进制数，必须是逢 N 进 1。对于多位数，处在某一位上的"1"所表示的数值的大小，称为该位的位权。例如，十进制第 2 位的位权为 10，第 3 位的位权为 100。

几种常用数制的特点见表 1-1。

表 1-1　常用数制的特点

进制	进位关系	字母表示	基数	数码	示例
二进制	逢二进位	B	2	0，1	$(101)_2$、101B
八进制	逢八进位	O（前缀 0）	8	0～7	$(173)_8$、173O
十进制	逢十进位	D	10	0～9	$(199)_{10}$、199D
十六进制	逢十六进位	H（前缀 0x）	16	0～9，A～F	$(1AB)_{16}$、1ABH

1.5.2　常用数制之间的转换

1. 十进制转换成 N 进制

转换规则：十进制数转换成 N 进制数，需要将其整数部分和小数部分按不同的规则分别进行转换。

扫码看视频

（1）整数转换成 N 进制。其转换过程是：除以 N 取余数，直到商为 0，反向取余，得到的余数即为二进制数整数部分各位的数码。

【例 1-1】将十进制数 75 转换成二进制数。

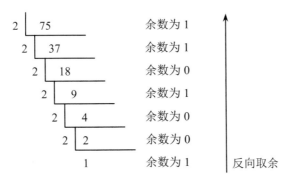

结果为 $(75)_{10}=(1001011)_2$，或者表示为 75D=1001011B。

【例 1-2】将十进制数 75 转换成八进制数。

8	75	余数为 3
	8	9	余数为 1
		1	余数为 1

反向取余

结果为 $(75)_{10}=(113)_8$，或者表示为 75D=113O。

【例 1-3】将十进制数 75 转换成十六进制数。

$$16 \underline{|\ 75\ } \quad \text{余数为 11}$$
$$4 \qquad \text{余数为 4} \qquad \text{反向取余} \uparrow$$

扫码看视频

结果为 $(75)_{10} = (411)_{16}$，或者表示为 75D=4BH。

（2）小数部分转换成 N 进制。其转换过程是：乘以基数 N，正向取整数，得到的整数即为二进制数小数部分各位的数码。

【例 1-4】将十进制数 0.625 转换成二进制数和八进制数。

$$
\begin{array}{l}
\quad 0.625 \\
\times \quad 2 \\
\hline
\ 1.250 \qquad \text{整数为 1} \\
\ 0.250 \\
\times \quad 2 \\
\hline
\ 0.50 \qquad \text{整数为 0} \\
\ 0.50 \\
\times \quad 2 \\
\hline
\ 1.0 \qquad \text{整数为 1}
\end{array}
\qquad
\begin{array}{l}
\quad 0.625 \\
\times \quad 8 \\
\hline
\ 5.000 \qquad \text{整数为 5}
\end{array}
$$

二进制数结果为 0.625D=0.101B，八进制数结果为 0.625D=0.5O。

转换结果的二进制表示，应该以最初的整数为最高位，把每次乘积的整数部分连接起来。

【例 1-5】将 $(13.6875)_{10}$ 转换成二进制数。

先对整数部分 13 进行转换，再对小数部分 0.6875 进行转换，最后按从高位到低位进行取数，再将所得的数排列组合。

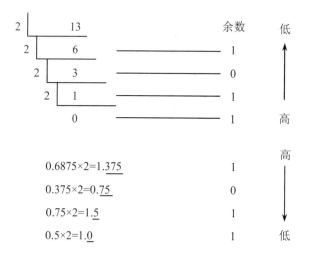

结果为 $(13.6875)_{10} = (1101.1011)_2$。

2. N 进制转换成十进制

采用位权法，就是把各位非十进制数按位权展开求和。

【例 1-6】将二进制数 1001011.01 转换成十进制数。

$1001011.01B = 1×2^6+0×2^5+0×2^4+1×2^3+0×2^2+1×2^1+1×2^0+0×2^{-1}+1×2^{-2}=64+8+2+1+0.25=75.25D$

【例 1-7】将八进制数 1357.06 转换成十进制数。

$1357.06O=1×8^3+3×8^2+5×8^1+7×8^0+0×8^{-1}+6×8^{-2}=751.09375D$

【例 1-8】把十六进制数 3A9D.08 转换成十进制数。

$3A9D.08H=3×16^3+10×16^2+9×16^1+13×16^0+0×16^{-1}+8×16^{-2}=15005.03125D$

3. N 进制之间整数的转换

十进制、二进制、八进制和十六进制的对应关系见表 1-2。

扫码看视频

表 1-2　四种进制的对应关系

十进制	二进制	八进制	十六进制	十进制	二进制	八进制	十六进制
0	0000	0	0	8	1000	10	8
1	0001	1	1	9	1001	11	9
2	0010	2	2	10	1010	12	A
3	0011	3	3	11	1011	13	B
4	0100	4	4	12	1100	14	C
5	0101	5	5	13	1101	15	D
6	0110	6	6	14	1110	16	E
7	0111	7	7	15	1111	17	F

（1）二进制数转换成八进制数。以小数点为中心，分别向左和向右按每 3 位进行分组划分（首尾不足 3 位时用 0 补足），将每 3 位的二进制数用其对应的八进制数来表示。

【例 1-9】将二进制数 1000101.01B 转换成八进制数。

　　　001　000　101　.　010
　　　　1　　0　　5　.　2

结果为 1000101.01B=105.2O。

（2）八进制数转换成二进制数。将每一位八进制数用对应的 3 位二进制数表示，若首尾有 0，应去掉。

【例 1-10】将八进制数 253.7 转换成二进制数。

　　　　2　　5　　3　.　7
　　　010　101　011　.　111

结果为 253.7O=10101011.7B。

（3）二进制数转换成十六进制数。以小数点为中心，分别向左和向右按每 4 位进行分组划分（首尾不足 4 位时用 0 补足），将每 4 位二进制数用其对应的十六进制数来表示。

【例 1-11】将二进制数 1100101010.111 转换成十六进制数。

　　　0011　0010　1010　.　1110
　　　　3　　2　　A　.　E

结果为 1100101010.111B=32A.EH。

（4）十六进制数转换成二进制数。将十六进制数转换成二进制数时，只要将每 1 位十六进制数用对应的 4 位二进制数表示，若首尾有 0，应去掉。

【例 1-12】将十六进制数 FE.7 转换成二进制数。

F   E   .   7
1111   1110 . 0111

结果为 FE.7H=111111110.0111B。

1.6   数据与信息编码

扫码看视频

1.6.1   计算机中数据的存储单位

图、文、声、像等各种媒体信息在计算机中均是以二进制数据的形式进行存储的。在计算机中，数据和信息常用的存储单位有位、字节和字长。

1. 位

位（bit，b）是计算机存储数据的最小单位。它是二进制的一个数位，简称位。一个二进制位只能表示 2^1=2 种状态，要想表示更多的数据，就得把多个位组合起来作为一个整体，每增加一位，能表示的数据量就扩大一倍。

2. 字节

字节（Byte，B）是计算机处理数据的基本单位，即计算机是以字节为单位存储和解释数据的。字节是由相连的八个位组成的数据存储单位。数据的存储容量除了用字节表示外，还可以用千字节（KB）、兆字节（MB）、吉字节（GB）、太字节（TB）等表示存储容量。它们之间的换算关系如下：

1B=8bits   1KB=1024B   1MB=1024KB   1GB=1024MB   1TB=1024GB

3. 字长

在计算机中，一串数码作为一个整体来处理或运算的称为一个计算机字，简称字（Word）。一个字通常由一个字节或若干个字节组成。在存储器中，通常每个单元存储一个字，因此每个字都是可以寻址的。字的长度用位数来表示，每个字所包含的位数称为字长。字长是计算机一次所能处理的实际位数长度，它是衡量计算机性能的一个重要指标，字长越长，计算机性能则越强。按字长可以将计算机划分为 8 位、16 位机、32 位机、64 位机等。

1.6.2   计算机中数据的表示

计算机内的数据是以二进制的形式存储和运算的。我们把一个数在计算机内被表示的二进制形式称为机器数，该数称为这个机器数的真值。在计算机中，数的最高位作为符号位，并用"0"表示正、用"1"表示负，称为数符。

1. 机器数的分类

根据小数点位置固定与否，机器数又可以分为定点数和浮点数。

（1）定点数。所谓定点数是指小数点位置固定的数。通常用定点数来表示整数与纯小数，分别称为定点整数与定点小数。

对于定点整数，小数点默认在整个二进制数的最后，而且小数点不占二进制位。

例如，用 8 位二进制定点整数表示十进制-76 为：

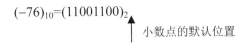

$$(-76)_{10}=(11001100)_2$$

↑ 小数点的默认位置

对于定点小数，小数点默认在符号位之前，而且小数点不占二进制位。

例如，用 8 位二进制定点小数表示十进制纯小数+0.75689 为：

$$(+0.6875)_{10}=(0 \quad 1011000)_2$$

↑ 小数点的默认位置

（2）浮点数。既有整数部分又有小数部分的数，基于其小数点位置不固定，一般用浮点数表示。在计算机中，通常所说的浮点数就是指小数点位置不固定的数。对于既有整数部分又有小数部分的二进制数 P 可以表示为 $P=S\times 2^n$，其中，S 为二进制定点小数，称为 P 的尾数；n 为二进制定点整数，称为 P 的阶码，它反映了二进制数 P 的小数点后的实际位数。为使有限的二进制位数能表示出最多的数字位数，要求尾数 S 的第 1 位（符号位的后面一位）必须是 1。

【例 1-13】用 16 位二进制定点小数与 8 位二进制定点整数表示十进制数-255.625。

第一步：把十进制数-255.625 转换成二进制数。

$$(-255.625)_{10}=(-11111111.101)_2=(-0.11111111101)_2\times 2^8$$

第二步：将阶码 8 转换成二进制数。

$$(+8)_{10}=(+1000)_2$$

第三步：将尾数转换成 16 位二进制定点小数。

$$S=(-0.11111111101)_2=(1\ 111111111010000)_2$$

↑ 小数点位置

第四步：将阶码转换成 8 位二进制定点整数。

$$N=(+1000)_2=(00001000)_2$$

↑ 小数点位置

所以，十进制数-255.625 转换成所要求的二进制浮点数后，存放形式为：

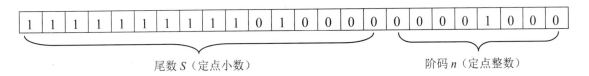

| 尾数 S（定点小数） | 阶码 n（定点整数） |

由此可见，在计算机中表示一个浮点数，其结构为：

数符（+/-）	尾数 S	阶符（+/-）	阶码 n
尾数部分（定点小数）		阶码部分（定点整数）	

2. 机器数的原码、反码和补码

在计算机中，对于有符号的数通常有三种表示方法：原码、反码和补码。

（1）原码。将数的真值形式中的"+"号用"0"表示、"-"号用"1"表示时，叫作数的原码形式，简称原码。例如，[+125]原=01111101，[-125]原=11111101，[+0]原=00000000，[-0]原=10000000。

（2）反码。当 *N*>0 时，反码与原码为同一形式；当 *N*<0 时，反码为原码的各位取反（符号位除外）。例如，[+125]反=01111101，[-125]反=10000010，[+0]反=00000000，[-0]反=11111111。

（3）补码。当 *N*>0 时，补码与原码为同一形式；当 *N*<0 时，补码为该数的反码加 1。例如，[+125]补=01111101，[-125]补=10000011，[+0]补=00000000，[-0]补=00000000。

注意：计算机中，0 也分正负，+0 的原码、反码与补码的关系与 *N*>0 时相同；-0 的原码、反码与补码的关系与 *N*<0 时相同。

1.6.3　信息编码

信息是对社会、自然界中事物的特征、现象、本质及规律的描述。在这里，能输入到计算机中的所有符号我们可以将其均理解为信息。

信息技术是指利用电子计算机实现信息获取、信息传递、信息存储、信息处理和信息显示等相关技术。

编码是采用少量的基本符号和选用一定的组合原则来表示大量复杂多样的信息的技术。

在计算机内，全部是二进制的数码流，对非数值的文字和其他符号进行处理时，须要对其进行数字化处理，即用二进制编码来表示文字和符号。因此，如果各种机型和各种软件系统中没有统一的编码，则难以相互兼容，信息的交换会受到很大的制约。所以，字符编码常常都是以国家标准或国际标准的形式来颁布与实施，并由计算机自己来承担编码的识别和转换工作。

1．条码

条码就是一种信息的表示方式，由一组按一定编码规则排列的条、空符号，用于表示一定的字符、数字及符号组成的信息。条码种类很多，常见的大概有 20 多种码制，包括 Code39 码（标准 39 码）、ITF25 码（交叉 25 码）、EAN 码，其中，EAN 码是当今世界广泛使用的商品条码，如图 1-4 所示，条码编码规则中，前 2 位表示国家码，后 7 位表示生产商编码，每个生产商编码唯一，其后 3 位表示生产码，最后 1 位用于条码校验。

图 1-4　EAN 条码的构成

2．二维码

二维码又称 QR（Quick Response）Code，是一种近几年来移动设备上超流行的编码方式，它比传统的 Bar Code 条码能存更多的信息，也能表示更多的数据类型。二维码是按一定的规律，在二维平面上使用黑白相间的图形来记录数据的符号信息。二维码上有三个大黑点，这三个黑点分别位于左上角、右上角、左下角。这三个黑点用于扫描定位，确保用户在任意角度都能有效地扫描二维码信息。二维码有四个显著的优点：①二维码存储的数据量更大；②可以包含数字、字符及中文文本等混合内容；③有一定的容错性（在部分损坏以后，还可以正常读取二维码中的信息）；④空间利用率高。

3. BCD 码

BCD（Binary Code Decimal）码是用若干个二进制数表示一个十进制数的编码，BCD 码有多种编码方法，常用的有 8421 码。表 1-3 是十进制数 0～19 的 8421 编码表。

表 1-3　十进制数的 8421 编码表

十进制数	8421 码	十进制数	8421 码	
0	0000	10	0001	0000
1	0001	11	0001	0001
2	0010	12	0001	0010
3	0011	13	0001	0011
4	0100	14	0001	0100
5	0101	15	0001	0101
6	0110	16	0001	0110
7	0111	17	0001	0111
8	1000	18	0001	1000
9	1001	19	0001	1001

8421 码是将十进制数码 0～9 中的每个数分别用 4 位二进制编码表示，这种编码方法比较直观、简要，对于多位数，只须将它的每一位数字按表 1-3 中所列的对应关系用 8421 码直接列出即可。例如，十进制数转换成 BCD 码如下：

$(1209.56)_{10} = (0001\ 0010\ 0000\ 1001.0101\ 0110)_{BCD}$

8421 码与二进制之间的转换不是直接的，要先将 8421 码表示的数转换成十进制数，再将十进制数转换成二进制数。例如：

$(1001\ 0010\ 0011\ .0101)_{BCD} = (923.5)_{10} = (1110011011.1)_2$

4. ASCII 码

ASCII 码即美国信息交换标准代码（American Standard Code for Information Interchange）。ASCII 码有 7 位和 8 位两种版本，国际上通用的是 7 位版本，7 位版本的 ASCII 码有 128 个元素，只需用 7 个二进制位（$2^7 = 128$）

扫码看视频

表示，其中，控制字符 34 个，阿拉伯数字 10 个，大小写英文字母 52 个，各种标点符号和运算符号 32 个。在计算机中实际用 8 位表示一个字符，最高位为"0"。表 1-4 列出了全部 128 个符号的 ASCII 码。例如，数字 0 的 ASCII 码为 48，大写英文字母 A 的 ASCII 码为 65，空格的 ASCII 码为 32 等。

表 1-4 7 位的 ASCII 码

$b_3b_2b_1b_0$		$b_7b_6b_5b_4$	0000	0001	0010	0011	0100	0101	0110	0111
		H	0	10	20	30	40	50	60	70
	H	D	0	16	32	48	64	80	96	112
0000	0	0	NUL	DLE	SP	0	@	P	`	p
0001	1	1	SOH	DC1	!	1	A	Q	a	q
0010	2	2	STX	DC2	"	2	B	R	b	r
0011	3	3	ETX	DC3	#	3	C	S	c	s
0100	4	4	EOT	DC4	$	4	D	T	d	t
0101	5	5	ENQ	NAK	%	5	E	U	e	u
0110	6	6	ACK	SYN	&	6	F	V	f	v
0111	7	7	BEL	ETB	'	7	G	W	g	w
1000	8	8	BS	CAN	(	8	H	X	h	x
1001	9	9	HT	EM	)	9	I	Y	i	y
1010	A	10	LF	SUB	*	:	J	Z	j	z
1011	B	11	VT	ESC	+	;	K	[	k	{
1100	C	12	FF	FS	,	<	L	\	l	|
1101	D	13	CR	GS	-	=	M	]	m	}
1110	E	14	SO	RS	.	>	N	^	n	~
1111	F	15	SI	US	/	?	O	_	o	DEL

5. 汉字交换码

汉字是一类特殊的字符，与英文字符比较，汉字数量多，字形复杂，同音字多，这就给汉字在计算机内部的存储、传输、交换、输入、输出等带来了一系列的问题。为了能直接使用英文标准键盘输入汉字，必须为汉字设计

扫码看视频

相应的编码，以适应计算机处理汉字的需要。其编码涉及输入、存储、输出三个方面：将汉字输入计算机内部进行的编码，称为输入编码；汉字的存储编码，是指将汉字采用二进制的形式存储在计算机内部，有国际码和机内码；输出编码，是指汉字输出时采用的编码，典型代表是字模码，又称为字形码。

（1）输入编码。输入编码是用来将汉字输入到计算机中的一组键盘符号。汉字输入编码方案有四种，分别是音码、形码、音形码、数码。

1）音码。音码是根据汉字的拼音进行编码，常见的音码输入方法有全拼、双拼、搜狗等。

2）形码。形码是根据汉字的形状结构进行的编码，主要代表是五笔字型输入法。

3）音形码。音形码是结合汉字的拼音与形状进行的编码，比较典型的有自然码，现在几乎没有用户使用。

4）数码。数码是使用 4 位十进制数来表示一个汉字，电报码是一种常用的汉字输入方法。最大优点是没有重码，每一个 4 位十进制数唯一对应一个汉字，缺点是特别难记，适合专业人

员使用。

（2）存储编码。存储编码分为国标码和机内码。

1）区位码。1980 年我国颁布了《信息交换用汉字编码字符集·基本集》（GB2312－80），是国家规定的用于汉字信息处理使用的代码依据，这种编码称为国标码。在国标码的字符集中共收录了 6763 个常用汉字和 682 个非汉字字符（图形、符号），其中，一级汉字 3755 个，以汉语拼音为序排列；二级汉字 3008 个，以偏旁部首进行排列。

GB2312－80 规定，所有的国标汉字与符号组成一个 94×94 的矩阵，在此方阵中，每一行称为一个"区"（区号为 01～94），每一列称为一个"位"（位号为 01～94），该方阵实际组成了 94 个区，每个区内有 94 个位的汉字字符集，每一个汉字或符号在码表中都有一个唯一的位置编码，叫作该字符的区位码。使用区位码方法输入汉字时，必须先在表中查找汉字并找出对应的代码，才能输入。区位码输入汉字的优点是无重码，而且输入码与内部编码的转换十分方便。

2）国标码。为避免在信息传输过程中与控制字符混淆，国标码从二进制数 100000（即十进制数 32）开始编码，表示为十六进制，即为 20H。因此，要把区位码转换为十六进制的国标码，须要分别在区号和位号上加上十六进制数 20H，区位码与国标码之间存在以下关系：

$$国标码 = 区位码 + 2020H$$

例如，"啊"的区位码为 1601，国标码为 3021H。

3）机内码。汉字的机内码是计算机系统内部对汉字进行存储、处理、传输统一使用的代码，又称为汉字内码。由于汉字数量多，一般用两个字节来存放汉字的内码。在计算机内汉字字符必须与英文字符区别开，以免造成混乱。英文字符的机内码是用一个字节来存放 ASCII码，一个 ASCII 码占一个字节的第 7 位，最高位为 0，为了区分，汉字机内码中两个字节的最高位均置为 1。国标码与机内码之间存在以下关系：

$$机内码 = 国标码 + 8080H$$

例如，"中"的国标码为 5650H，机内码为 D6D0H。

（3）输出编码。汉字输出编码又称汉字字形码，每一个汉字的字形都必须预先存放在计算机内，如 GB2312－80 国标汉字字符集的所有字符的形状描述信息集合在一起，称为字形信息库，简称"字库"，通常分为点阵字库和矢量字库。目前汉字字形的产生方式大多是用点阵方式形成汉字，即是用点阵表示的汉字字形代码。根据汉字输出精度的要求，有不同密度的点阵，汉字字形点阵有 16×16 点阵、24×24 点阵、32×32 点阵等，点数越多，输出的汉字越美观。汉字字形点阵中每个点的信息用一位二进制码来表示，"1"表示对应位置处是黑点，"0"表示对应位置处是空白。字形点阵的信息量很大，所占存储空间也很大，例如，16×16 点阵中每个汉字就要占 32 个字节；24×24 点阵的字形码需要用 72 字节，因此字形点阵只能用来构成"字库"，而不能用来替代机内码用于机内存储。字库中存储了每个汉字的字形点阵代码，不同的字体（如宋体、仿宋、楷体、黑体等）对应着不同的字库。在输出汉字时，计算机要先到字库中去找到它的字形描述信息，然后再把字形送去输出。

例如，如图 1-5 所示的"重"字，采用 16×16 点阵图形表示，每一个点用一个二进制位来表示，填充为黑色的点表示为 1，空白的点为 0，这样 16 点阵的汉字就由 16 行二进制构成，每行二进制有 16 位，每 8 位一个字节，因此每行 2 个字节，16 点阵的汉字形状表示需要占用的存储空间为：16 行×每行 2 个字节，共 32 个字节。

	1	2	3	4	5	6	7	8	9	10	11	12	13	14	15	16
1	0	0	0	0	0	0	0	0	0	0	0	0	0	0	0	0
2	0	0	0	0	0	0	0	0	0	0	0	0	1	1	0	0
3	0	0	0	1	1	1	1	1	1	1	1	1	0	0	0	0
4	0	0	0	0	0	0	0	0	1	0	0	0	0	0	0	0
5	0	0	1	1	1	1	1	1	1	1	1	1	1	1	0	0
6	0	0	0	0	0	0	0	0	1	0	0	0	0	0	0	0
7	0	0	0	1	1	1	1	1	1	1	1	1	1	0	0	0
8	0	0	0	1	0	0	0	0	1	0	0	0	1	0	0	0
9	0	0	0	1	1	1	1	1	1	1	1	1	1	0	0	0
10	0	0	0	1	0	0	0	0	1	0	0	0	1	0	0	0
11	0	0	0	1	1	1	1	1	1	1	1	1	1	0	0	0
12	0	0	0	0	0	0	0	0	1	0	0	0	0	0	0	0
13	0	0	1	1	1	1	1	1	1	1	1	1	1	1	0	0
14	0	0	0	0	0	0	0	0	1	0	0	0	0	0	0	0
15	0	1	1	1	1	1	1	1	1	1	1	1	1	1	1	0
16	0	0	0	0	0	0	0	0	0	0	0	0	0	0	0	0

00000000 00000000	0000H	1
00000000 00001100	000CH	2
00011111 11110000	1FF0H	3
00000000 10000000	0080H	4
00111111 11111100	3FFCH	5
00000000 10000000	0080H	6
00011111 11111000	1FF8H	7
00010000 10001000	1088H	8
00011111 11111000	1FF8H	9
00010000 10001000	1088H	10
00011111 11111000	1FF8H	11
00000000 10000000	0080H	12
00111111 11111100	3FFCH	13
00000000 10000000	0080H	14
01111111 11111110	1FFEH	15
00000000 00000000	0000H	16

图 1-5　采用 16×16 点阵输出

2

计算机系统

本章导读

自 1946 年第一台电子计算机问世以来，计算机技术在元件器件、硬件系统结构、软件系统、应用软件等方面迅速发展，现代计算机系统小到微型计算机和个人计算机，大到巨型计算机及其网络，物联网、大数据、人工智能等计算机新技术层出不穷。本章主要介绍微型计算机系统的构成、工作原理、硬件系统结构、软件系统分类、多媒体技术及特点。

本章要点

- 计算机系统
- 计算机硬件系统
- 计算机软件系统
- 多媒体技术

2.1 计算机系统概述

计算机系统约每 2～3 年更新一次，性价比成倍提高，体积大幅度减小。超大规模集成电路技术将继续快速发展，并对各类计算机系统产生巨大而又深刻的影响。32 位微型机已经出现，64 位微型机也已经问世，单片上集成数千万个元器件。比半导体集成电路快 10～100 倍的器件，如砷化镓、高电子迁移率器件、约瑟夫逊结、光元件等的研究将会有重要成果。提高组装密度和缩短互连线的微组装技术是新一代计算机的关键技术之一。各种高速智能化外部设备不断涌现，多处理机系统、多机系统、分布处理系统将是引人注目的系统结构。软件硬化（又称"固件"）是发展趋势。新型非诺依曼机、推理计算机、知识库计算机等已经开始在实际中使用。软件开发将摆脱落后低效的状态。软件工程正在深入发展。软件生产正向工程化、形式化、自动化、模块化、集成化方向发展。新的高级语言如逻辑型语言、函数型语言和人工智能的研究将使人－机接口简单自然（能直接看、听、说、画）。数据库技术将大为发展。计算机网络将广泛普及。以巨大处理能力（如每秒 100 亿次至 1000 亿次操作）、巨大知识信息库、高度智能化为特征的下一代计算机系统正在被大力研制。计算机应用将日益广泛。计算机辅助设计、计算机控制的生产线、智能机器人将大大提高社会劳动生产力。办公、医疗、通信、教育及家庭生活都将计算机化。计算机对人们生活和社会组织的影响将日益广泛深刻。人们对信息数据日益广泛的需求导致存储系统的规模变得越来越庞大，管理越来越复杂，信息资源的爆炸性增长和管理能力相对不足之间的矛盾日益尖锐。同时这种信息资源的高速增长也对存储空间的大小、文件磁盘容量和网络传输速度提出了更高的要求。

2.1.1　计算机系统结构

计算机系统由硬件系统和软件系统组成，如图 2-1 所示。硬件系统和软件系统相辅相成，缺一不可。硬件是躯体，软件是灵魂，没有安装任何软件的计算机也称为裸机，裸机只能识别 0 和 1 组成的机器代码，编程难度特别大。只有二者协调配合，才能有效地发挥计算机的功能为用户服务。

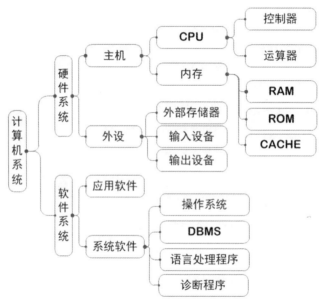

图 2-1　计算机系统构成

1. 硬件系统

硬件系统是指构成计算机的所有实体部件的集合。硬件系统由主机和外部设备构成，其中，主机包括 CPU 和内部存储器，CPU 包括控制器与运算器，运算器进行算术运算和逻辑运算。内存可以分为 RAM（随机存储器）、ROM（只读存储器）和 CACHE（高速缓冲存储器）。外部设备包括外部存储器、输入设备、输出设备三类。

2. 软件系统

软件系统是指能够驱使计算机硬件系统进行有效工作的程序的集合。主要有两类：应用软件和系统软件，其中，系统软件主要有以下四类。

（1）操作系统：Windows 系列、安卓、iOS。

（2）DBMS：数据库管理系统。

（3）语言处理程序：编译程序、汇编程序、解释程序。

（4）诊断程序：计算机开机自检程序（BIOS）。

除这四类以外的其他软件都属于应用软件的范畴，如我们经常使用的办公软件、网上订票系统、财务管理系统、学生成绩管理系统等，都是应用软件。

2.1.2　冯·诺依曼计算机工作原理

1．指令与指令系统

计算机能够根据人们的工作要求自动地处理信息。在计算机中这种工作要求就是指令，即操作者发出的命令，一条指令规定了计算机执行的一个基本操作，它由一系列二进制代码组成。指令通常由操作码和地址码两部分构成，如图 2-2 所示。操作码指明计算机要完成的操作，如加、减、乘、除、移位等；地址码用来描述指令的操作对象，如参加运算的数据所在的地址。一台计算机所支持的全部指令，称为该计算机的指令系统（Instruction System）。指令系统能说明计算机对数据进行处理的能力。不同型号的计算机，其指令系统也不相同。目前，指令系统的架构主要有精简指令集（Reduced Instruction Set Computer，RISC）与复杂指令集（Complex Instruction Set Computer，CISC），RISC 的主要代表有 ARM 指令集，常用于专用机，如嵌入式设备、无线通信、便携式设备等；CISC 的主要代表有 Intel 的 x86 指令集，常用于台式计算机和笔记本电脑。

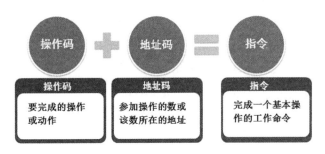

图 2-2　指令格式

为解决某一问题，使用一系列指令进行有序的排列，这些指令序列就称为程序（Program）。指令系统越丰富完备，编制程序就越方便灵活。计算机执行指令的过程是将要执行的指令从内存调入 CPU，由 CPU 对该条指令进行分析译码，判断该指令所要完成的操作，然后向相应部件发出完成操作的控制信号，从而完成该指令的功能。

指令执行的过程具体可以分为以下四个基本操作：

（1）取出指令：从存储器某个地址取出要执行的指令。

（2）分析指令：把取出的指令送至指令译码器中，译出要进行的操作。

（3）执行指令：向各个部件发出控制操作，完成指令要求。

（4）为下一条指令作好准备。

2．计算机工作原理

计算机采用"存储程序控制"原理，这一原理是 1946 年冯·诺依曼提出的，所以又称为冯·诺依曼原理。冯·诺依曼计算机的工作原理如图 2-3 所示。

计算机的工作原理可以概括为：①程序和数据通过输入设备输入到存储器；②运算器从存储器读取数据计算；③计算结果再写入存储器；④输出设备将存储器中的数据输出。

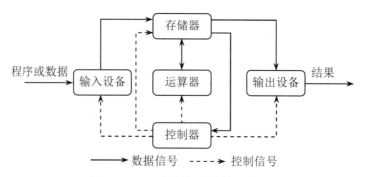

图 2-3　冯·诺依曼计算机的工作原理

控制器控制输入设备、运算器、存储器、输出设备协同工作。

2.1.3　总线

计算机各个功能部件相互传送数据时，需要有连接它们的通道，这些公共通道就称为总线（BUS）。按系统总线上传输信息类型的不同，可以将总线分为：数据总线（Data BUS，DB）、地址总线（Address BUS，AB）和控制总线（Control BUS，CB）。

（1）数据总线。用来传输数据信息，它是 CPU 同各部件交换信息的通道。数据总线都是双向的，而具体传送信息的方向，则由 CPU 来控制。

（2）地址总线。用来传送地址信息，CPU 通过地址总线把需要访问的内存单元地址或外部设备的地址传送出去，地址总线是单方向的。

（3）控制总线。用来传输控制信号，以协调各部件的操作，它包括 CPU 对内存储器和接口电路的读写信息、中断响应信号等。

总线可以单向传输信息，也可以双向传输信息，并能在多个设备中选择唯一的源地址和目的地址。图 2-4 是面向内存的双总线系统结构示意图，数据总线实现输入设备、CPU、内存、输出设备之间的数据传输；控制总线将 CPU 的控制指令发送到内存、输入/输出接口；使用地址总线进行寻址，地址总线的宽度决定了计算机的寻址能力，如 40 位地址总线的寻址能力是 2 的 40 次方，$2^{40}=2^{10}×2^{10}×2^{10}×2^{10}B=2^{10}×2^{10}×2^{10}KB=2^{10}×2^{10}MB=2^{10}GB=1TB$，即 40 位宽度的地址总线，其地址访问范围为 0B～1TB。

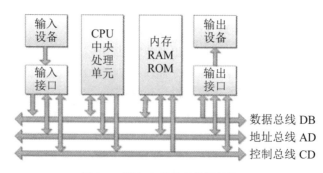

图 2-4　面向内存的双总线结构

2.1.4　接口

接口是计算机系统中两个独立的部件进行信息交换的共享边界，是外部设备与计算机连接的端口，也叫 I/O 接口。在计算机中，通常将 I/O 接口做成 I/O 接口卡插在主板的 I/O 扩展槽上（如显卡、网卡），也有的直接做在主板上的，如键盘接口、鼠标接口、串行接口、并行接口、USB 接口。计算机主机箱上的常见接口如图 2-5 所示。

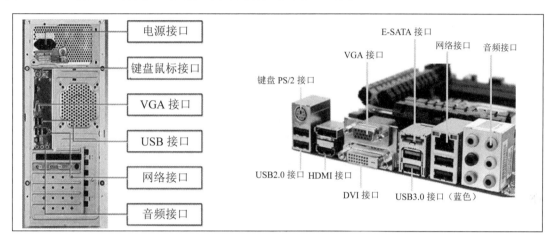

图 2-5　各类常见的接口

接口的主要作用：①快慢设备之间的速度缓冲与匹配；②实现数字信号与模拟信号的转换；③实现串行传输与并行传输的转换。

例如，我们将内存中的一个文档通过打印机打印出来，这里涉及两个部件：内存与打印机，因为数据在计算机内部的传送速度很快，而打印机速度很慢，速度差异大，故打印指令发送后，并非将内存文档直接发送到打印机，而是将打印文档从内存发送到接口，打印机再从接口中取文档打印，在这里，接口实现了数据缓冲的作用。

2.2　计算机硬件系统

扫码看视频

一台微型计算机的硬件包括控制器、运算器、存储器、输入设备和输出设备五大基本部件。其中，控制器和运算器统称为中央处理器，即 CPU。主要部件及外部设备包括主机、显示器、键盘、鼠标、音箱、打印机和扫描仪等，如图 2-6 所示。

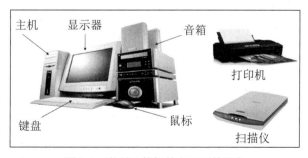

图 2-6　微型计算机的主要硬件设备

2.2.1 主机

1．主机箱

主机箱是安装计算机主板、CPU、内存、硬盘的容器。图 2-7 是某型号主机箱的外观图，前置面板上主要有：

（1）电源指示灯：用来查看主机电源是否打开。

（2）硬盘工作指示灯：当硬盘处于读写数据的状态时，指示灯会闪烁。

（3）复位重启按钮：用于计算机热启动，即在不断电的状态下重新启动计算机。

（4）电源开关：用于微型计算机的打开或关闭。

（5）音频接口：用于音频信号的输入或输出，耳机接口用于输出，话筒接口用于输入。

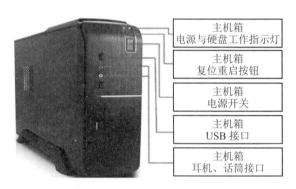

图 2-7　主机箱的外观图

图 2-8 是某型号主机箱的内部结构图，主要包括：

（1）主板：连接计算机各部件的电路板。

（2）CPU：中央处理单元，也称中央处理器，是计算机控制各部件的核心硬件。

（3）内存：也称为内部存储器，CPU 运行程序时从内存读取数据和指令。

（4）PCI 扩展槽：通过接入不同的扩展卡可以增强计算机的功能，如显卡、网卡、声卡等。

（5）硬盘：计算机的主要外部存储设备。

（6）电源：为开关电路，将普通交流电转为直流电，再通过载波控制电压，将不同的电压分别输出给主板、硬盘、光驱等计算机部件。

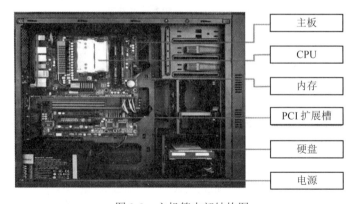

图 2-8　主机箱内部结构图

2. 主板

主板是一个提供了各种插槽和系统总线及扩展总线的电路板，又叫主机板或系统板。主板上的插槽用来安装组成微型计算机的各个部件，而主板上的总线可以实现各部件之间的通信，所以说主板是计算机各部件的连接载体，如图2-9所示。

图 2-9　主板结构图

下面，我们来认识一下主板上的几个主要部件：

（1）北桥芯片。计算机主板上的一块芯片，位于 CPU 插座边，起连接作用，用来处理高速信号，通常处理 CPU（处理器）、RAM（内存）、AGP 端口或 PCI Express 和南桥芯片之间的通信。

（2）CPU 插槽。CPU 须要通过接口与主板连接。接口方式有引脚式、卡式、触点式、针脚式等。CPU 接口类型不同，在插孔数、体积、形状都有变化，所以不能互相接插。

（3）PCI 插槽。为了将外部设备的适配器连接到微型计算机的主机中，在系统主板上有一系列的扩展插槽供适配器使用。这些扩展槽与主板上的系统总线相连。适配器插入扩展槽后，就通过系统总线与 CPU 连接进行数据的传送。PC 这种开放的体系结构允许用户按照自己的需求选择不同的外部设备装配微型计算机。

（4）南桥芯片。南桥芯片是主板芯片组的重要组成部分，一般位于主板上离 CPU 插槽较远的下方，PCI 插槽的附近，相对于北桥芯片来说，其数据处理量并不算大，所以南桥芯片一般都没有覆盖散热片。南桥芯片主要是负责 I/O 接口等一些外设接口的控制、IDE 设备的控制及附加功能等。

（5）内存接口。用于内存条的安装，一般有 2～4 个接口。

（6）电源接口。给主板供电的接口，计算机属于弱电产品，也就是说，部件的工作电压比较低，一般在±12V 范围内，并且是直流电。

3. CPU

中央处理器（Central Processing Unit，CPU）是计算机的核心部件，其工作速度的快慢直接影响到该计算机的处理速度，主要包括运算器（AU）和控制器（CU）两大部件。

（1）运算器（Arithmetic Unit）。由算术逻辑单元（Arithmetic Logic Unit，ALU）、累加器、状态寄存器和通用寄存器等组成，主要功能是对二进制数据进行加、减、乘、除等算术运算和与、或、非等逻辑运算。

（2）控制器（Control Unit）。控制器是计算机的指挥中心，控制计算机各个部分协调工作。它的基本功能就是从内存中读取指令和执行指令，即控制器按指令地址从内存中取出该指令进行译码，然后根据该指令功能向有关部件发出控制命令，执行该指令并协调程序的输入、数据的输入和运算并输出结果。

随着大规模与超大规模集成电路技术的发展，芯片集成密度越来越高，微型计算机上的中央处理器所有的组成部分都集成在一小块半导体上，又称为微处理器（Microprocessor Unit，MPU）。1971年，Intel公司推出的4004芯片是世界上第一块微处理器，后来又推出了8008、8080、8086/8088、80286、80386、80486、Pentium、Pentium Ⅱ、Pentium Ⅲ、Pentium Ⅳ及现在的Core（酷睿）系列。Core i7 CPU的正反面效果图如图2-10所示。

图 2-10　Core i7 CPU

随着智能手机与平板电脑等便携式设备的迅速普及，需要一种低能耗、发热低、性能高的处理器。很多的手机厂商在市场上纷纷崛起。而消费者在购机时除了关注手机的品牌、外观等问题以外，也很关注关于手机搭载的处理器。目前，全球最顶尖的三大移动处理器厂家分别是苹果、华为、高通。

衡量CPU的主要性能指标有以下三种：

（1）主频。即CPU内核工作的时钟频率（CPU Clock Speed）。主频越高，CPU的运算速度就越快。但主频不等于处理器一秒钟执行的指令条数，因为一条指令的执行可能需要多个时钟周期。单位一般用GHz表示。

（2）运算速度。通常所说的计算机运算速度（平均运算速度），是单字长定点指令平均执行速度MIPS（Million Instructions Per Second）的缩写，每秒处理的百万级的机器语言指令数。这是衡量CPU速度的一个指标。

（3）字长。一般说来，计算机在同一时间内处理的一组二进制数称为一个计算机的"字"，而这组二进制数的位数就是"字长"。在其他指标相同时，字长越大，计算机处理数据的速度就越快。早期的计算机字长一般是8位和16位，386和更高的处理器大多是32位。目前，市面上计算机的处理器大部分已达到64位。

对于CPU，主频越高，字节越长，CPU运算速度就越快。

4．内存

内存（Memory）是计算机中重要的部件之一，它是与CPU进行沟通的桥梁，如图2-11所示。计算机中所有程序的运行都是在内存中进行的，因此内存的性能对计算机的影响非常大。内存也被称为内存储器和主存储器，其作用是用于暂时存放CPU中的运算数据，以及与硬盘等外部存储器交换的数据。只要计算机在运行中，CPU就会把需要运算的数据调到内存中进行运算，当运算完成后CPU再将结果传送出来，内存的稳定运行决定了计算机的稳定状态。

图 2-11　内存

内存是由内存芯片、电路板、金手指等部分组成的。内存一般采用半导体存储单元，包括随机存储器（RAM）、只读存储器（ROM）和高速缓存（CACHE）。SDRAM（Synchronous）同步动态随机存取存储器将 CPU 与 RAM 使用一个相同的时钟锁，以相同的速度同步工作，每一个时钟脉冲的上升沿便开始传递数据，速度比 EDO 内存提高 50%。DDR（Double Data Rate）是 SDRAM 的更新换代产品，它允许在时钟脉冲的上升沿和下降沿传输数据，这样不需要提高时钟的频率就能加倍提高 SDRAM 的速度。

（1）随机存储器（Random Access Memory，RAM）。随机存储器表示既可以从中读取数据，也可以写入数据。当机器电源关闭时，存于其中的数据就会丢失。我们通常购买或升级的内存条就是用作电脑的内存，内存条（Single In-line Memory Module，SIMM）就是将 RAM 集成块集中在一起的一小块电路板，它插在计算机中的内存插槽上，以减少 RAM 集成块占用的空间。目前，市场上常见的内存条有 2GB/条、4GB/条、8GB/条等。

（2）只读存储器（Read Only Memory，ROM）。ROM 表示只读存储器，在制造 ROM 的时候，信息（数据或程序）就被厂家存入并永久保存。这些信息只能读出，一般不能写入，即使机器停电，这些数据也不会丢失。ROM 一般用于存放计算机的基本程序和数据，如 BIOS ROM，其物理外形一般是双列直插式（Dual Inline-pin Package，DIP）的集成块。

（3）高速缓冲存储器（CACHE）。我们平常看到的一级缓存（L1 CACHE）、二级缓存（L2 CACHE）、三级缓存（L3 CACHE）这些数据，它位于 CPU 与内存之间，是一个读写速度比内存更快的存储器。当 CPU 向内存中写入或读出数据时，这个数据也被存储进高速缓冲存储器中。当 CPU 再次需要这些数据时，CPU 就从高速缓冲存储器读取数据，而不是访问较慢的内存，当然，如需要的数据在 CACHE 中没有，CPU 会再去读取内存中的数据。

RAM 的主要特点是：①存储单元的内容可以按需随意取出或存入；②数据易失性，断电后，RAM 中的数据或指令会丢失；③RAM 的访问速度远远快于硬盘；④现代随机存取存储器依赖电容器存储数据，由于电容器有漏电的情形，数据会渐渐随时间流失，因此，需要刷新电路定期给电容充电；⑤任何程序和数据必须调入 RAM 才能被计算机执行。

ROM 的主要特点是：①ROM 中的程序或数据一次写入，可以反复读取；②停电后，ROM 中的数据不会丢失；③开机自检程序 BIOS 就是固化在 ROM 中的；④ROM 分为 PROM（可编程只读存储器）、EPROM（可编程可擦除只读存储器）、EEPROM（电子可擦除可编程只读存储器）。

5. 微型计算机的主要性能指标

衡量计算机系统性能的指标主要有字长、内存容量、存取周期、主频、运算速度等。

2.2.2 外围设备

扫码看视频

外围设备主要包括外部存储器、输入设备、输出设备、网络设备、多媒体设备。

1. 外部存储器

（1）硬盘。硬盘是计算机主要的存储媒介之一，由一个或多个铝制或玻璃制的碟片组成，如图 2-12 所示。碟片外覆盖有铁磁性材料。硬盘有固态硬盘（SSD 盘，新式硬盘，内有 sata 固态、m.2 固态、pci-e 固态之分，而 m.2 固态又有 nvme 的 m.2 和 sata 的 m.2 之分）、机械硬盘（HDD 传统硬盘，内有 3.5 寸、2.5 寸之分，还有 5400 转和 7200 转之分）、混合硬盘（HHD，一块基于传统机械硬盘诞生出来的新硬盘）。SSD 采用闪存颗粒来存储，HDD 采用磁性碟片来存储，HHD 是把磁性硬盘和闪存集成到一起的一种硬盘。绝大多数硬盘都是固定硬盘，被永久性地密封固定在硬盘驱动器中。其内部结构主要包括：

1）主轴。主轴的转动速度即盘片的转速，目前计算机采用 5400r/min 和 7200r/min 两种硬盘。

2）马达。驱动磁头臂沿半径方向摆动。

3）永磁铁。产生磁场。

4）磁盘。存储数据或程序。

5）磁头。对磁盘进行数据或程序的读写。

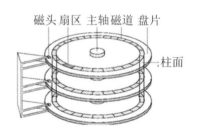

磁盘容量=磁头数×磁道（柱面）数×扇区数×512 字节（每个扇区的字节数）

图 2-12　硬盘内部结构图

硬盘的物理结构包括：

1）磁头。无论是双盘面还是单盘面，由于每个盘面都只有自己独一无二的磁头，因此，盘面数等于总的磁头数。

2）磁道。磁盘旋转时，磁头保持在一个位置上，则每个磁头都会在磁盘表面划出一个圆形轨迹，这些圆形轨迹就叫作磁道。磁盘盘片上的圆形轨道数即为磁道密度。

3）扇区。磁盘上的每个磁道被等分为若干个弧段，这些弧段便是磁盘的扇区，每个扇区可以存放 512 个字节的信息，磁盘驱动器在向磁盘读取和写入数据时，要以扇区为单位。

4）柱面。硬盘通常由重叠的一组盘片构成，每个盘面都被划分为数目相等的磁道，并从外缘的"0"开始编号，具有相同编号的磁道形成一个圆柱，称为磁盘的柱面。磁盘的柱面数与一个盘单面上的磁道数是相等的。

因此，我们只要知道了硬盘的磁头数、柱面数、扇区数，即可确定硬盘的容量，硬盘的容量=磁头数×磁道数（柱面数）×扇区数×512B。

（2）光盘。光盘是以光信息作为存储的载体并用来存储数据的一种物品。分为不可擦写光盘，如 CD-ROM（容量 700MB）、DVD-ROM（容量 4.6GB）等；可擦写光盘，如 CD-RW、DVD-RAM 等。光盘是利用激光原理进行读、写的设备，是迅速发展的一种辅助存储器，可以存放各种文字、声音、图形、图像和动画等多媒体数字信息。蓝光光碟（Blu-ray Disc，BD）是 DVD 之后的下一代光盘格式之一，用以存储高品质的影音和高容量的数据存储，单层容量达 25GB。

光盘的结构可以分为以下五种：

1）基板。基板是无色透明的聚碳酸酯（PC）板，在整个光盘中，它不仅是沟槽等的载体，更是整个光盘的物理外壳。CD 光盘的基板厚度为 1.2mm、直径为 120mm，中间有孔，呈圆形，它是光盘外形的体现。光盘比较光滑的一面（激光头面向的一面）就是基板。

2）记录层。这是烧录时刻录信号的地方，其主要的工作原理是在基板涂抹上专用的有机染料，以供激光记录信息。由于烧录前后的反射率不同，经由激光读取不同长度的信号时，通过反射率的变化形成 0 与 1 信号，借以读取信息。一次性记录的 CD-R 光盘主要采用酞菁这种有机染料，当此光盘在进行烧录时，激光就会对在基板上涂的有机染料进行烧录，直接烧录成一个接一个的"坑"，这样有"坑"和没有"坑"的状态就形成了 0 和 1 的信号，这一个接一个的"坑"是不能恢复的，也就是当烧成"坑"之后，将永久性地保持现状，这也就意味着此光盘不能重复擦写。这一连串的 0、1 信息就组成了二进制代码，从而表示特定的数据。对于可重复擦写的 CD-RW 而言，所涂抹的就不是有机染料，而是某种碳性物质，当激光在烧录时，就不是烧成一个接一个的"坑"，而是改变碳性物质的极性，通过改变碳性物质的极性，来形成特定的 0、1 代码序列。这种碳性物质的极性是可以重复改变的，这也就表示此光盘可以重复擦写。

3）反射层。这是光盘的第三层，它是反射光驱激光光束的区域，借反射的激光光束读取光盘中的资料。其材料是纯度为 99.99% 的纯银金属。如同我们经常用到的镜子一样，此层就代表镜子的银反射层，光线到达此层就会反射回去。一般来说，我们的光盘可以当作镜子用，就是因为有这一层的缘故。

4）保护层。它是用来保护光盘中的反射层及染料层，防止信号被破坏。材料为光固化丙烯酸类物质。市场使用的 DVD 系列还须要在以上的工艺中加入胶合部分。

5）印刷层。印刷盘片的客户标识、容量等相关信息的地方，就是光盘的印刷层。它不仅可以标明信息，还可以起到一定的保护光盘的作用。

CD-R、CD-RW 光盘按表面涂层的不同，可以分为以下四种：

1）绿盘。由 Taiyo Yuden 公司研发，原材料为 Cyanine（青色素），保存年限为 75 年，这是最早开发的标准，兼容性最为出色，制造商有 Taiyo Yuden、TDK、Ricoh（理光）、Mitsubishi（三菱）。

2）蓝盘。由 Verbatim 公司研发，原材料为 Azo（偶氮），在银质反射层的反光下，能看见水蓝色的盘面，存储时间为 100 年，制造商有 Verbatim 和 Mitsubishi。

3）金盘。由 Mitsui Toatsu 公司研发，原材料为 Phthalocyanine（酞菁），抗光性强，存储时间长达 100 年，制造商有 Mitsui Toatsu、Kodak（柯达）。

4）紫盘。它采用特殊材料制成，只有类似紫玻璃的一种颜色。CD-RW 以相变式技术来生产结晶和非结晶状态，分别表示 0 和 1，并可以多次写入，也称为可复写光盘。

（3）软盘。软盘（Floppy Disk）是个人计算机（PC）中最早使用的可移动存储介质，如图 2-13 所示。软盘的读写是通过软盘驱动器完成的。常用的软盘有 3.5 英寸 1.44MB、5.25 英寸 1.2MB。以 3.5 英寸 1.44MB 的磁盘片为例，其容量的计算公式为：80（磁道）×18（扇区）×512bytes（扇区的大小）×2（双面）= 1440×1024bytes = 1440KB = 1.44MB。

（4）磁带。磁带存储器（Magnetic Tape Storage）是以磁带为存储介质，由磁带机及其控制器组成的存储设备，是计算机的一种辅助存储器。磁带机由磁带传动机构和磁头等组成，能驱动磁带相对磁头运动，用磁头进行电磁转换，在磁带上顺序地记录或读出数据。磁带存储器是计算机外围设备之一。磁带控制器是中央处理器在磁带机上存取数据用的控制电路装置。磁带存储器以顺序方式存取数据。存储数据的磁带可脱机保存和互换读出，如图 2-14 所示。

图 2-13　软盘

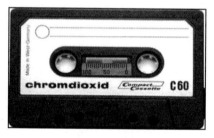

图 2-14　磁带

1）记录方式。按某种规律将一串二进制数字信息变换成磁层中相应的磁化元状态，用读写控制电路实现这种转换。在磁表面存储器中，由于写入电流的幅度、相位、频率变化的不同，从而形成了不同的记录方式。常用记录方式可以分为不归零制（NRZ）、调相制（PM）、调频制（FM）三大类。

在磁带存储器中，利用一种被称为磁头的装置来形成和判别磁层中的不同磁化状态。磁头实际上是由软磁材料做铁芯绕有读写线圈的电磁铁。

2）写操作。当写线圈中通过一定方向的脉冲电流时，铁芯内就产生了一定方向的磁通，由于铁芯是高导磁率材料，而铁芯空隙处为非磁性材料，故在铁芯空隙处集中很强的磁场。在这个磁场作用下，载磁体就被磁化成相应极性的磁化位或磁化元（表示 1）。若在写线圈里通入相反方向的脉冲电流，就可以得到相反极性的磁化元（表示 0）。上述过程称为写入。显然，一个磁化元就是一个存储元，一个磁化元中存储一位二进制信息。当载磁体相对于磁头运动时，就可以连续写入一连串的二进制信息。

3）读操作。当磁头经过载磁体的磁化元时，由于磁头铁芯是良好的导磁材料，磁化元的磁力线很容易通过磁头而形成闭合磁通回路。不同极性的磁化元在铁芯里的方向是不同的。当磁头对载磁体做相对运动时，磁头铁芯中磁通的变化使读出线圈中感应出相应的电动势 E。负号表示感应电势的方向与磁通的变化方向相反。不同的磁化状态，所产生的感应电势方向不同。这样，不同方向的感应电势经读出放大器放大鉴别，就可以判知读出的信息是 1 还是 0。

（5）移动硬盘。移动硬盘（Mobile Hard Disk）顾名思义是以硬盘为存储介质，用于计算机之间交换大容量数据，强调便携性的存储产品，如图 2-15 所示。移动硬盘多采用 USB、IEEE 1394 等传输速度较快的接口，可以以较高的速度与系统进行数据传输。因为采用硬盘为存储介质，因此移动硬盘在数据的读写模式上与标准 IDE 硬盘是相同的。移动硬盘的读取速度约为 50～100MB/s，写入速度约为 30～80MB/s。

图 2-15　移动硬盘

移动硬盘的特点有以下四点：

1）容量大。常见移动硬盘的容量有 500GB、640GB、750GB、1TB、2TB、4TB、6TB，甚至有 8TB 的大容量，除此之外还有桌面式的移动硬盘。随着技术的发展，移动硬盘的容量越来越大，体积越来越小。

2）体积小。移动硬盘（盒）的尺寸分为 1.8 寸、2.5 寸和 3.5 寸三种。2.5 寸移动硬盘（盒）可以使用笔记本电脑硬盘，2.5 寸移动硬盘（盒）体积小、重量轻、便于携带，不需要外置电源。

3）速度高。移动硬盘大多采用 USB、IEEE 1394 接口，能提供较高的数据传输速度。USB 1.1 的传输速度为 12Mbps，USB 2.0、IEEE 1394 的传输速度为 60MB/s，USB 3.0 的传输速率达到 625MB/s。

4）使用方便。主流的 PC 基本都配备了 USB 功能，主板通常可以提供 2～8 个 USB 口，一些显示器也会提供 USB 转接器，USB 接口已成为个人计算机中的必备接口。USB 设备具有即插即用的特性，使用起来灵活方便。

（6）U 盘。U 盘全称为 USB 闪存盘，英文名为 USB Flash Disk。它是一种使用 USB 接口的无需物理驱动器的微型高容量移动存储产品，通过 USB 接口与计算机连接，实现即插即用，如图 2-16 所示。

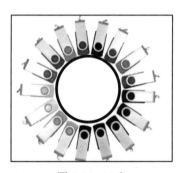

图 2-16　U 盘

U 盘的优点：小巧便于携带、存储容量大、价格便宜、性能可靠。一般 U 盘的容量有 2G、4G、8G、16G、32G、64G、128G、256G、512G、1T 等。U 盘中无任何机械式装置，抗震性能极强。U 盘还具有防潮防磁、耐高低温等特性，安全可靠性高。

（7）SD 卡和 TF 卡。SD 存储卡是一种基于半导体快闪记忆器的新一代记忆设备，由于它体积小、数据传输速度快、可热插拔等优良的特性，被广泛地用于便携式装置，如数码相机、个人数码助理和多媒体播放器等，如图 2-17 所示。

图 2-17　SD 卡

MMC（Multi-Media Card，多媒体卡）由西门子公司 Siemens 和 SanDisk 于 1997 年推出。由于它的封装技术较为先进，有 7 针引脚，体积小，重量轻，非常符合移动存储的需要。MMC支持 1bit 模式，20MHz 时钟，采用总线结构。

SD 卡由松下电器、东芝和 SanDisk 联合推出。SD 卡的数据传送和物理规范由 MMC 发展而来，大小和 MMC 卡差不多，尺寸为 32mm×24mm×2.1mm。长宽和 MMC 卡一样，比 MMC卡厚 0.7mm，以容纳更大容量的存储单元。SD 卡与 MMC 卡保持向上兼容，MMC 卡可以被新的 SD 设备存取，兼容性则取决于应用软件，但 SD 卡不可以被 MMC 设备存取。

Micro SD 卡是一种极细小的快闪存储器卡，其格式源自 SanDisk 创造，原本这种记忆卡称为 T-Flash，后改称为 Trans Flash（TF 卡），而重新命名为 Micro SD 是因为被 SD 协会（SDA）采立。另一些被 SDA 采用的记忆卡包括 Mini SD 和 SD 卡。其主要应用于移动电话，但因它的体积微小和储存容量的不断提高，也常使用于 GPS 设备、便携式音乐播放器和一些快闪存储器中。

2．输入设备

输入设备可以将文字、数字、声音、图像等输入到计算机中，用于加工和处理。输入设备是人与计算机进行信息交换的主要设备。常见的输入设备有键盘、鼠标、扫描仪、触摸屏、手写输入板、游戏杆、话筒、数码相机等。下面主要介绍键盘、鼠标、扫描仪与手写板这几种输入设备。

（1）键盘。键盘是微型计算机上最基本的输入设备，可以通过键盘往计算机中输入程序和数据。标准键盘共有 104 个键，共分为 5 个区，即打字键区、功能键区、编辑键区、编辑与数字键区和状态指示区，如图 2-18 所示。部分按键名称与对应功能见表 2-1。

图 2-18　标准键盘键位图

表 2-1　键盘按键功能

键名	功能	键名	功能
Esc	退出键	Enter	Enter 键
Tab	制表键	F1～F12	功能键
Caps Lock	大/小写锁定键	Print Screen	屏幕拷贝键
Shift	上挡键	Del	删除键
Ctrl	控制键	Backspace	退格键
Alt	可选键	Insert	插入/改写键
PageUp/PageDown	上页/下页	Home	行首键
Num Lock	数字锁定键	End	行尾键

（2）鼠标。鼠标是计算机的一种主要输入设备，也是计算机显示系统纵横坐标定位的指示器，因形似老鼠而得名。鼠标的使用是为了使计算机的操作更加简便快捷，它可以对当前屏幕上的游标进行定位，并通过按键和滚轮装置对游标所经过的位置的屏幕元素进行操作，比键盘更加方便快捷，如图 2-19 所示。常见的鼠标有以下三种：

1）机械鼠标。又名滚轮鼠标，主要由滚球、辊柱和光栅信号传感器组成。鼠标通过 ps/2 口或串口与主机相连。接口中一般使用四根线，分别是电源、地、时钟和数据。

2）光电鼠标。光电鼠标（也称"光学鼠标"）通过发光二极管和光电二极管来检测鼠标对于一个表面的相对运动。激光二极管可以使之达到更好的分辨率和精度，如图 2-20 所示。

图 2-19　机械鼠标

图 2-20　光电鼠标

3）无线鼠标。利用数字无线电频率（Digital Radio Frequency，DRF）技术把鼠标在 X 轴或 Y 轴上的移动、按键按下或抬起的信息转换成无线信号并发送给主机。

（3）扫描仪与手写板。扫描仪是利用光电技术和数字处理技术，以扫描方式将图形或图像信息转换为数字信号的装置，如图 2-21 所示。扫描仪通常是被用于计算机外部的仪器设备，通过捕获图像并将之转换成计算机可以显示、编辑、存储和输出的数字化信号。扫描仪是一种可对照片、文本页面、图纸、美术图画、照相底片，甚至纺织品、标牌面板、印制板样品等三维对象进行扫描、提取和将原始的线条、图形、文字、照片、平面实物转换成可以编辑并加入文件中的装置，广泛应用在标牌面板、印制板、印刷行业等。

手写绘图输入设备对计算机来说是一种输入设备，最常见的是手写板（也称手写仪），其作用和键盘类似，如图 2-22 所示。当然，基本上只局限于输入文字或绘画，也带有一些鼠标的功能。手写板一般是使用一只专门的笔，或者用手指在特定的区域内书写文字。手写板通过各种方法将笔或手指走过的轨迹记录下来，然后识别为文字。对于不喜欢使用键盘或不习惯使用中文输入法的人来说非常有用，因为它不需要学习输入法。手写板还可以用于精确制图，如可用于电路设计、CAD 设计、图形设计、自由绘画及文本和数据的输入等。手写板有的集成在键盘上，有的是单独使用，单独使用的手写板一般使用 USB 口或串口。

图 2-21　扫描仪

图 2-22　手写板

3. 输出设备

计算机通过接口可以连接各种不同类型的输出设备，这里我们主要介绍两类常用的输出设备。

（1）显示器。显示器（Display）通常也被称为监视器。显示器是属于计算机的输出设备。它是一种将一定的电子文件通过特定的传输设备显示到屏幕上再反射到人眼的显示工具。根据制造材料的不同，可以分为阴极射线管显示器 CRT、等离子显示器 PDP、液晶显示器 LCD、LED 等。

1）CRT 显示器。CRT（Cathode Ray Tube，CRT）显示器是一种使用阴极射线管的显示器，如图 2-23 所示。阴极射线管主要由五部分组成：电子枪（Electron Gun）、偏转线圈（Deflection Coils）、荫罩（Shadow Mask）、荧光粉层（Phosphor）及玻璃外壳。它是应用最广泛的显示器之一。CRT 纯平显示器具有可视角度大、无坏点、色彩还原度高、色度均匀、可调节的多分辨率模式、响应时间短等 LCD 显示器难以超过的优点。

2）LCD 显示器。LCD 显示器即液晶显示器，优点是机身薄、占地小、辐射小，给人以一种健康产品的形象。但液晶显示屏不一定可以保护眼睛，这需要看各人使用计算机的习惯。LCD 液晶显示器的工作原理是在显示器内部有很多液晶粒子，它们有规律地排列成一定的形状，并且它们每一面的颜色都不同，分为红色、绿色、蓝色。这三原色能还原成任意的其他颜色，当显示器收到计算机的显示数据时会控制每个液晶粒子转动到不同颜色的面，来组合成不同的颜色和图像，也因为这样液晶显示屏的缺点是色彩不够艳、可视角度低等。

3）LED 显示器。LED 就是发光二极管（Light Emitting Diode）的英文缩写，简称 LED，如图 2-24 所示。它是一种通过控制半导体发光二极管的显示方式，用来显示文字、图形、图像、动画、行情、视频、录像信号等各种信息的显示屏幕。

图 2-23　CRT 显示器

图 2-24　LED 显示器

（2）打印机。打印机（Printer）是计算机的输出设备之一，用于将计算机处理结果打印在相关介质上。衡量打印机好坏的指标有三项：打印分辨率、打印速度和噪声。打印机的种类很多，按打印元件对纸是否有击打动作，分为击打式打印机和非击打式打印机；按打印字符结构，分为全形字打印机和点阵字符打印机；按一行字在纸上形成的方式，分为串式打印机和行式打印机；按工作方式，分为针式、喷墨、激光三类打印机，如图 2-25 所示。

（a）针式打印机　　　　　　　　（b）喷墨打印机　　　　　　　　（c）激光打印机

图 2-25　三类打印机

针式、喷墨、激光打印机的特点见表 2-2。

表 2-2　三类打印机的特点

针式打印机	喷墨打印机	激光打印机
分辨率低	分辨率高	分辨率高
打印速度慢	打印速度慢	打印速度快
噪声大，成本低	噪声小，对纸张要求高	噪声小
常用于票据打印	常用于照片打印	常用于办公文档打印

4．网络设备

（1）网卡（网络适配器）。网络接口控制器（Network Interface Controller，NIC），又称网络适配器（Network Adapter）、网卡（Network Interface Card）或局域网接收器（LAN Adapter），是一块被设计用来允许计算机在计算机网络上进行通信的计算机硬件，如图 2-26 所示。每一个网卡都有一个被称为 MAC 地址（物理网卡地址）的独一无二的 48 位串行号，它被写在卡上的一块 ROM 中。这是因为电气电子工程师协会（Institute of Electrical and Electronics Engineers，IEEE）负责为网络接口控制器销售商分配唯一的 MAC 地址。大部分新的计算机都在主板上集成了网络接口。这些主板或是在主板芯片中集成了以太网的功能，或是使用一块通过 PCI（或更新的 PCI-Express 总线）连接到主板上的网卡。除非需要多接口或使用其他种类的网络，否则不再需要一块独立的网卡，甚至更新的主板可能含有内置的以太网接口。

（2）集线器。集线器的英文为 Hub。集线器的主要功能是对接收到的信号进行再生整形放大，以扩大网络的传输距离，同时把所有节点集中在以它为中心的节点上，图 2-27 为 24 口集线器。集线器属于纯硬件网络底层设备，基本上不具有类似于交换机的智能记忆能力和学习能力，也不具备交换机所具有的 MAC 地址表，所以它发送数据时都是没有针对性的，而是采用广播方式发送。也就是说，当它要向某节点发送数据时，不是直接把数据发送到目的节点，而是把数据包发送到与集线器相连的所有节点。Hub 是一个多端口的转发器，当以 Hub 为中心设备时，网络中某条线路产生了故障，并不影响其他线路的工作，所以 Hub 在局域网中得到了广泛的应用。

图 2-26　网卡

图 2-27　集线器

（3）路由器。路由器（Router）又称网关设备（Gateway），用于连接多个逻辑网络。所谓的逻辑网络是指一个单独的网络或一个子网，如图 2-28 所示。当数据从一个子网传输到另一个子网时，可以通过路由器的路由功能来完成。因此，路由器具有判断网络地址和选择 IP 路径的功能，它能在多网络互联的环境中建立灵活的连接，可以用完全不同的数据分组和介质访问方法连接各种子网，路由器只接受源站或其他路由器的信息，属于网络层的一种互联设备。

图 2-28　路由器

无线路由器是用于用户上网、带有无线覆盖功能的路由器。无线路由器可以看作一个转发器，将网络服务商连接到家中的宽带网络信号，通过天线转发给附近的无线网络设备（笔记本电脑、支持 WiFi 的手机、平板和所有带有 WiFi 功能的设备）。市场上流行的无线路由器一般只能支持 15～20 个设备同时在线使用。一般的无线路由器信号范围为半径 50 米，现在已经有部分无线路由器的信号范围达到了半径 300 米。

5. 多媒体设备

（1）声卡。声卡（Sound Card）也叫音频卡，是多媒体技术中最基本的组成部分，是实现声波和数字信号相互转换的一种硬件，如图 2-29 所示。声卡的基本功能是把来自话筒、磁带、光盘的原始声音信号加以转换，输出到耳机、扬声器、扩音机、录音机等声响设备，或者通过音乐设备数字接口（Musical Instrument Digital Interface，MIDI）使乐器发出美妙的声音。

（2）音箱。音箱是指可以将音频信号转换为声音的一种设备，如图 2-30 所示。通俗地讲就是指音箱主机箱体或低音炮箱体内自带功率放大器，对音频信号进行放大处理后由音箱本身回放出声音，使其声音变大。音箱是整个音响系统的终端，其作用是把音频电能转换成相应的声能，并把它辐射到空间去。它是音响系统极其重要的组成部分，担负着把电信号转变成声信号供人的耳朵直接聆听的任务。

（3）麦克风。麦克风也称话筒、微音器，由 Microphone 这个英文单词音译而来，是将声音信号转换为电信号的能量转换器件，如图 2-31 所示。麦克风由最初通过电阻转换声电发展为电感、电容式转换，当前广泛使用的是电容麦克风和驻极体麦克风，麦克风是一种输入设备。

图 2-29　声卡

图 2-30　音箱

图 2-31　麦克风

工作原理：麦克风将声音的振动传到麦克风的振膜上，推动里边的磁铁形成变化的电流，变化的电流送到后面的声音处理电路进行放大处理。

2.3　计算机软件系统

扫码看视频

2.3.1　软件与程序

程序是为实现特定目标或解决特定问题而用计算机语言编写的命令序列的集合。

软件就是程序加文档的集合体。软件并不只是包括可以在计算机（这里的计算机是指广义的计算机）上运行的计算机程序，与这些计算机程序相关的文档一般也被认为是软件的一部分。

软件的特点：①无形的，没有物理形态，只能通过运行状况来了解功能、特性和质量；②软件渗透了大量的脑力劳动，人的逻辑思维、智能活动和技术水平是软件产品的关键；③软件不会像硬件一样老化磨损，但存在缺陷维护和技术更新；④软件的开发和运行必须依赖于特定的计算机系统环境，对于硬件有依赖性，为了减少依赖，开发中提出了软件的可移植性；⑤软件具有可复用性，软件开发出来很容易被复制，从而形成多个副本。

2.3.2　软件的分类

软件可以分为系统软件和应用软件，如图 2-32 所示。

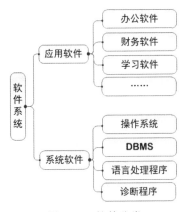

图 2-32　软件分类

1. 系统软件

系统软件是计算机系统的基本软件，主要负责管理、控制、维护、开发计算机的软、硬件资源，提供给用户一个便利的操作界面和编制应用软件的资源环境，是使用计算机必不可少的软件。系统软件主要包括操作系统、数据库管理系统、语言处理程序、诊断程序等。

（1）操作系统。操作系统（Operating System，OS）对计算机全部软、硬件资源进行控制和管理，是软件系统的核心。

计算机操作系统包括 Windows 系列、Linux、UNIX、Mac OS；手机操作系统包括 Android、iOS。

（2）数据库管理系统。数据库管理系统（Database Management System，DBMS）是一种操纵和管理数据库的大型软件，用于建立、使用和维护数据库。它对数据库进行统一的管理和控制，以保证数据库的安全性和完整性。用户通过 DBMS 访问数据库中的数据，数据库管理员也通过 DBMS 进行数据库的维护工作。它可以使多个应用程序和用户用不同的方法在同一时刻或不同时刻去建立、修改和询问数据库。大部分 DBMS 提供数据定义语言 DDL（Data Definition Language）和数据操作语言 DML（Data Manipulation Language），供用户定义数据库的模式结构与权限约束，实现对数据的追加、删除等操作。

常见的数据库管理系统有 Oracle、MySQL、ACCESS、Visual Foxpro、MS SQL Server 等。

（3）语言处理程序。语言处理程序是将用程序设计语言编写的源程序转换成机器语言的形式，以便计算机能够运行，这一转换是由翻译程序完成的。翻译程序除了要完成语言间的转换外，还要进行语法、语义等方面的检查，翻译程序统称为语言处理程序，共分为解释程序、编译程序和汇编程序三种，如图 2-33 所示。

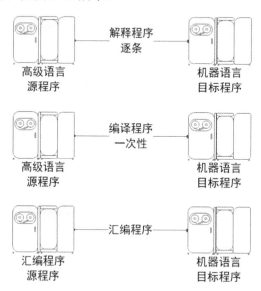

图 2-33　三类语言处理程序

解释程序是一种语言处理程序，运行用户程序时，逐条解释高级语言源程序，逐条执行。因此，解释程序并不生成中间代码，而是直接产生目标程序（机器语言）。

编译程序（Compiler 或 Compiling Program）也称为编译器，是把用高级程序设计语言书写的源程序，翻译成等价的机器语言格式。它以高级程序设计语言书写的源程序作为输入，而以汇编语言或机器语言表示的目标程序作为输出，一次性全部编译完成，并生成目标程序后再执行。

汇编程序是把汇编语言书写的程序翻译成与之等价的机器语言程序。汇编程序输入的是用汇编语言书写的源程序，输出的是用机器语言表示的目标程序。汇编语言编写程序不如高级程序设计语言简便、直观，但是汇编出的目标程序占用内存较少、运行效率较高，而且能直接引用计算机的各种设备资源。它通常用于编写系统的核心部分程序，或者编写需要耗费大量运行时间及实时性要求较高的程序段。

（4）诊断程序。诊断程序是一种计算机软件，功能是诊断计算机各部件能否正常工作，有的既可以用于对硬件故障的检测，又可以用于对程序错误的定位。微型计算机加电以后，一般都先运行 ROM 中的一段自检程序，以检查计算机系统的各个硬件设备是否正常，这段自检程序就是最简单的诊断程序。

2．应用软件

应用软件（Application Software）和系统软件相对应，是用户可以使用的各种程序设计语言，以及用各种程序设计语言编制的应用程序的集合，分为应用软件包和用户程序。应用软件包是利用计算机解决某类问题而设计的程序的集合，供多用户使用。

应用软件是为满足用户不同领域、不同问题的应用需求而提供的软件。它可以拓宽计算机系统的应用领域，充分发挥硬件的各项功能。主要有办公软件（Microsoft Office、WPS Office）、辅助设计软件（AutoCAD）、图像处理软件（Photoshop、ACDSee）、文件压缩软件（WinRAR）、杀毒软件（360 系列、金山系列）等。在计算机的使用过程中，应用软件可以有效提高工作中解决实际问题的效率。

2.3.3 计算机语言

计算机语言（Computer Language）是指用于人与计算机之间通信的语言。计算机语言是人与计算机之间传递信息的媒介。计算机系统最大的特征是指令通过一种语言传达给机器。为了使电子计算机进行各种工作，就需要有一套用以编写计算机程序的数字、字符和语法规则，由这些字符和语法规则组成计算机的各种指令（或各种语句），这些就是计算机语言。

1．计算机语言分代

计算机语言的发展经历了从机器语言、汇编语言到高级语言的历程。

（1）机器语言。第一代计算机语言，用二进制 0 和 1 进行编码，也是计算机唯一能直接识别的语言。

（2）汇编语言。第二代计算机语言，是用助记符来表示每一条机器指令，因此不能被计算机直接识别和执行，源程序必须经翻译程序（汇编程序）将其翻译成机器语言（目标程序）后方可执行。

汇编语言程序是用汇编语言编写的程序。汇编程序可以理解成一个翻译软件，作用是将用汇编语言编写的源程序翻译成计算机所能理解的机器语言程序（目标程序）。

（3）高级语言。第三代计算机语言，不能被计算机直接识别和执行，源程序必须经过编译或解释程序翻译成目标程序才能被执行。

高级语言程序翻译成计算机所能理解的目标程序有两种方法：编译和解释。C 语言采用编译方式，Java 语言采用解释方式。

2. 常用的计算机语言

下面介绍几种常见的计算机语言。

（1）面向过程程序设计语言：C 语言。C 语言是一门面向过程、抽象化的通用程序设计语言，广泛应用于底层开发。C 语言能以简易的方式编译、处理低级存储器。C 语言是仅产生少量的机器语言及不需要任何运行环境支持便能运行的高效率程序设计语言。尽管 C 语言提供了许多低级处理的功能，但仍然保持着跨平台的特性，以一个标准规格写出的 C 语言程序可以在包括一些类似嵌入式处理器及超级计算机等许多计算机作业平台上进行编译。

（2）面向对象程序设计语言：C++、C#。C++语言是一种面向对象的强类型语言，由 AT&T 的 Bell 实验室于 1980 年推出。C++语言是 C 语言的一个向上兼容的扩充，而不是一种新语言。C++是一种支持多范型的程序设计语言，它既支持面向对象的程序设计，也支持面向过程的程序设计。C++支持基本的面向对象概念，包括对象、类、方法、消息、子类和继承。

C#是一种安全的、稳定的、简单的、优雅的，由 C 和 C++衍生出来的面向对象的编程语言。它在继承 C 和 C++强大功能的同时去掉了一些它们的复杂特性。C#综合了 VB 的简单可视化操作和 C++的高运行效率，以其强大的操作能力、优雅的语法风格、创新的语言特性和便捷的面向组件的编程成为.NET 开发的首选语言。

（3）网络编程语言：HTML、PHP、JSP、ASP。HTML 的中文名称是超文本标记语言（Hyper Text Markup Language），标准通用标记语言下的一个应用。HTML 不是一种编程语言，而是一种标记语言（Markup Language），是网页制作所必备的基本语言。超文本标记语言的结构包括"头"部分（Head）和"主体"部分（Body），其中，"头"部分提供关于网页的信息，"主体"部分提供网页的具体内容。

PHP（PHP：Hypertext Preprocessor，超文本预处理器）是一种通用开源脚本语言。语法吸收了 C 语言、Java 和 Perl 的特点，利于学习，使用广泛，主要适用于 Web 开发领域。PHP 独特的语法混合了 C、Java、Perl 和 PHP 自创的语法。它可以比 CGI 或 Perl 更快速地执行动态网页。用 PHP 做出的动态页面与其他的编程语言相比，PHP 是将程序嵌入到 HTML（标准通用标记语言下的一个应用）文档中去执行，执行效率比完全生成 HTML 标记的 CGI 要高得多；PHP 还可以执行编译后代码，编译可以达到加密和优化代码运行，使代码运行得更快。

JSP 全名为 Java Server Pages，中文名叫作 Java 服务器页面，其根本是一个简化的 Servlet 设计，它是由 Sun Microsystems 公司倡导、许多公司参与一起建立的一种动态网页技术标准。JSP 是在传统的网页 HTML（标准通用标记语言的子集）文件（*.htm，*.html）中插入 Java 程序段（Scriptlet）和 JSP 标记（tag），从而形成 JSP 文件，后缀名为*.jsp。用 JSP 开发的 Web 应用是跨平台的，既能在 Linux 下运行，也能在其他操作系统下运行。

ASP 即 Active Server Pages，是 Microsoft 公司开发的服务器端脚本环境，可用来创建动态交互式网页并建立强大的 Web 应用程序。当服务器收到对 ASP 文件的请求时，它会处理包含在用于构建发送给浏览器的 HTML 网页文件中的服务器端脚本代码。

（4）人工智能语言：LISP、Prolog。LISP 名称源自列表处理（List Processing）的英文缩写，是一种通用的高级计算机程序语言，长期以来垄断人工智能领域的应用。LISP 作为因应人工智能而设计的语言，是第一个声明式系内函数式程序设计语言，有别于命令式系内过程式的 C、Fortran 和面向对象的 Java、C#等结构化程序设计语言。LISP 由来自麻省理工学院的人工智能研究先驱约翰·麦卡锡（John McCarthy）在 1958 年基于 λ 演算所创造，采用抽象数据列表与递归作符号演算来衍生人工智能。

　　Prolog（Programming in Logic）是一种逻辑编程语言。它建立在逻辑学的理论基础之上，最初被运用于自然语言等研究领域，现已广泛地应用在人工智能的研究中，可以用来建造专家系统、自然语言理解、智能知识库等。同时对一些通常的应用程序的编写也很有帮助，能够比其他语言更快速地开发程序，因为它的编程方法更像是使用逻辑语言来描述程序的。

2.4　多媒体系统

扫码看视频

　　1.　多媒体

　　多媒体是指传递多种信息的载体，如数字、文字、图形、图像、声音、视频等媒介。

　　2.　多媒体技术

　　多媒体技术是指计算机交互式综合处理多媒体信息——文本、图形、图像、音频、动画和超媒体，使多种信息建立逻辑连接并集成为一个系统的技术。多媒体技术具有交互性。

　　3.　多媒体技术的特点

　　集成性、实时性、交互性、数字化。

　　4.　多媒体计算机

　　多媒体计算机是指具备多媒体处理功能的计算机，其配置为普通 PC+声卡、视频采集卡和音箱等。

3

操作系统

 **本章导读**

Windows 7 是由微软公司于 2009 年 10 月正式发布的操作系统。它可供家庭及商业工作环境、笔记本电脑、平板电脑等使用，是目前运用较为广泛的操作系统。与以往的 Windows XP 相比，运行 Windows 7 有等待时间更少、单击数更少、更低的功耗和更低的整体复杂性等特点。本章主要介绍操作系统的基本概述、Windows 7 的基本操作及其文件管理和设备管理。

 **本章要点**

- 操作系统概述
- Windows 7 的基本操作
- Windows 7 的文件管理
- Windows 7 的设备管理

3.1 操作系统概述

扫码看视频

3.1.1 操作系统的概念

操作系统是管理计算机软、硬件资源，控制其他程序运行，并为用户提供交互操作界面的系统软件的集合，是用户和计算机之间的一个接口。操作系统在控制和管理底层硬件资源的同时为上层应用软件和用户提供服务支持。用户就是通过应用软件间接使用操作系统功能来实现对计算机的操作的。

3.1.2　操作系统的作用

操作系统主要有以下三点作用。

（1）提高系统资源的利用效率。例如，CPU 调度与管理、存储空间的分配与管理、外部设备与文件的管理等。

（2）提供方便友好的用户操作界面。例如，DOS（Disk Operating System，磁盘操作系统）为用户提供了字符型界面；Windows 系列为用户提供了图形化用户界面（Graphic User Interface，GUI）。

（3）提供软件开发与运行环境。例如，提供了各种计算机语言的编辑、编译、调试等开发与运行环境。操作系统内核提供了一系列的多内核函数，用户程序可以通过系统调用（System Call）接口间接使用这些内核函数，从而在编写大型的应用程序时可大大减少编程的工作量。

3.1.3　操作系统的功能

操作系统为了有效地管理和控制计算机系统的全部资源，具有处理器管理、存储管理、设备管理和文件管理等功能。

（1）处理器管理。在多道程序系统中，多个程序同时执行，解决如何把 CPU 的时间合理地分配给各个程序是处理器管理的问题。其主要解决包括 CPU 的调度策略、进程与线程管理、死锁预防与避免等问题。

（2）存储管理。主要解决多道程序在内存中分配的问题，以保证多道程序互不冲突，并且通过虚拟技术来扩大主存空间。

（3）设备管理。现代计算机系统都配置多种 I/O 设备，它们具有不同的操作性能。设备管理的功能是根据一定的分配原则把设备分配给请求 I/O 的作业，并且为用户使用各种 I/O 设备提供简单方便的命令。

（4）文件管理。文件管理又称文件系统。计算机中的各种程序和数据均为计算机的软件资源，它们都以文件形式存放在外存中。文件管理的基本功能是实现对文件的存取和检索，为用户提供灵活方便的操作命令及实现文件共享、安全、保密等措施。

3.1.4　操作系统的分类

目前操作系统种类繁多，很难使用单一的标准来分类。一般情况下，根据操作系统使用环境的不同，分为批处理系统、分时系统、实时系统；根据所支持的用户数目的不同，分为单用户系统、多用户系统；根据硬件结构的不同，分为网络操作系统、分布式系统；根据操作系统应用领域的不同，分为嵌入式操作系统和桌面操作系统等。但其主要是以下五种类型的操作系统。

1. 批处理操作系统

批处理操作系统（MVX、DOS/VSE）是一种用户将多个作业交给系统操作员，系统操作员将这些作业组成一批作业后输入到计算机中，在系统中形成一个自动转接的连续的作业流，然后启动操作系统由系统自动、依次执行每个作业，最后由操作员将作业结果交给用户的操作系统。其特点是多道和成批处理。

2. 分时操作系统

分时操作系统（Windows、UNIX、Mac OS）是指让一台计算机采用时间片轮转的方式同时为几个、几十个甚至几百个用户服务的一种操作系统。分时操作系统将系统处理时间与内存空间按一定的时间间隔，轮流地切换给与计算机相连接的多终端用户程序使用。由于时间间隔很短，每个用户的感觉就像独占了计算机一样。其特点是可有效地增加资源的使用率。

3. 实时操作系统

实时操作系统（iEMX、RT Linux）是指在严格规定的时间内使计算机能及时响应外部事件的请求并完成处理，并控制所有实时设备和实时任务协调一致工作的操作系统。其主要特点是资源的分配和调度，首先要考虑实时性，然后才是效率。

4. 网络操作系统

网络操作系统（Netware、Windows NT、OS/2 Warp）通常是指运行在服务器上的操作系统。它是基于计算机网络在各种计算机操作系统上按网络体系结构协议标准开发的软件，包括网络管理、通信、安全、资源共享和各种网络应用。其目标是相互通信及资源共享。其主要特点是与网络的硬件相结合来完成网络的通信任务。

5. 分布式操作系统

分布式操作系统（Amoeba）是一种以计算机网络为基础的，将物理上分布的具有自治功能的数据处理系统或计算机系统互联起来的操作系统。分布式系统中各台计算机无主次之分，系统中若干台计算机可以并行运行同一个程序，分布式操作系统用于管理分布式系统资源。

3.1.5 操作系统的市场现状

随着信息技术的深入发展，计算机也以不同的概念和形式出现在用户面前，如智能手机、平板电脑及新型的可穿戴计算机等。计算机形态的多样化引导操作系统朝着多元化的方向发展。目前，国内市场上常用的操作系统有以下四种。

1. 微软公司的 Windows 系列产品

虽然近年涌现了很多其他类型的操作系统，但 Windows 操作系统作为个人计算机操作系统的开创者，仍然在市场上占据着绝对地位。Windows 7 是目前国内个人计算机上安装最多的操作系统。

2. Linux 操作系统

Linux 是一种可自由发布的、多用户、多任务的优秀的开源操作系统。Linux 稳定性高、可扩展性强，在金融、电信、能源等一些关键性部门得到广泛的应用。

3. 苹果公司的 iOS 系统

iOS 的用户界面是能够使用多点触控直接操作。控制方法包括滑动、轻触开关及按键。用户通过滑动、轻按、挤压及旋转与系统交互。目前，iOS 操作系统主要使用在苹果公司的手机和 iPad 产品上。

4. Google 公司的安卓（Android）操作系统

Android 是基于 Linux 内核的操作系统，是 Google 公司在 2007 年 11 月 5 日公布的手机操作系统。Google 公司的 Android 系统只包括一个操作系统内核，各厂家基于这个内核可以开发自己的 Android 操作界面。除了手机操作系统，Android 操作系统也出现在非苹果品牌的平板电脑上。

3.2　Windows 7 的基本操作

3.2.1　Windows 7 的启动与关机

1．Windows 7 的启动

计算机安装 Windows 7 操作系统后，启动 Windows 7 有两种方式。一种是冷启动，即只须直接按下主机电源，计算机将在完成自检后开始自动启动操作系统；另一种为热启动，即在已启动的状态下，通过单击"开始"菜单中"关机"选项中的"重新启动"按钮或按下主机上的复位键完成系统的重新启动。

Windows 7 是一个多用户环境操作系统，启动系统后将进入账户选择阶段，若设置了用户密码，系统根据输入密码提示要求输入正确的密码后，以合法的身份进入系统，如图 3-1 所示。

2．Windows 7 的关机

使用完计算机后，用户最常规也是最安全的关机方法是：单击"开始"菜单中的"关机"按钮关闭计算机。这种关机方法系统会自动通知程序保存数据并关闭所有窗口和退出 Windows 7 系统，最后发送信号切断计算机电源。另一种关机方法就是长按电源键，强行切断电源，只在系统崩溃且其他操作方法无法解决的情况下才使用。

另外，计算机的"关机"还有多种形式，单击"开始"菜单中"关机"按钮旁边的小三角按钮，出现如图 3-2 所示的关机选项菜单。

图 3-1　输入密码提示

图 3-2　关机选项菜单

（1）切换用户。Windows 允许多个用户登录计算机，当切换到另一个用户时，前一个用户的操作会保留在计算机中，若再切换回前一个用户时，仍能继续原来的操作。这样就可以保证多个用户互不干扰地使用计算机。

（2）注销。注销就是向系统发出清除已登录的用户的请求，清除后系统返回到登录前的状态，这样可以选择其他用户来登录系统。注销不能替代重新启动，注销只能清空当前用户的缓存空间和注册表信息。

（3）锁定。锁定功能是一种节能的半关闭状态。执行锁定操作后，系统将自动向电源发出信号，切断除内存以外所有设备的供电。由于在锁定过程中仅向内存供电，所以耗电量是十分小的，对于笔记本电脑而言既低碳又省时。如果须要经常使用计算机的话，推荐选择锁定来关闭计算机。

（4）睡眠。睡眠同锁定相似但比锁定多了一步保存操作。执行睡眠操作后，内存数据将被保存到硬盘上，然后切断除内存以外的所有设备的供电，如果内存一直未被断电，那么下次启动计算机时就和锁定后的情况是一样的；如果下次使用系统前内存不幸断电了，则在下次启动时将硬盘中保存的内存数据载入内存，速度虽然较慢，但数据没有丢失。所以，可以将睡眠看作是锁定的保险模式。

（5）休眠。执行休眠操作后，内存数据将被保存到硬盘上，然后切断所有设备的供电，下次正常开机时，硬盘中保存的数据将会自动加载到内存中继续执行，这个过程会占用一些时间，所以休眠后的启动速度比锁定和睡眠慢一些，但也更加节能。

3.2.2 Windows 7 的桌面组成

Windows 桌面是整个操作系统的入口，它和我们日常生活中的书桌有类似的功能，打开计算机并登录到系统后看到的主屏幕区域如图 3-3 所示，Windows 7 的桌面是由桌面背景、桌面系统图标、"开始"菜单按钮、通知栏和任务栏组成的。

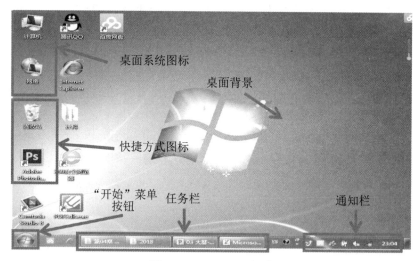

图 3-3　Windows 7 桌面

1. 桌面背景

桌面背景是用户看到的主要工作区域，是指这个工作区上的图片或颜色，好的桌面背景可以让用户工作得更轻松和愉悦，甚至可以减轻眼睛的负担。

2. 桌面图标

桌面图标可以自由放置，都是系统或用户挑选出的最常用的对象，桌面图标都是一些指向程序或文件夹的快捷方式，包括系统图标、应用程序快捷图标、文件或文件夹图标等。这些对象放置在桌面上是为了快速打开。

"快捷方式"是指向具体文件或文件夹的一个"链接"。快捷方式只提供具体文件或文件夹的地址，并不是这些对象本身，打开快捷方式，系统会顺着快捷方式指向的地址找到相应的对象并打开。删除快捷方式并不会删除它指向的对象，只是去掉了一个指向这个对象的链接而已。

3. "开始"按钮

"开始"按钮在整个屏幕的左下角。单击此按钮打开"开始"菜单，集中了大部分的系统已安装程序和功能的菜单方式，并对其进行了合理的组织和分类。通过"开始"菜单几乎可以开始所有的工作。

4. 任务栏

任务栏是桌面最下面的一个长条。任务栏可以锁定应用程序，也会将目前运行的窗口以一个按钮的形式显示。任务栏锁定的应用程序图标将始终显示在任务栏的左边，单击任务栏锁定图标可以直接打开应用程序，相比其他的启动方式较直观和便捷。

5. 通知栏

任务栏最右边是指示器（消息或通知）区域，指示器区域的小图标是一种后台活动程序的状态提示。当这个区域中的图标过多时，用户可以通过自定义选项去定制自己的指示器区。指示器区最右侧是"显示桌面"按钮，用于一次最小化所有已打开的窗口，快速空出桌面。

3.2.3 鼠标和键盘的操作

1. 鼠标的操作

鼠标是 Windows 操作系统中最便捷、最直观的输入设备。常用的鼠标有 3 个按钮，左边的按钮称为左键，右边的按钮称为右键，中间的按钮很多情况下是个滚轮。滚轮主要用来滚动翻页。最基本的鼠标操作方式有以下五种。

（1）指向：把光标移动到某一对象上，一般可以用于激活对象或显示工具提示信息。

（2）单击左键：鼠标左键按下、松开，用于选择某个对象或某个选项、按钮等。

（3）单击右键：鼠标右键按下、松开，会弹出对象的快捷菜单或帮助提示。

（4）双击：快速地连续按鼠标左键两次，用于启动程序或打开窗口，一般是指双击左键。

（5）拖动：单击某对象，按住左键，移动鼠标，在另一个地方释放左键，常用于滚动条操作或复制、移动对象的操作。

2. 键盘的操作

键盘是 Windows 7 中主要用于输入字符的输入设备。其具有与鼠标一样操作计算机的功能，只不过没鼠标那样方便，用户一般首选鼠标操作计算机。

在某些时候，用户可组合使用 2 个或 3 个键来实现某一项功能，即组合键。组合键的操作方法通常是依次按住每个键不放，到最后实现目的再放开。不同的组合键对应不同的功能。某些时候，若能在 Windows 7 的使用过程中使用一些快捷键，可以有效地提高操作速度。其中，常用的 Windows 7 操作的快捷键组合见表 3-1。

表 3-1　常用的快捷键组合

快捷键组合	功能
Win+E	打开资源管理窗口
Win+D	最小化所有窗口
Alt+Tab	应用程序窗口间切换（二维视图）
Win+Tab	应用程序窗口间切换（3D 视图）
Alt+F4	关闭当前应用程序
Ctrl+Alt+Del	打开任务管理器
Win+L	锁定计算机，要求用户重新输入密码才能使用计算机
Win+R	打开运行窗口

3.2.4　窗口的组成与操作

窗口是程序和用户之间的接口，用户通过窗口来使用应用程序。组成窗口的基本元素主要有控制菜单按钮、标题栏、菜单栏、工具栏、状态栏、滚动条和工作区等。Windows 7 的窗口类型一般有应用程序窗口和资源管理器窗口两种，而不同的应用程序窗口界面可能差别很大，但都具有一些基本元素。

1. 窗口的组成

打开 Office Word 应用程序，会出现如图 3-4 所示的典型应用程序窗口，它主要由标题栏、功能区、工具栏、状态栏及工作区域等组成。

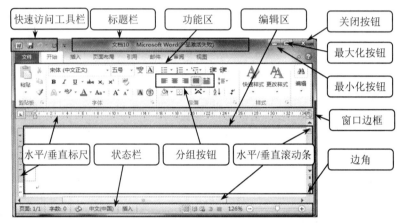

图 3-4　Word 应用程序窗口

组成窗口的基本元素有：

（1）窗口边框：窗口周边的四条边叫作边框，可用于调整窗口的大小。

（2）标题栏：边框下面紧挨的就是标题栏。最左边是控制菜单图标，再右边是窗口的名称，即应用程序名称。最右边是改变窗口尺寸的按钮及关闭按钮"×"。

（3）控制菜单：在标题栏的最左边，其中显示这个应用程序的图标，打开它即出现一组控制窗口的命令。

（4）菜单栏：一般位于标题栏的下方，菜单栏是应用程序操作的菜单名称。

（5）工具栏：工具栏可以处于可见或不可见状态，这需要用"查看"菜单下的"工具栏"按钮进行切换。它包括常用的功能按钮，如文件的剪切、复制等。

（6）状态栏：位于窗口的底部，用于显示该窗口的状态。

（7）工作区域：窗口的内部区域或应用程序的信息显示区域。

（8）滚动条及滚动块：当工作区域无法显示所有信息时，在工作区域的右侧或底部会自动出现垂直滚动条或水平滚动条。

（9）边角：位于窗口的四个角，通过它可以改变窗口的大小。

2. 窗口的操作

Windows 7 具有多任务的特点，用户可以同时打开多个窗口，但任何时刻用户只能对一个窗口进行操作，正在进行操作的窗口称为当前窗口，其余已打开的窗口称为非当前窗口。

（1）打开窗口。将鼠标指针移到要打开窗口的对象图标上，双击即可打开此窗口，也可以右击图标，在弹出的快捷菜单中选择"打开"选项。

（2）移动窗口。将鼠标指针移到窗口的标题栏上，拖动鼠标，即可把窗口移动到桌面的任意位置，到达目标位置后松开鼠标左键即可，但在最大化窗口中不能移动窗口。

（3）改变窗口的大小。将鼠标指针移到窗口的边框或边角上，此时鼠标指针变为双箭头，拖动鼠标即可改变窗口的大小。也可以选择控制菜单中的"大小"命令，再用光标移动键来改变窗口的大小，当窗口大小达到所需的要求时，按 Enter 键即可完成窗口大小的改变。

（4）窗口的最大化/最小化/还原。最大化是将窗口充满整个屏幕，最小化是将窗口缩小为一个任务栏按钮，还原是将窗口还原为最大化或最小化之前的状态。当窗口最大化后，"最大化"按钮变为"还原"按钮。

（5）窗口的切换。对同时打开的多个窗口，通过切换来改变当前窗口或激活窗口。最简单的方法是将鼠标移动到任务栏上窗口对应的应用程序的任务栏按钮，单击要切换的小窗口即可，如图 3-5 所示。若所有打开的窗口部分均可见，则可以直接单击要激活的窗口。还可以通过按组合键 Alt+Tab 来切换窗口并选择某个窗口，如图 3-6 所示。

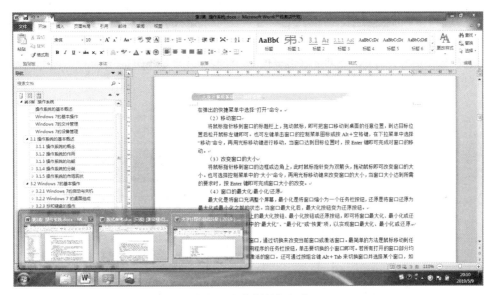

图 3-5　任务栏按钮切换

图 3-6　多任务切换选择

（6）窗口的排列。对多个已打开且未最小化的窗口可以进行排列操作，有三种排列方式：层叠窗口、堆叠窗口和并排显示窗口。层叠窗口是将窗口按打开的先后顺序依次排列在桌面上，并且每个窗口的标题栏都可见；并排显示窗口是把窗口一个接一个地水平排列；堆叠窗口是把窗口一个接一个地垂直排列，并且使它们尽可能地充满整个屏幕，不存在重叠或覆盖现象，层叠窗口和堆叠窗口如图 3-7 所示。

图 3-7 层叠窗口和堆叠窗口

（7）关闭窗口。当某个应用程序执行完或暂时不需要时，可将此应用程序的窗口关闭。单击窗口右上角的"关闭"按钮，或者双击窗口左上角的控制菜单图标，或者单击窗口左上角的控制菜单图标，选择下拉菜单中的"关闭"选项。

3. Windows 7 资源管理器窗口

资源管理器是 Windows 操作系统对计算机的所有软件资源进行管理的图形化窗口。用户通过资源管理器窗口能更清楚、更直观地查看和管理计算机所有的软件资源。资源管理器窗口的启动方法有四种：右击"任务栏"，选择"文件资源管理器"选项；右击任务栏上的"开始"按钮，选择"文件资源管理器"选项；双击桌面上"计算机"的系统图标；使用快捷键 Winkey+E。打开的资源管理器窗口如图 3-8 所示。

图 3-8 资源管理器窗口

其窗口组成主要包括左窗格、右窗格、搜索栏和地址栏等。

（1）左窗格。左窗格也称导航窗格，是以目录树型的形式组织和显示计算机中各驱动器及文件夹等软件资源。"+"标记表示该文件夹有尚未展开的下级文件夹，当单击"+"标记时，可将其内容展开，展开后变为"–"；如果没有标记，则表示没有下级文件夹。

（2）右窗格。右窗格也称文件及文件夹窗格，是显示左窗格中选中对象所包含的内容。窗口中内容的显示方式可以改变，有大图标、小图标、列表、详细资料或缩略图等多种显示方式；窗口中内容的排列方式也可以改变，可以选择按名称、按类型、按大小、按日期或自动排列。

（3）地址栏。显示当前位置所在的盘符或文件夹，单击地址栏时可以查看完整的当前路径。

（4）搜索栏。用于文件或文件夹的搜索，搜索前如果选定了某个逻辑磁盘，就在指定的磁盘上搜索。例如，地址栏中是"我的电脑"，那搜索的范围为整个计算机内所有的逻辑盘。后面将介绍如何使用搜索栏进行文件的搜索。

3.2.5　对话框的组成与操作

对话框是 Windows 操作系统中的另一个重要界面元素，是在用户操作计算机的过程中弹出的一个特殊窗口，是用户与计算机实现信息交换的窗口，以完成用户对某一功能的设置。

1. 对话框的组成

Windows 系统有很多的对话框，不同的对话框所组成的元素不尽相同。但对话框一般都包含如图 3-9 所示的基本元素等。

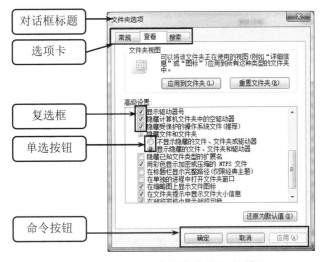

图 3-9　"文件夹选项"对话框

（1）标题栏。标题栏位于对话框的顶部，其左侧是对话框的名称，右侧一般有"关闭"按钮和"帮助"按钮，用于关闭对话框和为用户提供使用对话框的帮助。

（2）选项卡。有的对话框含有多个选项卡，为了节省屏幕空间，各个选项卡相互重叠。为方便用户使用，每个选项卡都设置有标签，用户只要单击标签，即可完成各个选项卡之间的切换。

（3）命令按钮。即矩形带有文字的按钮，如"确定"按钮、"取消"按钮。

（4）复选框。在一组复选框中可以选择多个选项。

（5）单选按钮。一组单选按钮中只能选一项且必选一项。

2. 对话框的操作

（1）移动。对话框的移动与窗口的移动方法一样，但对话框的大小一般不可改变。

（2）对话框中不同元素的选择。使用鼠标可以在对话框内的各个元素之间进行选择。各元素所关联的文字后面带有下划线字母，使用键盘同样可以进行选择，则按 Alt+字母键即可选择该字母所对应的元素；若在不同元素之间移动，可按 Tab 键向前移动；若在不同的选项卡之间移动，则按 Ctrl+Tab 键从左到右切换选项卡。

（3）关闭。单击对话框中的"确定"按钮；单击对话框中的"取消"按钮；单击对话框标题栏右侧的"×"按钮；按 Esc 键，均可退出对话框。

3.2.6 命令菜单的使用

菜单是体现 Windows 7 友好界面的一个特性，在 Windows 7 中菜单随处可见。常见的菜单有：单击任务栏上的"开始"按钮打开的"开始"菜单、右击某个对象弹出的快捷菜单、单击应用程序菜单栏中的主菜单弹出的下拉菜单和控制菜单等。用户要执行某个操作时，可以选择菜单中相应的命令来完成。

1. 菜单的约定

在菜单中有很多符号约定，如图 3-10 所示为 Windows 中的某菜单。Windows 中菜单的约定有以下几点：

（1）变灰的菜单项：表示当前不可用的命令。

（2）名称后带组合键的菜单项：可以不打开菜单直接按快捷键选择此命令。

（3）名称后带"…"的菜单项：选择此命令打开一个对话框，询问用户更多的信息。

（4）名称前带"√"的菜单项：此命令为开关命令。再选择此命令则"√"消失，表示此命令关闭。在关闭此命令的情况下选择此命令，便会打开此命令，"√"又出现。

（5）名称后面带三角形标记的菜单项：选择此命令将引出子菜单，也称级联菜单。

（6）菜单的分组线：在有些下拉菜单中，菜单项之间用线条来分隔，形成了若干个菜单选项组，这种分组是按菜单项的功能划分的。

（7）名称前带"●"的菜单项：表示在同一组菜单项中只能选择一项。

（8）有下划线的字母：对于下拉菜单，只要从键盘上键入某字母，即可选中相应的菜单项；对于菜单栏和对话框，需要从键盘上键入 Alt+字母，打开相应的菜单或选中相应的对话框。

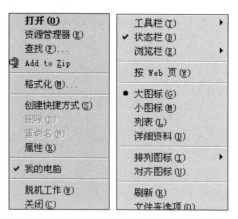

图 3-10　Windows 菜单

2. 菜单的操作

菜单的操作既可以用鼠标也可以用键盘来完成，非常简单易行。

（1）打开命令选项菜单。

使用鼠标：左键单击菜单栏上的菜单名，就会出现下拉菜单。

使用键盘：按下 Alt 键或 F10 键即可激活或打开菜单栏，再用方向键移动选择相应的菜单即可。

（2）选定菜单中的选项。

使用鼠标：用鼠标单击下拉菜单选项。

使用键盘：移动上下键到所需的菜单选项，按 Enter 键确认。

（3）取消菜单。

使用鼠标：在打开菜单以外的任意空白处单击即可取消菜单。

使用键盘：按 Esc 键即可取消菜单。

3. "开始"菜单

单击"开始"按钮 ![] 即可打开"开始"菜单。"开始"菜单是计算机程序、文件夹和系统设置的主门户。"开始"菜单中列出了能使用户快速方便地开始工作的命令，其主要由以下六部分组成，如图 3-11 所示。

（1）固定程序列表：表示一些用户常用的应用程序列表。

（2）常用程序列表：表示一些用户最近使用过的应用程序列表。

（3）所有程序列表：表示所有已安装的应用程序的完整列表。

（4）搜索文本框：通过输入搜索项即可在计算机上查找文件。

（5）登录用户名：表示当前用户名和其所使用的头像。

（6）"关闭"按钮和"重启"按钮：在这里完成计算机切换用户、注销、锁定、重启等操作。

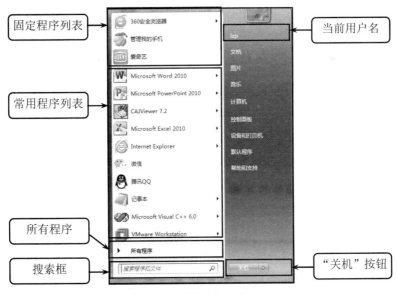

图 3-11　"开始"菜单

3.2.7　中文输入法的使用

Windows 7 中文版操作系统提供了多种中文输入方法，用户可以使用 Windows 7 内置的全拼、双拼、智能 ABC、微软拼音和郑码等中文输入法。下面介绍中文输入法的安装、选用和切换及中文输入法界面的组成。

1. 安装和删除 Windows 7 自带的输入法

（1）右击语言栏上的▦图标，在弹出的快捷菜单中选择"设置"选项，弹出如图 3-12 所示的"文本服务和输入语言"对话框。

（2）单击"添加"按钮，出现如图 3-13 所示的"添加输入语言"对话框。

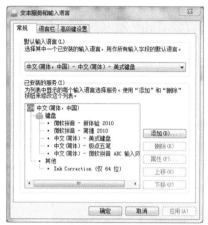
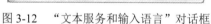

图 3-12　"文本服务和输入语言"对话框

图 3-13　"添加输入语言"对话框

（3）在"添加输入语言"对话框的下拉列表框中选择输入法的使用语言，选择一种要安装的汉字输入法，然后单击"确定"按钮返回到"文本服务和输入语言"对话框。

（4）再次单击"确定"按钮，即可完成添加输入法的操作。

另外，在如图 3-12 所示的"文本服务和输入语言"对话框中选择要删除的汉字输入法，单击"删除"按钮，再单击"确定"按钮即可。

2. 选用和切换输入法

在 Windows 界面下，可以用鼠标单击任务栏上的输入法指示器图标▦，从列出的输入法菜单中选择输入法，也可以连续按 Ctrl+Shift 键，不断地切换到其他的中文输入法，一直找到用户所需的输入法为止。按 Ctrl+Space（空格）键，可以切换到英文输入状态，再按一次 Ctrl+Space 键又切换回中文输入法。

3. 中文输入法的屏幕显示

在选定了一种输入法后并输入外码时，会出现如图 3-14 所示的输入法用户界面。输入法用户界面由三个窗口组成：输入法界面、外码输入窗口和文字选择窗口。

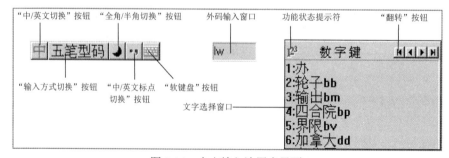

图 3-14　中文输入法用户界面

输入法界面是由各个按钮组成的，不同的输入法，其界面中的"中/英文切换"按钮的图案是不同的。下面分别介绍各个按钮的功能。

（1）"中/英文切换"按钮。单击该按钮，实现英文和中文输入状态的切换。显示 A 表示英文状态，否则为中文状态。右击该按钮，弹出输入法功能菜单。

（2）"输入方式切换"按钮。单击该按钮，实现在系统中切换已安装的输入法。

（3）"全角/半角切换"按钮。单击该按钮，实现全角/半角切换（快捷键是 Shift+Space）。

（4）"中/英文标点切换"按钮。单击该按钮，实现中英文标点切换（快捷键是 Ctrl+.）。

（5）"软键盘"按钮。单击该按钮，实现打开或关闭系统中的软键盘。右击"软键盘"按钮，即可弹出如图 3-15 所示的所有软键盘菜单。当选择一种软键盘后，相应的软键盘会显示在屏幕上。

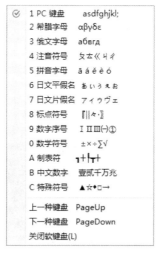

图 3-15　软键盘菜单

3.3　Windows 7 文件管理

3.3.1　文件与文件夹

扫码看视频

1．文件和文件夹的概念

文件是有名称的一组相关信息的集合，任何程序和数据都是以文件的形式存放在计算机的外存储器上。文件是计算机资源存储的基本单位，文件的内容可以是程序、文档、数据、图片、视频等。

文件夹也称为目录，是文件管理的辅助工具，是用来组织和管理磁盘文件的一种数据结构，主要用于对文件的分类存储。文件夹还可以存储其他文件夹（通常称为"子文件夹"）。文件夹可以创建任何数量的子文件夹，每个子文件夹又可以容纳任何数量的文件和其他子文件夹。

2．文件及文件夹的命名规则

任何一个文件或文件夹都有名字，文件系统实行"按名存取"。文件或文件夹都可以使用长达 255 个字符的文件名或文件夹名，其中还可以包含空格。具体的命名规则如下：

（1）文件或文件夹名字最多可达 255 个字符。

（2）扩展名允许使用多个分隔符，如 Reports.Sales.Djg.Apri.Docx。

（3）文件名除第一个字符外，其他位置均可以使用空格符。

（4）命名时不区分大小写，如 MYFAX 和 myfax 是同一个文件名。

（5）文件或文件夹名可使用汉字。

（6）不可使用的字符有?、*、\、/、:、"、|、<、>。

3．Windows 7 常见的文件类型

文件是有类型的，是按照它所包含的信息的类型来分类的，是通过扩展名来区分文件的类型。不同类型的文件扩展名不同，但文件夹是没有扩展名的。在 Windows 7 中，常见的文件类型有以下几种。

（1）程序文件。它是程序编制人员编制出的可执行文件，它的扩展名为.com 和.exe。

（2）支持文件。它是程序所需的辅助文件，但是这些文件是不能直接执行或启动的。普通的支持文件具有.ovl、.sys 和.dll 等文件扩展名。

（3）文本文件。它是由一些文字处理软件生成的文件，其内容是可以阅读的文本，扩展名为.docx 和.txt 等。

（4）图像文件。它是由图像处理程序生成的，其内容包含可视的信息或图片信息，扩展名为.bmp 和.gif 等。

（5）多媒体文件。它包含数字形式的声频和视频信息，扩展名为.mid 和.avi 等。

（6）字体文件。Windows 7 中，字体文件存储在 Font 文件夹中，如.ttf（存放 TrueType 字体信息）和.fon（位图字体文件）等。

另外，扩展名为.bmp 的文件，通过"画图"程序可以生成；扩展名为.docx 的文件，通过文字处理软件 Word 可以生成；扩展名为.xlsx 的文件，通过表格处理软件 Excel 可以生成；扩展名为.pptx 的文件，通过幻灯片制作软件 PowerPoint 可以生成。

4．文件夹结构

文件夹结构是一种树型的目录结构，即所有的文件及文件夹都以树型的结构形式组织在一起，形成如图 3-16 所示的树型目录结构。在 Windows 7 的"计算机"窗口中，文件夹却是以层次结构显示在左窗口（导航窗格）中，如图 3-17 所示。

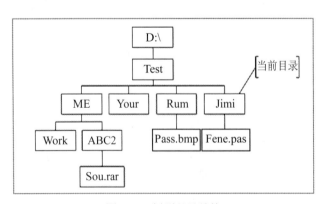

图 3-16　树型目录结构

图 3-17　层次目录结构

5. 文件或文件夹的路径

文件或文件夹在计算机中的存放位置是用路径来表示的。路径的表示方法有两种：一种是采用绝对路径表示，即从逻辑盘符开始到文件的所有文件夹；另一种是采用相对路径表示，即当前目录开始到文件的所有文件夹，其中，父子目录之间用分隔符"\"分开。相关概念有以下四点：

（1）根目录。磁盘上有一个专门的目录，用"\"表示，由操作系统建立，根目录下可以存放子目录（文件夹）或文件。

（2）子目录。子目录是一种特殊的文件，它的内容是文件或文件夹的相关信息列表，这些信息包括文件名、文件大小、文件类型、创建或修改时间等。

（3）父目录。子目录的上一级目录，一般用"."表示父目录。

（4）当前目录。正在访问的目录，一般用".."表示当前目录。

例如，如图 3-16 所示（假设 Jimi 为当前目录），则文件 SOU.rar 的绝对路径表示为 D:\test\ME\ABC2\SOU.rar，相对路径表示为..\ME\ABC2\Sou.rar。

6. 文件夹选项设置

在"计算机"窗口中单击"组织"按钮，在弹出的下拉菜单中选择"文件夹和搜索选项"命令，打开如图 3-18 所示的对话框，在这里可以对文件夹的操作和查看选项进行设置，其中包含"常规""查看"和"搜索"三个选项卡。

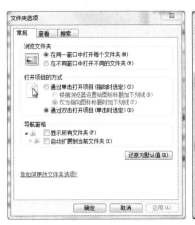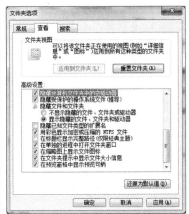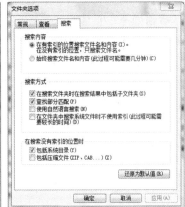

图 3-18　"文件夹选项"对话框

（1）"常规"选项卡。该选项卡包括浏览文件夹的方式、打开项目的方式和导航窗格的显示方式等，用户可以根据需要进行选择。

（2）"查看"选项卡。该选项卡包括对文件夹的高级设置，如设置隐藏属性的文件、文件的隐藏或显示，以及设置已知文件类型扩展名的隐藏或显示等。

（3）"搜索"选项卡。该选项卡包括搜索内容和搜索方式的选择。

3.3.2　文件和文件夹操作

在资源管理器窗口中使用相关操作命令，可以实现对文件或文件夹的各种操作。这些命令可以从三个方面获得，一是"组织"菜单栏中的命令；二是右键单击快捷菜单中的命令；三是通过键盘的组合键。文件或文件夹的操作主要有：选取对象、新建文件或文件夹、重命名、复制和移动、发送到、查看或修改文件或文件夹属性、删除文件或文件夹、文件或文件夹的搜索。

1．选取对象

在做任何操作之前，首先要选定对象，然后再根据需要完成相应的操作。

（1）单选。单击要选定的文件即可。

（2）连续多选。单击第一个要选定的文件，然后按住 Shift 键再单击最后一个要选择的文件；或者用鼠标拖动形成虚框，选取在框内的所有对象。

（3）非连续多选。按住 Ctrl 键，单击每个要选定的文件。

（4）全选。按组合键 Ctrl+A 或单击"组织"菜单中的"全选"按钮。

（5）取消选定。对所选对象，只要重新选定其他对象或在空白处单击鼠标左键即可取消全部选定。若要取消部分选定，只要按住 Ctrl 键，用鼠标单击每一个要取消的文件即可。

2．新建文件或文件夹

新建的对象可以是文件夹或文件。新建文件夹操作的步骤如下：①打开要新建对象的地址，可以是已有文件夹或磁盘根目录；②使用"新建"命令新建文件或文件夹，或者单击"新建文件夹"按钮新建文件夹；③输入文件或文件夹的名称。其中，"新建"命令在右键菜单中，"新建文件夹"按钮在菜单栏上。

3．重命名

文件的重命名主要是对文件的主文件名进行更改，而对扩展名的更改要非常慎重，随意更改扩展名将可能导致文件不能被识别和使用，所以在用户更改扩展名时系统会给出警告。操作步骤如下：①选取要重命名的对象；②使用"重命名"命令，使对象名处于编辑状态；③编辑新的对象名称。

其中，"重命名"命令可以通过以下三种方法来执行：

（1）"组织"菜单中的"重命名"命令。

（2）右键菜单中的"重命名"命令。

（3）快捷键 F2。

4．复制和移动

"复制"操作是产生一个对象的副本，"移动"操作是改变对象的存储位置。它们的操作步骤如下：①选取要复制或移动的对象；②执行"复制"或"剪切"操作；③打开目的地文件夹；④执行"粘贴"操作。

其中，"复制""剪切"和"粘贴"命令可以通过以下三种方法执行：

（1）"组织"菜单中的"剪切""复制"和"粘贴"命令。

（2）右键菜单中的"剪切""复制"和"粘贴"命令。

（3）快捷键 Ctrl+X、Ctrl+C 和 Ctrl+V 分别对应"剪切""复制"和"粘贴"命令。

5．发送到

"发送到"是一些含有复制或移动性质的操作集合，如"发送到桌面快捷方式"，实质上是建立快捷方式并移动到桌面上。操作的步骤如下：①选中要执行"发送到"操作的对象；②右键菜单中的"发送到"命令；③选择某个"发送到"的目标。

其中，"发送到"菜单如图 3-19 所示，一般常用的选项有以下三个：

（1）文档：复制到"文档"文件夹中。

（2）桌面快捷方式：将当前对象的快捷方式生成在桌面上。

（3）可移动磁盘：复制到可移动存储设备中。

6. 查看或修改文件或文件夹属性

用户若要查看或修改文件或文件夹属性，则须打开如图 3-20 所示的"NCRE 属性"对话框。在这里，用户可以查看该文件的类型及打开方式，文件的位置、大小及占用空间，创建时间、修改时间、访问时间及修改其属性。

图 3-20　"NCRE 属性"对话框

图 3-19　"发送到"菜单

"只读"文件属性表示不可以被修改和删除；"隐藏"文件属性表示可以被改变但不显示。查看或修改文件或文件夹的属性的步骤如下：①选中要查看或修改属性的对象；②执行"属性"命令，打开"NCRE 属性"对话框；③查看或修改属性。

其中，"属性"命令可以通过以下两种方法执行：

（1）右键菜单中的"属性"命令。

（2）菜单栏"组织"菜单中的"属性"命令。

7. 删除文件或文件夹

回收站是一个特殊的文件夹，用于存放被删除的对象。在回收站中的对象可以随时被恢复，但在回收站中再次删除的对象将被永久删除。因此，"删除"可以分为逻辑删除和物理删除，在逻辑删除之后还可以进行"还原"操作。

（1）逻辑删除。选中要逻辑删除的对象，执行"删除"命令。其中，"删除"可以通过以下三种方式执行：

1）右键菜单中的"删除"命令。

2）菜单栏"组织"菜单中的"删除"命令。

3）键盘上的 Delete 键。

（2）物理删除。打开"回收站"文件夹并选中要物理删除的对象，执行"删除"命令。其中，"删除"命令可以通过以下两种方式执行：

1）右键菜单中的"删除"命令。

2）菜单栏"文件"菜单中的"删除"命令。

另外，也可以不经过回收站直接进行物理删除，方法是选中要删除的对象，按下键盘上的 Shift+Delete 组合键。

（3）还原。打开"回收站"文件夹并选中其中删除的对象，执行"还原"命令即可。

8. 文件或文件夹的搜索

由于现在的操作系统和软件越来越庞大，用户常常会忘记文件和文件夹的具体位置。利用 Windows 7 提供的搜索功能，不仅可以根据名称和位置查找，还可以根据创建和修改日期、作者名称及文件内容等各种线索找出所需要使用的文件，也可以使用通配符进行模糊搜索。其中，通配符"*"代表任意多个任意字符，通配符"?"代表任意一个任意字符。

（1）使用通配符"*"的文件查找。如图 3-21 所示，在"计算机"窗口中的搜索框中输入"t*a.txt"，表示搜索范围为"我的电脑"，而且包含所有的子文件夹，搜索以字母 t 开头，中间可以是任意多个任意字符，以字母 a 结尾，文件类型必须是 txt 的文件。

图 3-21　文件搜索（1）

（2）使用通配符"?"的文件查找。如图 3-22 所示，在"计算机"窗口中的搜索框中输入"t?a.txt"，表示搜索范围为逻辑分区 F 盘，而且包含所有的子文件夹，搜索以字母 t 开头，中间只能是一个任意字符，以字母 a 结尾，文件类型必须是 txt 的文件。

图 3-22　文件搜索（2）

3.4　文件及文件夹操作案例

1. 操作要求

按照如图 3-23 所示的文件目录结构，完成以下操作要求：

（1）建立 Pass.bmp 文件的快捷方式，并移动到 ME 文件夹下。

（2）将 Rum 文件夹中的文件 Pass.bmp 设置为"只读"和"隐藏"属性。

（3）在 Your 文件夹中建立一个名为 SET 的新文件夹。

（4）将 ME 文件夹下的文件夹 Work 删除。

（5）将 ME 文件夹重命名为 MY。

（6）将 ABC2 文件夹下的 Sou.rar 复制到 Your 文件夹下。

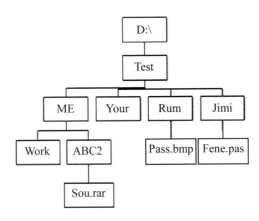

图 3-23　文件目录结构

2．操作步骤

（1）移动文件。步骤如下：①在 Test 目录中，鼠标右键拖动 Pass.bmp 到一个空白位置；②执行"在当前位置创建快捷方式"菜单命令；③选中刚创建的快捷方式图标，使用 Ctrl+X 组合键执行"剪切"命令；④进入 ME 目录，使用 Ctrl+V 组合键执行"粘贴"命令。

（2）设置文件属性。步骤如下：①进入 Rum 目录，选中 Pass.bmp 文件；②右击该文件，在弹出的快捷菜单中选择"属性"选项，弹出"NCRE 属性"对话框；③将"只读"和"隐藏"两个复选框勾上并单击"确定"按钮，退出"NCRE 属性"对话框。

（3）新建文件夹。步骤如下：①进入 Your 文件夹，在空白位置右击，在弹出的快捷菜单中选择"新建"选项；②在新建的二级菜单中选择"文件夹"选项；③将默认名"新建文件夹"修改为"SET"。

（4）删除文件夹。步骤如下：①打开 MY 文件夹；②选中 Work 文件并按 Delete 键，弹出"确认"对话框；③单击"确定"按钮，将文件删除到回收站。

（5）重命名文件夹。步骤如下：①打开 Test 文件夹；②选中 ME 文件夹，并按键盘的 F2 键；③删除原有名称，输入新的名称"MY"，并按 Enter 键确定。

（6）复制文件。步骤如下：①打开 ABC2 文件夹，选定 Sou.rar 文件；②执行"组织"菜单中的"复制"命令，或者按快捷键 Ctrl+C；③打开 Your 文件夹，执行"组织"菜单中的"粘贴"命令，或者按快捷键 Ctrl+V 即可。

扫码看视频

3.5　Windows 7 设备管理

"控制面板"是系统设置程序的汇总。用户可以通过控制面板的设置程序对计算机系统相关设备的工作方式和 Windows 外观进行管理，使其更加适合用户的需要。由于系统设置程序众多，所以在控制面板中将其进行了归类，如图 3-24 所示。

图 3-24 "控制面板"窗口

3.5.1 控制面板的启动

启动控制面板的方法主要有以下三种：
（1）打开"计算机"窗口，单击"系统设置"按钮，单击"控制面板主页"按钮。
（2）打开"开始"菜单，选择"控制面板"选项。
（3）双击桌面的"控制面板"图标。

3.5.2 磁盘管理

1. 查看磁盘信息

在"计算机"窗口中选中某个驱动器的图标，通过菜单栏或右键菜单找到"属性"命令，可以打开该驱动器的"属性"窗口，如图 3-25 所示。在"常规"选项卡中，可以了解该磁盘的类型、卷标、文件系统及空间使用情况等基本信息。

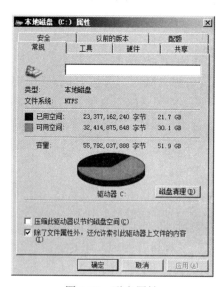

图 3-25 磁盘属性

2．磁盘格式化

磁盘格式化将清除磁盘上的所有信息，格式化的对象可以是硬盘、U 盘等可写入的外存设置。对磁盘格式化操作应持谨慎的态度，尤其是对硬盘的操作，应格外小心，因为硬盘中存储着系统信息和大量用户数据。

在"计算机"窗口中，选中某个磁盘驱动器的图标，通过菜单栏或右键菜单找到"格式化"命令，打开"格式化"对话框，如图 3-26 所示。用户可以为磁盘设置卷标，卷标是磁盘的标识名称。"快速格式化"选项提供了一种更快速的格式化方式，它只删除磁盘上的全部数据，不会检验磁盘上是否有坏的扇区，因此"快速格式化"的格式化速度较快。

图 3-26　"格式化磁盘"对话框

3．硬盘分区

硬盘的存储容量较大，在使用时一般将其按功能划分为几个区域，如划分一个区作为操作系统和软件的安装区域，划分一个区作为影音资源的存放区等，这些区域的名称一般从 C 开始编号，依次为 C、D、E……硬盘分区的工作一般是在安装 Windows 7 系统时进行的，但在 Windows 7 系统使用过程中，仍然能进行分区操作，这时主要是划分新的分区或合并已有的分区。

单击"开始"菜单，然后右击其中的"计算机"按钮，在弹出的快捷菜单中选择"管理"选项，打开"计算机管理"窗口界面，如图 3-27 所示。在左部窗格单击"存储"命令，选择其中的"磁盘管理"选项，在右部窗格会显示当前分区的状态和信息。

分区操作主要分两步，先压缩分区使硬盘腾出一块指定大小的空白区域，然后在多出的空白分区上建立自己的磁盘卷。合并分区操作实际上就是划分新分区的逆操作，先将要合并的分区中的一个进行删除卷操作（该分区之前的所有数据将被删除，如果有重要文件或数据则需要提前备份），删除此磁盘卷后会留下一块未分配的空间，这时选择"扩展卷"操作，将此分区的空间扩展到删除后留下的空白区域，就实现了两个分区的合并。

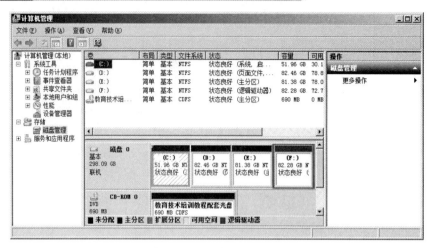

图 3-27 "磁盘管理"窗口

3.5.3 系统和安全设置

在"控制面板"窗口中单击"系统和安全"选项，打开如图 3-28 所示的窗口。该界面主要是对计算机系统的安全性进行设置，如更改用户账户、还原计算机系统、远程访问控制、防火墙设置、设备管理、系统更新、系统备份与还原、磁盘管理工具等。

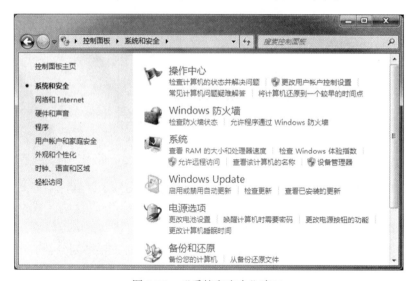

图 3-28 "系统和安全"窗口

1. 用户账户

Windows 7 系统中有两种账户：管理员（Administrators）和标准用户（Users）。管理员可以创建管理用户且具有对计算机系统不受限制的访问权，而标准用户有权限限制。为了保护计算机的安全，只有当用户需要从事系统配置和软件安装的任务时才使用管理员用户。

（1）创建用户账户。对用户账户的操作是管理员用户的权限。管理员用户选择"控制面板"按钮，在弹出的窗口中选择"用户账户和家庭安全"选项，在打开的窗口中选择"用户账户"选项，双击其中的"管理账户"选项，打开如图 3-29 所示的"用户账户"窗口，在该窗口中选择"管理其他账户"选项，双击该窗口中的"创建一个新账户"命令，打开如图 3-30 所示的"创建新账户"窗口，然后输入新账户名和选择用户类型，最后单击"创建账户"按钮即可。

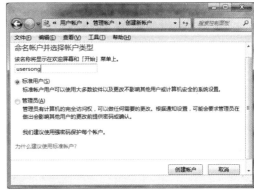

图 3-29　"用户账户"窗口　　　　　　　　图 3-30　"创建新账户"窗口

（2）设置用户账户密码。在"控制面板"窗口中，选择"用户账户和家庭安全"选项，在打开的窗口中选择"用户账户"选项，双击其中的"管理账户"选项，在"用户账户"窗口中列出了所有的用户账户，单击某个账户名称即出现如图 3-31 所示的"更改账户"窗口。在此窗口中可以对账户设置密码，或者删除用户账户。

图 3-31　"更改账户"窗口

2．设备管理器

设备管理器提供计算机上所安装硬件的图形视图，通过设备管理器可以安装和更新硬件设备的驱动程序。驱动程序是一种允许计算机与硬件或设备之间进行通信的软件。如果没有驱动程序，连接到计算机的硬件（如视频卡或打印机）将无法正常工作。

在如图 3-28 所示的"系统和安全"窗口中，单击"设备管理"选项，打开如图 3-32 所示的"设备管理器"窗口。在该窗口中可以对相关设备的驱动程序进行更新、卸载、禁用和安装等。

3．备份与还原文件

为了确保不丢失用户文件，用户应当定期备份文件。这样在丢失、受到损坏或意外更改文件时就可以通过"还原"和"备份"以恢复文件。在如图 3-28 所示的"系统和安全"窗口中，单击"备份与还原"选项，会弹出"备份与还原"窗口。在该窗口中，进行备份与还原文件的操作。

图 3-32 "设备管理器"窗口

（1）备份。如果用户以前从未使用过 Windows 备份，单击"设置备份"选项，然后按照向导中的步骤操作进行备份；如果用户以前创建了备份，则可以等待定期计划备份发生，也可以选择"立即备份"和"手动创建新备份"选项。

（2）从备份还原文件。若要还原文件，单击"还原我的文件"命令；若要还原所有用户的文件，选择"还原所有文件"选项。

3.5.4 硬件和声音

在"控制面板"窗口中选择"硬件和声音"选项，打开如图 3-33 所示的窗口。该窗口主要是对设备和打印机、声音、电源、显示等主要设备进行管理，如果系统有生物特征设备，还可以对生物特征设备进行管理（如指纹设备等）。

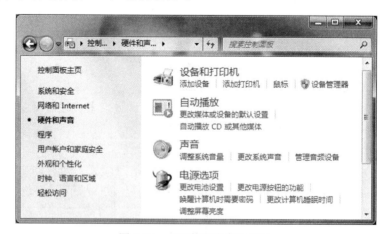

图 3-33 "硬件和声音"窗口

1. 添加打印机

大多数应用程序需要打印报告和文档，在应用程序的"文件"菜单中常包含"打印"命令。在使用"打印"命令之前，必须正确地安装打印驱动程序。

在如图 3-33 所示的"硬件和声音"窗口中，单击"添加打印机"按钮后出现如图 3-34 所示的窗口，系统可以添加本地非 USB 接口打印机，因为添加 USB 接口打印机，系统会自动安装驱动程序，也可以添加网络或蓝牙打印机。添加过程按向导提示进行，如果添加成功，将打印测试页。

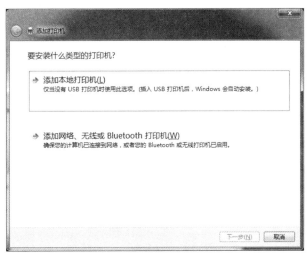

图 3-34　"添加打印机"窗口

2. 鼠标的设置

在如图 3-33 所示的"硬件和声音"窗口中，单击"鼠标"选项，打开如图 3-35 所示的对话框，在该对话框中可以对鼠标进行设置。

（1）"鼠标键"选项卡。通过切换左、右键为主要键以选择左手型鼠标或右手型鼠标，以及调整鼠标的双击速度。

（2）"指针"选项卡。用于改变鼠标指针的大小和形状。

（3）"指针选项"选项卡。用于设置鼠标移动时指针的速度及是否有移动轨迹。

图 3-35　"鼠标属性"对话框

3. 声音的设置

在如图 3-33 所示的"硬件和声音"窗口中,单击"调整系统音量"选项,打开如图 3-36 所示的对话框。在该对话框中,系统声音或其他如 QQ、视频播放、音乐播放的声音均可调节,做到在不同的系统中可以使用不同的音量。这一特征改变了以前 Windows 版本中音量的统一控制,更具个性化。

4. 显示设置

在如图 3-33 所示的"硬件和声音"窗口中,单击"显示"选项,打开如图 3-37 所示的窗口。在该窗口中,用户可以调整分辨率、亮度、校准颜色、更改显示器设置和使用放大镜等,有助于用户达到最佳的显示效果。

图 3-36 "音量合成器"对话框

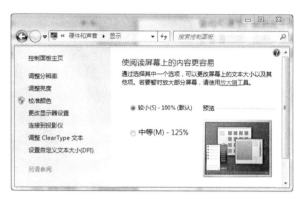
图 3-37 "显示"窗口

3.5.5 外观和个性化

在"控制面板"窗口中,单击"外观和个性化"选项,打开如图 3-38 所示的窗口。该窗口包括个性化、显示、桌面小工具、任务栏和"开始"菜单、文件夹选项等个性化设置。

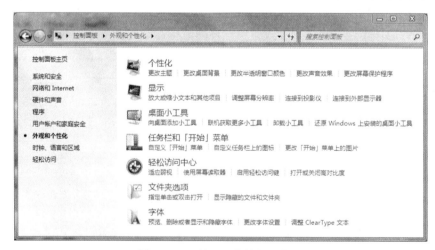
图 3-38 "外观和个性化"窗口

个性化主要是更改计算机的视觉效果,窗口界面如图 3-39 所示,包括 Aero 主题设置、安装主题、桌面背景、屏幕保护等。用户可以根据自己的爱好进行设置。

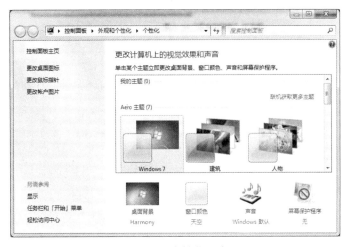

图 3-39　"个性化"窗口

3.5.6　网络和 Internet

在"控制面板"窗口中，选择"网络和 Internet"选项，打开如图 3-40 所示的窗口。在该窗口中，用户可以查看或设置家庭组、网络和共享中心及 Internet 选项等。

图 3-40　"网络和 Internet"窗口

单击"网络和共享中心"选项，弹出如图 3-41 所示的"网络和共享中心"窗口。在该窗口中，用户可以查看网络连接信息、活动网络情况，也可以更改网络设置，以达到连接到 WWW 网络的目标。

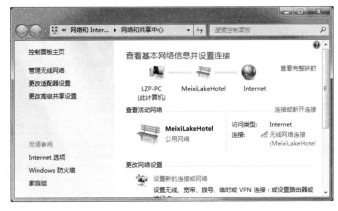

图 3-41　"网络和共享中心"窗口

3.5.7 时钟、语言和区域

在"控制面板"窗口中,选择"时钟、语言和区域"选项,打开如图 3-42 所示的窗口。在该窗口中,可以设置时间和日期、更改语言、更改输入法和键盘布局等。

图 3-42 "时钟、语言和区域"窗口

3.5.8 程序

在"控制面板"窗口中,选择"程序"选项,打开如图 3-43 所示的窗口。在该窗口中,可以实现程序的卸载、打开或关闭 Windows 功能,也可以使用桌面小工具等。

图 3-43 "程序"窗口

1. 卸载程序

如果不再使用某个程序,或者希望释放硬盘上的空间,则可以从计算机上卸载该程序。单击"程序和功能"选项,打开如图 3-44 所示的"卸载或更改程序"窗口。在该窗口中,可以选择要卸载的程序,然后单击"卸载"按钮即可。

2. 打开或关闭 Windows 功能

Windows 附带的某些程序和功能(如 Internet 信息服务)必须打开才能使用。某些其他功能在默认情况下是打开的,但在不使用它们时可以将其关闭。

在 Windows 的早期版本中,若要关闭某个功能,必须从计算机上将其完全卸载。在此 Windows 版本中,这些功能仍存储在硬盘上,以便可以在需要时重新打开它们。关闭某个功能不会将其卸载,并且不会减少 Windows 功能使用的硬盘空间量。

图 3-44 "卸载或更改程序"窗口

若要打开某个 Windows 功能，则勾选该功能旁边的复选框；若要关闭某个 Windows 功能，则取消勾选该复选框，单击"确定"按钮，如图 3-45 所示。

图 3-45 打开或关闭 Windows 功能

3. 安装程序

使用 Windows 中附带的程序和功能可以执行许多操作，但可能还需要安装其他程序。如何添加程序取决于程序的安装文件所处的位置。通常，程序可以从 CD 或 DVD、Internet 安装。

（1）从 CD 或 DVD 安装程序的步骤。将光盘插入计算机，然后按照屏幕上的说明操作，从 CD 或 DVD 安装的许多程序会自动启动程序的安装向导。在这种情况下，将弹出"自动播放"对话框，然后可以选择运行该向导。

如果程序不自动安装，检查程序附带的信息，该信息可能会提供手动安装该程序的说明。如果无法访问该信息，还可以浏览整张光盘，然后打开程序的安装文件（文件名通常为 Setup.exe 或 Install.exe）。

（2）从 Internet 安装程序的步骤。在 Web 浏览器中，单击指向程序的链接。若要立即安装程序，单击"打开"按钮或"运行"按钮，然后按照屏幕上的指示进行操作。若要以后安装程序，单击"保存"按钮，然后将安装文件下载到用户的计算机上。做好安装该程序的准备后，双击该文件，并按照屏幕上的指示进行操作。

4. 添加 Windows 启动时自动运行程序

如果启动计算机之后总是打开相同的程序，如 Web 浏览器或 QQ，则当启动 Windows 时，让它们自动启动会很方便。"启动"文件夹中的程序和快捷方式会随 Windows 的启动而自动启动。

（1）单击"开始"按钮，选择"所有程序"选项，右击"启动"文件夹，然后单击"打开"按钮。

（2）打开要创建快捷方式的项目所在的位置。

（3）右击该项目，然后选择"创建快捷方式"选项。新的快捷方式将出现在原始项目所在的位置上。

（4）将此快捷方式拖动到"启动"文件夹中。这样下次启动 Windows 时，该程序将会自动运行。

5. Windows 的 MS-DOS 方式

在 Windows 7 操作系统的工作桌面上，单击"开始"按钮，选择"所有程序"选项，在弹出的菜单中选择"附件"选项，选择其中的"命令提示符"选项，就进入 MS-DOS 环境。如图 3-46 所示，就是 MS-DOS 工作窗口。

图 3-46　Windows 的 MS-DOS 工作窗口

在 MS-DOS 环境下，屏幕显示提示符，如 C:\user\siqingy>。它表示当前的工作驱动器是 C 盘，当前工作的目录是根目录，并且等待用户键入命令。

在 MS-DOS 环境下，键入 Exit 并按 Enter 键就可以关闭 MS-DOS，返回到 Windows 7 环境。如果按组合键 Alt+Tab，也可以返回到 Windows 7 环境，但不会关闭 MS-DOS。

3.5.9　Windows 7 任务管理器

1. 任务管理器的功能

任务管理器会显示正在计算机上运行的程序和进程的相关信息，也会显示最常用的度量进程性能的单位。任务管理器是可以监视计算机性能的关键指示器，可以快速查看正在运行的程序的状态，或者终止已停止响应的程序，以及查看 CPU 和内存使用情况的图形和数据。

启动 Windows 任务管理器的方法是：右击任务栏上的空白处，然后选择"任务管理器"选项，打开如图 3-47 所示的"Windows 任务管理器"对话框。

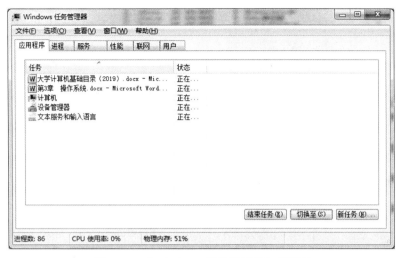

图 3-47　　"Windows 任务管理器"对话框

2. "应用程序"选项卡

在如图 3-47 所示的"Windows 任务管理器"对话框中，选择"应用程序"选项卡，在任务列表框中显示计算机上正在运行的程序的状态。用户可以选择须要结束的任务：右击任务，然后选择"结束任务"选项即可结束用户所选的任务。

3. "进程"选项卡

在如图 3-47 所示的"Windows 任务管理器"对话框中，选择"进程"选项卡，显示如图 3-48 所示。

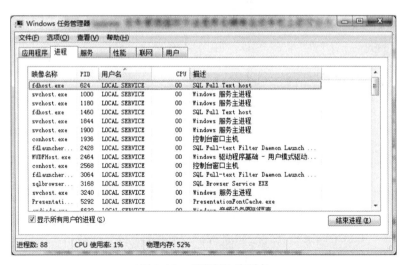

图 3-48　　"进程"选项卡

在"进程"选项卡中显示计算机上正在运行的进程的信息。在这里，用户可以终止进程。其方法是：右击要中止的进程，选择"结束进程"选项即可终止进程。但终止进程时要小心，如果结束的是应用程序进程，有可能丢失未保存的数据；如果结束的是系统服务进程，有可能系统的某些部分无法正常工作。

4

计算机网络

本章导读

21 世纪的显著特征是网络化、信息化和数字化，它是以网络为核心的信息时代。网络对社会生活已经产生了不可估量的影响，已成为信息社会的命脉和发展经济的重要基础。本章主要介绍计算机网络的一些基础知识。

本章要点

- 计算机网络的概念、功能、组成、分类
- 网络模型与协议
- IP 地址与域名系统
- Internet 服务
- 浏览器使用、电子邮件收发、搜索引擎

4.1 计算机网络概述

扫码看视频

大家熟悉的三大网络分别为电信网络、有线电视网络、计算机网络。最初设计时各有各的分工，电信网络提供电话、电报、传真等服务；有线电视网络提供各种电视节目的传输服务；计算机网络则是使用户之间能够在计算机上传输数据文件。这三种网络在信息化过程中都起到了重要的作用，其中发展最快、最为核心的是计算机网络，它起源于 20 世纪 60 年代中期，在 20 世纪 90 年代得到了飞速的发展。随着各项技术的进一步发展，这三种网络也逐步相互交叉与融合，而本书所讲的网络指的是计算机网络。

4.1.1 计算机网络的形成与发展

计算机网络涉及计算机技术和通信技术，通信网络为计算机之间的数据传送提供了必要的手段，是计算机网络发展的基础。而计算机技术渗透到通信技术中，提高了计算机通信的性能，两者相互结合、相互促进、共同发展产生了计算机网络。

计算机网络的形成与发展如同计算机本身一样经历了由简单到复杂、由低级到高级的过程，大致可以分为四个阶段。

（1）第一阶段：面向终端的计算机网络。计算机网络最初是以单台计算机为中心的远程联机系统。所谓联机系统，就是一台中央主计算机连接大量地理位置分散的终端，用户通过终端命令以交互方式使用计算机，用户端不具备数据存储和处理能力。这样的联机系统称为第一代计算机网络，它是计算机网络的雏形，并非真正意义上的计算机网络。20 世纪 50 年代初，美国建立的半自动地面防空系统 SAGE 就是将远距离的雷达和其他测量控制设备信息通过通信线路汇集到一台中心计算机后再集中处理，开创了把计算机与通信技术相结合的尝试。

（2）第二阶段：多机互联网络。20 世纪 60 年代中期出现若干个计算机互联的系统，开创了计算机网络的通信时代，并呈现出多处理中心的特点。这个阶段的多个主计算机有自主处理的能力，它们之间不存在主从关系。这些分散而又互联的多台计算机一起为用户提供服务。ARPANET 就是典型的代表，它借助通信系统，使网内各主计算机间能共享资源。ARPANET 的产生是计算机网络发展上的里程碑。

（3）第三阶段：开放式、标准化网络。第二代计算机网络之后，计算机网络得到了迅猛的发展，各大公司都纷纷推出了自己的网络产品和网络体系结构，如 IBM 公司的 SNA 网和 DEC 公司的 DNA 网就是两个典型的例子。虽然这些各自研发的计算机网络能正常运行并提供服务，用户只有采用同一公司的网络产品才能组网，而且采用不同体系结构的计算机网络之间难以互联，这种自成体系的系统称为封闭系统。为了实现计算机网络之间更好的互联，实现更大的信息交换与共享，人们迫切希望建立一系列国际标准来提高计算机网络间的兼容性，必须开发新一代计算机网络，这就是后来推出的开放式、标准化的计算机网络。

国际标准化组织（International Standards Organization，ISO）于 1984 年正式颁布了一个称为“开放系统互联参考模型”的国际标准 ISO 7498，简称 OSI 参考模型或 OSI/RM，OSI 提出了一个各种计算机能够在世界范围内互联成网的标准框架。OSI/RM 的提出开创了一个具有统一的网络体系结构、遵循国际标准协议的计算机网络新时代。

（4）第四阶段：国际互联网与信息高速公路。20 世纪 90 年代，计算机技术与通信技术的迅猛发展促进了计算机网络技术的进一步发展。特别是 1993 年美国宣布建立国际信息基础设施并提出建设信息高速公路后，各国纷纷制定和建立本国的信息基础设施，并大力建设信息高速公路，从而把计算机网络推到了一个新的发展高度。这个阶段局域网技术发展成熟，出现光纤及高速网络技术、多媒体网络、智能网络，整个网络就像一个对用户透明的非常大的计算机系统，发展了以 Internet 为代表的互联网。　Internet 的应用成为了这个阶段最主要的标志，它作为国际网与大型信息服务系统在经济、文化、科研、教育等人类社会的方方面面都发挥着越来越重要的作用。互联、高速、智能、应用广泛是这个阶段最主要的特点。

4.1.2　计算机网络的定义与功能

计算机网络是由地理位置分散的、具有独立功能的多台计算机，利用通信设备和传输介质互相连接，并配以相应的网络协议和网络软件，以实现数据通信和资源共享的计算机系统。

简单地说，计算机网络就是通过光纤、电缆、电话线或无线信号等将两台以上的计算机通过交换机、路由器等设备互连起来。根据应用不同，须要选用不同的传输介质、网络设备、拓扑结构、数据传输和控制方式来组建各具特点的计算机网络系统，以满足不同的应用需求和应用环境。

一般来说，计算机网络的基本功能主要有以下三个方面。

1. 资源共享

资源共享是计算机网络组建的最根本的目的，也是最主要的目的，它包括软件共享、硬件共享和数据共享。软件共享是指用户可以共享网络中的软件资源，包括各种语言处理程序、应用程序和服务程序。硬件共享是指可在网络范围内提供对处理资源、存储资源、输入/输出资源等硬件资源的共享，特别是对一些高级和昂贵的设备，如巨型计算机、绘图仪、高分辨率的激光打印机等。数据共享是对网络范围内的数据共享，网上信息包罗万象，无所不有，可以供每一个上网者浏览、咨询、下载等。通过资源共享可以避免重复投资和劳动，提高资源的利用率。

2. 信息传输

在计算机网络中，各台计算机之间可以快速地、可靠地传输各种信息。例如，在网络控制范围内进行数据的采集、数据的加工处理等工作，信息传输是实现资源共享的前提和基础。

3. 负载均衡及分布式处理

单机系统的处理能力是有限的，网络中各台计算机的忙闲程度也不均匀，因此可以在同一网络系统中通过多台计算机进行协同操作和并行处理，这就是在网络中实现负载均衡及分布式处理。简单地说就是将大的任务分散给网络中的各台计算机，或者是一些比较空闲的计算机一起协作完成，或者是当网络中的某台计算机或某个子系统负荷太重时，将任务分散给网络中其他的空闲计算机或空闲子系统进行处理。通过负载均衡及分布式处理，可以提高整个系统的处理能力。例如，在计算机网络的支持下，银行系统实现了异地通存通兑，加快了资金的流转速度。

4.1.3　计算机网络的组成

计算机网络的组成可以从不同的角度进行划分，从系统组成上分，包括软件部分和硬件部分。从功能上分，可以分为资源子网和通信子网。资源子网负责全网的数据处理，向网络用户提供各种网络资源和网络服务，主要由主机系统、终端、终端控制器、联网外设、各种网络软件和数据资源组成。通信子网负责网络中的数据传输、路由与分组转发等通信处理，主要由路由器、通信线路组成。资源子网和通信子网的分布情况可以用图 4-1 来描述。

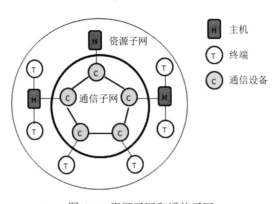

图 4-1　资源子网和通信子网

计算机网络从组成要素上分，包括两台及以上的计算机、通信设备及通信介质、网络软件三个方面。

1. 计算机

网络中的计算机由客户机和服务器组成。客户机是发送请求、索求服务的计算机，它可以是各种型号、各类操作系统下的智能设备。服务器为后台处理机，是为网络提供资源并对这些资源进行管理的计算机，它是提供服务的一方。服务器有文件服务器、通信服务器、数据库服务器等，其中，文件服务器是最基本的服务器。服务器在性能、存储容量、内存等方面都有较高的要求。服务器一般用较高档的计算机来承担。

2. 通信设备和通信介质

通信设备主要有路由器、交换机、集线器、网桥、中继器、网关等。

（1）路由器。路由器是一个多端口网络设备，它能够连接不同的网络或网段。路由器可以将数据打包后选择合适的路径通过一个个网络传送到目的地，这个过程称为路由。

（2）交换机。交换机是一种用于电信号转发的网络设备，它可以为接入交换机的任意两个网络节点提供独享的电信号通路。交换机有多个端口，每个端口都具有桥接功能，可以连接一个局域网或一台高性能服务器或工作站。交换机也被称为多端口网桥。

（3）集线器。英文名称是 Hub，即中心的意思。它是一个多端口的转发器，能将多条以太网双绞线或光纤集合连接在同一段物理介质下，并把所有节点集中在以它为中心的节点上。集线器同中继器一样能对接收到的信号进行再生、整型、放大，以扩大网络的传输距离。

通信介质主要有光纤、双绞线、微波等。

（1）光纤。光纤是一种由玻璃或塑料制成的纤维，利用光的折射原理可以作为光传导工具。多数光纤在使用前必须由几层保护结构包覆，包覆后的缆线即被称为光缆。所以光纤是光缆的核心部分，光纤经过一些构件及其附属保护层的保护就构成了光缆。光缆通信的二进制数据用光信号的有无来表示，在纤芯内传输，它是一种传输性能较高的传输介质，不受电磁干扰，不受噪声的影响，传输信息量大，数据传送率高，损耗低，保密性好，适用于几个建筑物间的点到点连接，但费用较昂贵。光纤如图 4-2 所示。

（2）双绞线。双绞线是由 8 根相互绝缘的铜芯线相互绞合在一起形成的。这 8 根铜线分为 4 对，每 2 根为 1 对，并按照规定的密度相互缠绕；同时，这 4 对线之间也按照一定的规律相互缠绕。

按照电缆是否有屏蔽层划分，双绞线大致可以分为屏蔽双绞线和非屏蔽双绞线，屏蔽双绞线可以屏蔽外界的电磁干扰，但价格昂贵，实施难度大、设备要求严格，所以我国极少使用，室内常用非屏蔽双绞线。按照双绞线电气性能的不同，又分为五类、超五类、六类和七类双绞线。电缆级别越高，可提供的带宽也就越大。目前，应用最多的是超五类和六类非屏蔽双绞线，如图 4-3 所示为超五类非屏蔽双绞线。

图 4-2　光纤

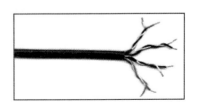

图 4-3　超五类非屏蔽双绞线

（3）微波。微波是电磁波，与同轴电缆通信、光纤通信和卫星通信等现代通信网络传输方式不同的是，微波通信是直接使用微波作为介质进行通信，不需要固体介质，当两点间直线距离内无障碍时就可以使用微波传送。微波通信具有可用频带宽、通信容量大、传输损伤小、抗干扰能力强等特点，可以用于点对点、一点对多点或广播等通信方式，常用于移动办公一族，也适用于那些由于工作需要而不得不经常移动位置的公司或企业，如石油勘探、测绘等行业。

3. 网络软件

网络软件主要包括网络操作系统和网络协议。

具有网络功能的操作系统称为网络操作系统（Network Operating System，NOS），对整个网络系统进行管理和控制。其主要任务是屏蔽本地资源与网络资源的差异性，为用户提供各种网络基本服务及安全性服务，并实现网络共享系统资源的管理。网络操作系统一般分为端到端对等模式和客户机/服务器模式两大类，现今市场上用得最为广泛的网络操作系统有 Windows Server 2008、UNIX 系统、Linux 系统等。

网络协议是建立在通信双方的两个实体之间的一组管理数据交换的规则。目前常见的网络协议有 NetBEUI（NetBios Enhanced User Interface）协议、IPX/SPX 协议、TCP/IP 协议。不同的网络须要使用不同的协议，其中，TCP/IP 协议的应用最为广泛，无论是局域网还是 Internet，几乎都要用到 TCP/IP 协议。

4.1.4 计算机网络的分类

根据计算机网络分类方式的不同，可以分成多种不同的计算机网络。分类标准有很多，可以根据网络拓扑结构、网络覆盖范围、传输介质、网络的使用范围、数据的交换技术、通信速率、管理模式等多方面进行分类。下面主要介绍前四种分类的方法。

1. 按计算机网络的拓扑结构分类

什么是计算机网络的拓扑结构呢？计算机网络的拓扑结构是计算机网络中的通信线路和结点相互连接的几何排列方法。结点是指计算机网络中的主机或通信设备。拓扑结构影响着整个网络的设计、功能、可靠性和通信费用等许多方面，是决定网络性能优劣的重要因素之一，在进行组网前通常先规划设计网络的拓扑结构。常见的计算机网络的拓扑结构有总线型拓扑、星型拓扑、环型拓扑、树型拓扑和网型拓扑。

（1）总线型网络。总线型拓扑的网络在早期组网中用得较多，它采用一条高速的物理通路作为公共的通道，这个通道常采用同轴电缆。网络上的各个结点通过相应的硬件接口直接与总线相连，任意两个结点的通信都要经过这条总线，它采用的是先听后发、边听边发、冲突停止、随机延迟后重发的数据发送方式，因此各结点间自主发送信号容易产生冲突，其拓扑结构如图 4-4 所示。

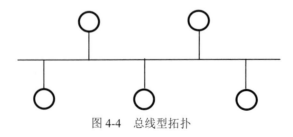

图 4-4　总线型拓扑

优点：结构简单，安装方便，价格低廉。

缺点：故障诊断和隔离比较困难。

（2）星型网络。星型拓扑网络是当今最常用的拓扑结构。在星型拓扑的网络中，所有远程结点通过一条单独的通信线路连接到中心结点（如交换机或集线器）。网络中的结点都是通过各自的线路实现数据的传送，彼此互不干扰，结点间要进行通信必须经过中心结点的转接，可见中心结点对于整个网络来说非常重要。由于网络中的远程结点都从中心结点辐射出来，因此将这种拓扑结构称为星型拓扑，如图 4-5 所示。现在的大部分网络都采用星型拓扑结构，或者是由星型拓扑延伸出来的树状拓扑。

优点：网络的稳定性好，单点故障不影响全网；结构简单，易于扩展；结点维护管理容易；故障隔离和检测容易，延迟时间较短。

缺点：成本较高，资源利用率低，网络性能过于依赖中心节点。

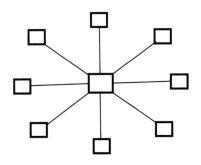

图 4-5　星型拓扑结构

虽然星型拓扑网络具有一定的缺点，但其灵活方便、可靠性高、稳定性好，赢得了绝大多数网络设计者的青睐，成为目前最受欢迎、使用最多的网络拓扑结构。

（3）环型网络。环型拓扑中各结点的计算机由一条通信线路连接成一个闭合环路。信息按固定的方向从一个结点传输到下一个结点，从而形成闭合环流，环型拓扑如图 4-6 所示。

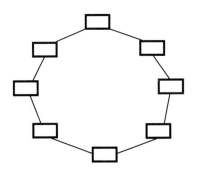

图 4-6　环型拓扑结构

环型网络上每个结点都是通过转发器来发送和接收信息的，每个结点都有一个唯一的地址。待传输的信息进行了分组，每组都包含了源地址和目的地址，当信息到达某个转发器后，该结点将对目的地址和本结点地址进行比较，相同则接收信息，否则转发至公共环上。由于多个结点共享一个环路，为防止信息传输发生冲突，在环上设了一个令牌，谁获得了这个令牌，谁就有权利发送信息。

优点：简化路径选择控制，传输延迟固定，实时性强，可靠性高。

缺点：节点过多时，影响传输效率；环某处断开会导致整个系统的失效，节点的加入和撤出过程复杂。

环型拓扑更多用于广域网，在一些大型或超大型计算机网络中，通常采用环型链路来保障主干链路的畅通，并借助路由设备实现网络的高可用性。为了提高网络系统的可靠性有些地方采用了双环，如 IEEE MAN（城域网）标准中使用的是双环结构。

（4）树型网络。树型拓扑是星型拓扑的扩充，可以看成是由多个星型网络按层次排列构成的。各种网络设备采用层级的方式进行连接，即核心交换机作为根，骨干交换机作为主干，工作组交换机作为枝，普通计算机作为叶，形成一个多层次的网络结构。从整个网络来看，所有网络结点呈一棵倒挂树，如图 4-7 所示。树型拓扑非常适用于构建网络主干。

优点：结构比较简单，成本低，扩充节点方便灵活。

缺点：对根交换机的依赖性大，根交换机故障会导致整个网络出现故障。

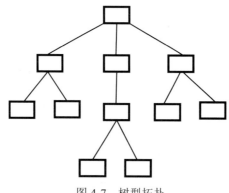

图 4-7　树型拓扑

（5）网状型网络。在网状拓扑结构中，任何一个结点都能通过线缆与其他每个节点进行连接，所有的结点之间互连互通像一张网，结点间有冗余连接。网状型网络既没有一个自然的中心，也没有固定的信息流向，因此也称为分布式网络，网状拓扑如图 4-8 所示。网状拓扑结构主要应用于网络的核心部分或关键部位。

优点：具有较高的可靠性，某一线路或节点有故障时，不会影响整个网络的工作。

缺点：结构复杂，需要路由选择和流控制功能，网络控制软件复杂，硬件成本较高，不易管理和维护。

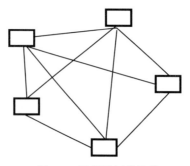

图 4-8　网状型拓扑结构

2. 按计算机网络的覆盖范围分类

按覆盖范围分，可以分为局域网、城域网、广域网。

（1）局域网。局域网（Local Area Network，LAN）是指将近距离的计算机连接而成的网络，分布范围常在几米至几十千米之间，通常是分布在一栋或几栋大楼内部的网络。小到一间办公室、一个部门，大到一个校园、一个单位、一个社区，它们之间可以通过局域网来实现数据通信、文件传输和资源共享。局域网的广泛应用已使我们的生活发生了翻天覆地的变化。局域网分布范围小，内部计算机之间的数据传输速率高，数据经过的网络连接设备少，而且受到外界干扰的程度小，所以误码率低，可靠性强。如图 4-9 所示为一个非常简单的局域网。

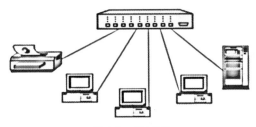

图 4-9　局域网

（2）城域网。城域网（Metropolitan Area Network，MAN）是指对分布在一个城市内部的计算机进行网络的互连，不再局限于一个部门或一个单位，而是整个的一座城市，如图 4-10 所示为城域网的分布结构。城域网是局域网的扩展和延伸，通常是用光纤作为主干，将位于同一城市内的所有主要局域网络连接在一起，以实现信息传递和资源共享。

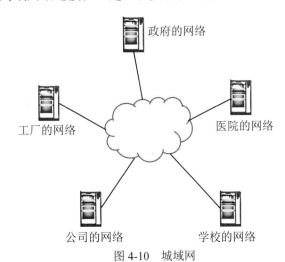

图 4-10　城域网

（3）广域网。广域网（Wide Area Network，WAN）是指将处于一个相对广泛区域内的计算机及其他设备通过公共设施相互连接，从而实现信息交换和资源共享。它的范围从数百千米到数千千米甚至上万千米，跨越城市，跨越省份，甚至可以跨越国度，如图 4-11 所示为广域网的分布结构。它利用公共通信设施（如电信局的专用通信线路或通信卫星）可以将数以万计的相距遥远的局域网连接起来。我国国内的网络可以看成是一个广域网，Internet 是世界上最大的广域网。

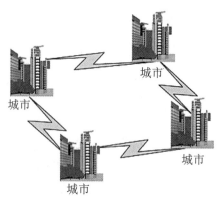

图 4-11　广域网

3. 按计算机网络的传输介质分类

传输介质是计算机网络中通信双方传输数据的通道。常用的传输介质有双绞线、同轴电缆、光纤和无线介质等。按计算机网络的传输介质分，可以分为有线通信网和无线通信网。

（1）有线通信网。采用双绞线、同轴电缆、光纤等物理介质传输数据。

（2）无线通信网。采用红外线、卫星、微波等无线电波传输数据。

4. 按计算机网络的使用范围分类

按使用范围分，可以分为公用网和专用网。

（1）公用网。由网络服务提供商经营、组建、管理和控制，网络内的传输和转接装置可供任何部门和个人使用。公用网常用于广域网络的构造，支持用户的远程通信，如我国的电信网、广电网、联通网等。

（2）专用网。由用户或部门组建经营的网络，不允许其他用户或部门使用。专用网常为局域网或者是通过租借电信部门的线路而组建的广域网络，如校园网、企业内部网络等。

4.2　网络协议与模型

扫码看视频

人和人之间交流时需要语言相通，否则无法沟通。同样，网络中计算机之间进行通信时，也要使用双方知晓并能读懂的语言，并遵循一定的规则，这称为网络协议。网络协议有许多种，最著名的有 OSI/RM 协议体系，最常用的就是 TCP/IP 协议，无论是局域网还是 Internet，采用的都是 TCP/IP 协议，在市场方面 OSI 并没有得以推广。

4.2.1　计算机网络协议

现实生活中我们打电话是一种通信形式，通常要遵循这样的规则：一方拨另一方的电话并呼叫，接通后双方开始通话，双方要使用约定的语言进行有效的沟通与交流，这样的规则其实就是协议。计算机网络中的数据交换必须遵守事先约定好的规则，这些规则明确规定了所交换的数据的格式及有关的同步问题等。为进行网络中的数据交换而建立的规则、标准或约定即网络协议（Network Protocol）。网络协议的三个要素是语义、语法、时序。

（1）语义。语义是解释控制信息每个部分的意义。它规定了需要发出何种控制信息，完成何种动作，做出何种响应。

（2）语法。数据与控制信息的结构或格式，如更低层次表现为编码格式和信号水平。

（3）时序。时序规定了某个通信事件及其由它触发的一系列后续事件的执行顺序。

简单地讲，就是语义表示要做什么，语法表示要怎么做，时序表示做的顺序。协议有两种不同的形式，一种为了便于人们阅读，常采用人们能理解的文字来描述；另一种使用计算机能够理解的程序代码。两种不同形式的协议都必须能够对网络上的信息交换过程作出精确的解释。在网络中存在着许多协议，这些协议使得网络上各种设备能够相互交换信息。常见的协议有 TCP/IP 协议、IPX/SPX 协议、NetBEUI 协议等。诸多的网络协议中具体选择哪一种协议则要根据情况而定。Internet 上的计算机与设备使用的是 TCP/IP 协议，它已成为了 Internet 上的"通用语言"。

计算机网络是一个非常复杂的系统，网络中的任意两台计算机要进行通信须要满足以下的必要条件。

（1）通信的计算机之间有传输数据的通路。

（2）双方通信的通路是"激活"状态，即在这条通路上能正确地收发数据。

（3）网络要能够正确识别接受数据的计算机。

（4）发起通信的计算机必须查明对方计算机是否开机并与网络连接。

（5）通信双方的计算机文件是否兼容，不兼容的一方应能进行格式转换。

（6）数据传送错误、重复、丢失时，应当有相应的安全保障措施使对方能收到正确的文件。

……

这些只是计算机网络中双方通信的部分必要条件，保证正确通信的充分条件还有很多。可见要保证网络中两个计算机结点正确，通信双方必须高度协调工作，而这种"协调"是相当复杂的。每个结点必须遵守一整套合理而严谨的结构和管理体系。20 世纪 90 年代以前，同学、朋友之间异地沟通的主要方式之一是写信，图 4-12 反映了信件的投递过程：①写信；②写地址并装信封；③邮局根据信件的地址按城市分类；④打包；⑤装箱；⑥装车。

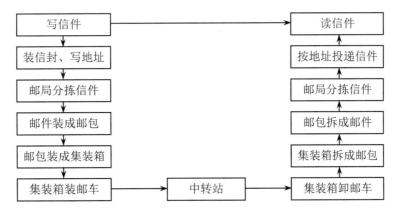

图 4-12　邮政投递过程

信件接收人的操作过程基本上是一个逆过程，通过图 4-12 可以看出，采用分层的方法可以使事件处理的过程更加清晰，它的优越性在于每一层相对独立，对等层完成相应功能，下一层为上一层提供服务。

为了设计复杂的计算机网络，设计者们想到了分层的方法，将庞大而复杂的问题转化为若干较小的局部问题，较小的局部问题比较易于研究和处理。这种分层的设计、组织方式及网络中通信协议的集合称为计算机网络的体系结构。ARPANET 最初的设计是提出了分层的方法。1974 年，美国 IBM 公司推出了 SNA（System Network Architecture），网络体系结构也是按分层的方法制定的。不久后，很多公司都纷纷推出了自己的网络体系结构。有了网络体系结构的指导和约束后，同一公司生产的各种设备都能够很容易互连，但不同公司的产品很难互连互通，采用不同网络体系结构的网络之间也很难互连互通。然而，全球经济的发展迫切地需要不同体系结构网络间的用户能够交换信息，因此国际标准化组织 ISO 于 1977 年成立了专门的机构研究该问题。该机构提出了著名的开放系统互连参考模型 OSI/RM（Open Systems Interconnection Reference Model），于 1983 年开放系统互连参考模型形成正式文件，即著名的 ISO 7498 国际标准。开放系统互连参考模型 OSI/RM 是试图使各种计算机在世界范围内能够互连互通，参考模型的提出为日后计算机网络的设计提供了一个标准框架，让所有人都遵循这个标准。只要遵循这个标准，一个系统就可以和位于世界上任何地方、遵循这同一标准的其他任何系统进行通信。这一点和前面所提及的邮局系统非常相似。各种网络体系研制经验表明，对于非常复杂的计算机网络协议，结构应该分层次，ISO/OSI 模型和 TCP/IP 模型采用的都是分层的设计理念。

4.2.2　ISO/OSI 模型

OSI 将计算机网络体系结构（Architecture）从下往上依次划分为七层，如图 4-13 所示。

图 4-13　OSI 七层模型

（1）物理层。物理层主要负责信号在通信介质上的传输问题，将数据转换为可通过物理介质传送的电子信号，如信号如何编码、连接电缆的插头应当有多少根引脚、引脚应当如何连接等问题。这一层涉及的是机械、电气、功能和规程等方面的协议，该层传输的是比特流。物理层相当于邮局系统中的搬运工人。

（2）数据链路层。数据链路层主要负责相邻结点及相邻计算机间的无差错的数据传输问题，该层将数据封装成帧（Frame），再以帧传输。每一帧同时包含了数据信息和控制信息，控制信息中有同步信息、地址信息、差错控制信息、流量信息等。数据链路层决定了访问网络介质的方式，进行流量控制，并指定拓扑结构和硬件寻址。数据链路层相当于邮局系统中的装拆箱工人。

（3）网络层。网络层传输的数据是分组或包，该层主要负责数据传输时在通信子网中如何选择适当的路径（也称路由），使得分组能够正确无误地按照地址找到目的地，并交付给目的机使用。当通信子网负载很重时，还要控制流入子网的信息流。该层相当于邮局系统中的排序工人。

（4）传输层。传输层将数据分段并组装成数据流交给网络层，提供终端到终端的可靠连接，监督两个节点在建立连接的状态下，将数据安全无误地送至目的地。如果数据在传送过程中发生错误、重复、失遗等，能够立即检测到并更正。如果包在网络层就可靠地接收到了，那么本层的处理就很简单；如果通信系统不能提供可靠的包传输，本层将通过复杂的机制予以补偿，同时提供建立、维护和有序地中断虚电路、传输差错校验和恢复信息流控制机制。传输层相当于邮局系统中寄件公司去邮局的送信职员。

（5）会话层。会话层主要负责建立、管理、终止两个节点应用程序之间的会话。例如，两个节点在正式通信前，需先协商好双方所使用的通信方式、通信协议、如何检测帧错误及复原、如何结束通信等内容。在会话层建立和断开一个连接过程，实际上就是一个"捆绑"和"解捆"会话的过程。该层允许用户使用简单易记的名称建立连接，相当于公司中收寄信、写信封与拆信封的秘书。

（6）表示层。表示层的主要任务是协商数据交换格式，确保一个系统应用层发送的信息能够被另外一个系统的应用层所识别，完成应用层所用数据的任何所需的转换，能够将数据转换成计算机或程序能读懂的格式。表示层相当于邮局系统中寄件公司里替老板写信的助理。

（7）应用层。应用层处于 OSI 模型的最高层，也是最靠近用户的一层，为用户的应用程序提供网络服务，是用户的应用程序和网络之间的接口。应用层判断要实现通信的双方是否可用，使协同工作的应用程序之间得以同步，并建立传输过程中的错误纠正和数据完整性控制方面的协定。应用层相当于邮局系统中的老板。

尽管分层的、开放的设计理念早已提出，也得到了很多公司甚至政府的大力支持。直至 20 世纪 90 年代，整套的 OSI 国际标准才制定出来，但它仅仅只是为后续的网络架构提供概念性和功能性结构的参考，其相关标准都只是技术规范，至今没有一个与 OSI 完全一致的体系得以实现。OSI 没有得到实际运行和推广的原因主要有以下五个方面：①TCP/IP 模型的互联网早已抢占先机，占领了市场，并成功运营；②制定周期过长，按 OSI 标准生产的设备没能及时进入市场；③OSI 协议实现起来过于复杂，运行效率低；④层次划分不太合理，部分功能多层中重复出现；⑤OSI 在制定时缺乏商业驱动。

因此，计算机网络技术和设备应用最广泛的不是法律上的国际标准 OSI，而是占领了市场的非国际标准 TCP/IP，TCP/IP 也被称为事实上的国际标准。

4.2.3　TCP/IP 模型

TCP/IP 协议最早用在了 ARPANET 网中，是美国军方指定使用的协议。TCP/IP 模型最初是由 Kahn 在 1974 年定义的，后来 Clark 等对其设计思想进行了研讨。TCP/IP 协议是目前最成熟、应用最广泛的通信协议。TCP/IP 模型从下往上分为四层，依次为网络接口层、网际层、传输层、应用层。该模型的层次及各层上所使用的典型协议如图 4-14 所示。

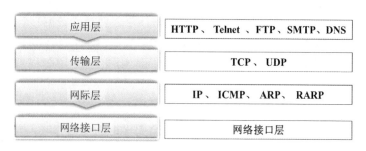

图 4-14　TCP/IP 模型

TCP/IP 模型各层的功能与主要的协议如下：

（1）网络接口层。网络接口层也称物理和数据链路层，主要负责与物理线路连接，将 IP 数据报发送到网络传输介质上，并从网络传输介质上接收 IP 数据报。TCP/IP 并没有为该层定义任何协议，只是定义了与不同的网络进行连接的接口。TCP/IP 协议栈的设计独立于网络访问方法、帧格式和传输介质，因此 TCP/IP 协议栈可以用来连接不同类型的网络，并可以独立于任何特定的网络体系结构。这体现了 TCP/IP 的兼容性，正是这一点为 TCP/IP 的成功推广和广泛应用奠定了基础。

（2）网际层。网际层也称网络层、互联层，其主要功能是负责将源主机的报文分组（也称包）发送到目的主机，源主机和目的主机可以在一个网络上，也可以在不同的网络上，因此网际层需要进行寻址和路由选择，同时还要进行流量控制和拥塞控制。

网际层的核心协议是网际协议（IP 协议），IP 协议实现了网际层最主要的功能：IP 寻址、路由选择、分段及数据重组。IP 协议在每一个分组中都包含一个目的主机的 IP 地址的字段信息，IP 协议利用这个字段信息把分组转发到其目的地。IP 协议不仅可以运行在各种主机上，也可以运行在分组交换和转发设备上。该协议是无连接的协议，意味着任何数据开始传送之前，不需要先建一条穿过网络到达目的地的通路或路由。而是每个分组都可以采用不同的路由转发至同一个目的地。此外，IP 协议既不能保证传输的可靠性，也不能保证分组按正确的顺序到达目的地，甚至不能保证分组能够到达目的地。

网际层还有一些其他的协议，如地址解析协议（Address Resolution Protocol，ARP）、逆向地址解析协议（Reverse Address Resolution Protocol，RARP）、网际控制消息协议（Internet Control Message Protocol，ICMP）等。ARP 协议用于获得同一物理网络中的硬件主机地址，即将 IP 地址解析为主机的物理地址，完成 IP 地址到 MAC 地址的映射以便于物理设备（如网卡）按该地址接收数据。网络互连通过 IP 协议来实现，实际通行时则是通过 MAC 地址来实现的。RARP 协议用于将物理地址解析为 IP 地址。ICMP 协议主要负责发送消息，并报告有关数据包的传送错误。为了提高有效转发 IP 数据报和提高交付成功的机会，允许主机或路由器报告差错情况和提供异常的报告。

（3）传输层。传输层主要是提供进程间端到端的通信，即在源节点和目的节点的两个进程实体之间提供可靠的端到端的数据传输。TCP/IP 模型的传输层与 OSI 参考模型的传输层功能是相似的。主要的协议有传输控制协议（Transport Control Protocol，TCP）和用户数据报协议（User Datagram Protocol，UDP），TCP 协议是 TCP/IP 协议族中的核心。

TCP 是一种可靠的面向连接的协议，保证来自不同网络的两个节点间的应用程序间有可靠的通信连接，让一台计算机发出的字节无差错地发往网络上的其他设备。该方式适合于一次传输大批数据的情况，并适用于要求得到响应的应用程序。在发送端，TCP 发送进程把输入的字节流分成报文段并传给网络层。在接收端，TCP 接收进程把收到的报文再组装成输出流。如果底层网络具有可靠的功能，传输层就可以选择比较简单的 UDP 协议。UDP 提供了无连接通信，是不可靠的。报文可能会出现重复、顺序改变，甚至丢失等现象。UDP 协议适合一次传输少量数据，或者客户/服务器模式的请求或应答查询等情况。

（4）应用层。不同的网络应用的应用进程之间有不同的通信规则，因此需要不同的应用层协议来协助应用进程使用网络提供的通信服务。每个应用层协议都是为了解决某一类应用问题，同时需要网络中不同主机中的应用进程之间协同完成。应用层包含了所有的高层协议，随着技术的推进，也不断地有新的协议加入。常见的协议有 FTP、Telnet、SMTP、DNS、HTTP等，这几种协议都能在不同的主机类型上广泛使用，其中，FTP、SMTP、HTTP 依赖于 TCP协议，DNS 可以使用 TCP 协议，也可以使用 UDP 协议。

1）FTP：文件传输协议，用于网络中两台计算机间传送文件，是 TCP/IP 网络和 Internet上最早使用的协议之一，用户可以访问远程计算机上的文件，操作有关文件，如复制等。

2）Telnet：远程登录协议，用于本地用户登录到远程主机以访问其中的资源，本地计算机通常作为远程主机的虚拟终端。

3）SMTP：简单邮件传输协议，也称电子邮件传输协议，用于互联网上邮件的传送。

4）DNS：域名系统，是一个名字服务协议，提供网络设备或主机的名字到 IP 地址间的转换，允许对名字资源进行分散管理。

5）HTTP：超文本传输协议，用于 WWW 服务，实现从万维网服务器传输超文本到本地浏览器。

TCP/IP 网络模型之所以能被广泛应用，是因为它适应了世界范围内数据通信的需要，为互联网在全世界的飞速发展作出了巨大的贡献，同时互联网的广泛应用又促进了 TCP/IP 技术的发展。TCP/IP 的主要特点归纳起来有以下三个方面：①开放的协议标准，独立于特定的计算机硬件和操作系统，独立于特定的网络传输硬件，局域网、广域网都可以使用；②统一的地址分配方案，网络中的所有设备和主机都有唯一地址；③标准化的高层协议，可以提供多种可靠的用户服务。

4.3　IP 地址

扫码看视频

4.3.1　因特网的概念

因特网（Internet）又名互联网、国际网络或国际互联网，它是指当前全球最大的、开放的由众多网络相互连接而成的特定互联网。因特网采用 TCP/IP 协议族作为通信规则，其前身是美国的 ARPANET。

1969 年，美国高级研究计划局为了防止苏联的核攻击研发了一个分布式网络系统，即ARPANET，当时的 ARPANET 只有 4 个节点。这四台计算机分别在加州大学洛杉矶分校（UCLA）、斯坦福研究所（SRI）、加州大学圣塔芭芭拉分校（UC Santa Barbara）和犹他大学（University of Utah）。ARPANET 确保在任何情况下，至少有一台以上的计算机能够正常工作。这时 ARPANET 只是单一的分组交换网。20 世纪 70 年代中期，ARPANET 开始研究多种网络互联的技术，这项研究导致了互联网络的出现，这就成为了现今互联网的雏形。20 世纪 80 年代初期，ARPA 和美国国防部通信局研制出 TCP/IP 协议并成功地投入使用，所有使用了 TCP/IP 的计算机都能利用互联网络相互通信，这个时间被人们认为是互联网诞生的时间。

1986 年在美国国会科学基金会（NSF）的支持下，用高速通信线路把分布在各地的一些超级计算机（六个大型计算机中心）连接起来建成计算机网络，即美国国家科学基金网（NSFNET）。它覆盖全美国主要的大学和研究所，并且成为互联网中主要的组成部分。后来世界上的许多公司也纷纷接入进来，形成了一个由主干网、地区网、企业网或校园网组成的三级结构的互联网。从 1993 年开始，美国政府资助的 NSFNET 逐渐被若干个商用的互联网主干网替代，政府不再负责互联网的运营而是由因特网服务提供商（Internet Service Provider，ISP）运营，如中国电信、中国移动和中国联通等都是我国的 ISP。ISP 可以从互联网管理机构申请到很多的 IP 地址，同时拥有自建或租赁的通信线路及路由器等，任何机构或个人只要缴费给 ISP 就可以接入到互联网进行所谓的"上网"。这个时候的互联网已不是为单个组织所拥有，而是由互联网管理机构及很多大大小小的 ISP 所共同拥有、共同管理。同时 ISP 也是分层级管理的，有主干 ISP、地区 ISP 和本地 ISP，因此形成了多层次 ISP 结构的互联网，如图 4-15 所示。

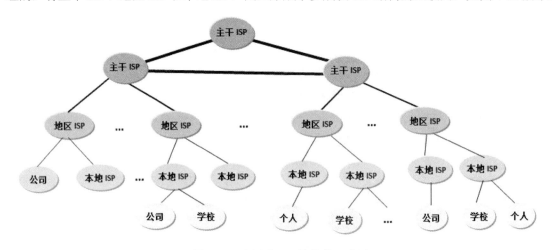

图 4-15　多层次 ISP 结构的互联网

1994 年 4 月 20 日，我国在国务院的明确支持下，连接着数百台主机的中关村地区教育与科研示范网络工程，成功实现了与国际互联网的全功能连接。这一天是中国被国际承认为开始有网际网络的时间。与此同时，以清华大学为网络中心的中国教育与科研网也于 1994 年 6 月正式连通国际互联网。1996 年中国最大的 Internet 子互联网 ChinaNet 也正式开通运营。于是在中国掀起了学习、使用、研究互联网的浪潮，越来越多的用户走进了 Internet。至今，互联网已成为大家生活的重要组成部分。

1992 年美国提出信息高速公路计划之后，世界各地掀起信息高速公路建设的热潮，我国也迅速作出反应。1993 年底，我国正式启动了国民经济信息化的起步工程——"三金工程"，"三金工程"即金桥、金卡、金关。"金桥工程"是建立国家共用经济信息网；"金关工程"是国家外贸企业的信息系统实现联网，实行无纸贸易的外贸信息管理工程；"金卡工程"则是以推广使用"信息卡"和"现金卡"为目标的货币电子化工程。同时我国很快建成了国际承认的对国内具有互联网络功能、对外有独立国际信息出口的四大主干网。

1．中国公众互联网——ChinaNet

由邮电部门经营和管理的中国公用计算机互联网，是国际计算机互联网的一部分，中国互联网的骨干网。通过 ChinaNet 用户可以方便地接入全球 Internet，享用 ChinaNet 及全球 Internet 上的丰富资源和各种服务。

2．中国教育科研网——CerNet

由国家投资建设，教育部负责管理，清华大学等高等学校承担建设和管理运行的全国性教育与学术网络。它主要面向教育和科研单位，是全国最大的公益性互联网络。

3．中国科技网——CstNet

随着网络技术的迅猛发展，中科院网络系统的一部分与其他一些网络演化为中国科技网。1994 年，中国科技网 CstNet 首次实现和 Internet 直接连接，同时建立了我国最高域名服务器。其目标是将中国科学院在全国各地的分院的局域网互联，以及连接中科院以外的中国科技单位。它是一个为科研、教育和政府部门服务的公益性网络，主要为科技界、政府部门、高新技术企业提供科技数据库、成果信息服务、超级计算机服务等。

4．中国金桥信息网——ChinaGbn

中国金桥信息网也称国家公用经济信息通信网，是中国国民经济信息化的基础设施，是建立"金桥工程"的业务网。中国金桥信息网实行"天地一体"的网络结构，即卫星和地面光纤网互联互通，互为备用，可覆盖全国各省、市和自治区。金桥信息网支持各种信息应用系统和服务系统，为推动我国电子信息产业的发展创造了必要的条件。

随着互联网的高速发展及个人计算机的普及，上网已成为生活中不可缺少的部分。网民数量也呈几何级增长，绝大多数网民都有经常浏览某些大型网站的行为特性，这些网站我们称为门户网站，顾名思义就是通入互联网的窗口与门户，门户网站就是指通向某类综合性互联网的信息资源并提供有关信息服务的应用系统。在全球范围中，最为著名的门户网站有雅虎（Yahoo）和谷歌（Google）。而在中国，最著名的门户网站有新浪（Sina）、网易（163）、搜狐（Sohu）、腾讯（QQ），它们称为中国的四大门户网站。百度网、凤凰网、人民网、新华网等也比较著名，其中，百度网已经可与中国四大门户网站平起平坐。

移动通信与互联网的融合发展形成了移动互联网，4G 时代的开启和移动终端设备的凸显为移动互联网的发展注入巨大的能量，改变了人们的生活。即将到来的 5G（第五代移动通信网络）将提供更强的通信能力，将会向各个领域深层次渗透，从而会极大地改变人们的生产生活。

在传统互联网的基础上，结合广播电视网和传统电信网等信息承载体，将其用户端延伸和扩展到任何物品，任何物品与物品之间进行信息交换和通信便形成了物联网（Internet of Things）。物联网将现实世界数字化，具有十分广阔的市场和应用前景。

4.3.2　Internet 提供的服务方式

Internet 提供的服务有很多，随着技术的进一步发展会越来越多，这些服务一般都基于 TCP/IP 协议。Internet 服务分为基本服务和扩展服务两种。

1．基本服务

（1）WWW 服务。世界范围的网络（World Wide Web，WWW）也称万维网、环球信息网，由欧洲粒子物理研究中心（CERN）研制，是一个通过互联网访问的由许多互相链接的超文本组成的系统。该系统分为 Web 客户端（即浏览器）和 Web 服务器程序，浏览器与 Web 服务器之间的通信使用超文本传送通信协议（HTTP），超文本开发语言为 HTML，Internet 上的资源通过 URL 定位。WWW 通过超文本向用户提供全方位的多媒体信息，从而为全世界的 Internet 用户提供了一种获取信息、共享资源的全新途径。WWW 提供了一个友好的界面，大大方便了人们浏览信息，是目前使用最广的一种服务。

（2）电子邮件服务。电子邮件服务也称 E-mail 服务，是一种通过网络传送信件、单据、资料等电子信息的通信方式，属于非交互式服务，是根据传统的邮政服务模型建立起来的。只要知道对方的 E-mail 地址，就可以通过网络传输转换为 ASCII 码的信息，用户可以方便地接收和转发信件，还可以同时向多个用户传送信件。用户通过电子邮件可以发送和接收文字、图像和语音等多种形式的信息。使用电子邮件服务的前提是拥有自己的电子信箱，即 E-mail 地址，实际上就是在邮件服务器中申请建立一个用于存储邮件的磁盘空间。

（3）文件传输服务。文件传输服务所使用的协议是 FTP（File Transfer Protocol）协议。FTP 解决了远程传输文件的问题，只要两台计算机都加入互联网且都支持 FTP 协议，它们之间就可以进行文件传送。FTP 是一种实时的联机服务。用户只要登录到目的服务器上就可以在服务器目录中寻找所需文件，也可以进行与文件查询、文件传输相关的操作。FTP 服务几乎可以传送任何类型的文件，如文本文件、图像文件、声音文件等。一般的 FTP 服务器都支持匿名（Anonymous）登录，用户在登录到这些服务器时无需注册用户名和口令。当远程服务器提供匿名 FTP 服务时，会预先指定某些目录及文件向公众开放，允许匿名用户存取，而系统中的其他目录则处于隐匿状态。作为一种安全措施，大多数匿名 FTP 服务器都只允许用户下载文件，而不允许用户上传文件。

（4）远程登录服务。远程登录服务即 Telnet 服务，是使用 Telnet 命令把用户自己的计算机变成网络上另一主机的远程终端，从而可以使用该主机系统允许外部使用的任何资源。远程登录服务用于在网络环境下实现资源共享，采用 Telnet 协议，通常可以使用多台计算机共同完成一个较大的任务。

2. 扩展服务

扩展服务方式是指在 TCP/IP 协议基本功能的支持下，由某些专用的应用软件或用户提供的接口方式实现，常见的有以下五种。

（1）电子公告板。电子公告板即 BBS（Bulletin Board System），就是广大网民口中常提及的"论坛"，它是 Internet 最常见的服务方式之一，早期的 BBS 对 Internet 用户扮演着与日常生活中普通公告板一样的角色，用户与 BBS 服务主机相连后，即可阅读 BBS 上公布的任何信息，也可以发布自己的信息或见解。近些年来，BBS 的功能得到了很大的扩充，通过 BBS 系统可以随时取得各种最新的信息；也可以通过 BBS 系统和别人讨论各种有趣的话题；还可以利用 BBS 系统来发布一些"征友""买卖""转让""招聘人才"和"求职应聘"启事等通告。

（2）新闻群组。新闻群组英文名称为 UseNet 或 NewsGroup，也称为电子讨论组，集中了对某一主题有共同兴趣的人发表的文章。新闻群组实质上就是 Internet 上称之为新闻组服务器的计算机组合，用户连接到新闻组服务器上就可以阅读其他人的消息并可以参与讨论，在这里用户可以与遍及全球的其他用户交流对某些问题的看法，分享有益的信息。因此，新闻组可以看成是一个遍及全世界的巨大的完全交互式的超级电子论坛。它按不同的主题可以划分为不同的讨论组，讨论组的名字反映了其讨论内容。例如，comp 是关于计算机的话题，sci 是关于自然科学各分支的话题。

（3）电子杂志。电子杂志又称网络杂志，内容极其丰富，拥有了平面与互联网两者的特点，融入了文字、图像、声音、视频等元素，各元素动态结合呈现给读者，电子杂志出版速度远快于印刷本。

（4）索引服务。索引服务是一种利用关键字查找信息的服务方式。用户提供关键字后，系统可以提供有关文件的主机 IP 地址、文件目录和文件名。

（5）目录服务。为了方便对互联网上主机的各种杂乱的资源进行访问并得到相关的服务，需要遵循一定的访问机制，于是就有了目录服务，目录服务器的主要功能是提供资源与地址的对应关系。目录服务分为白页服务和黄页服务，前者可以查找人名或机构的 E-mail 地址，后者可以查找提供各种服务的主机的 IP 地址。

4.3.3　IP 地址和域名地址

1. IP 地址

接入互联网中的计算机要实现彼此通信就需要对其进行唯一性的标识，这种标识在 TCP/IP 协议里是用网间地址（IP 地址）来实现的，IP 地址由 IP 协议提供规范。IP 协议又称为互联网协议或网际协议，是支持网间互联的数据报协议，提供了网间连接的完善功能，包括 IP 数据报规定、互联网络范围内的 IP 地址格式等。

IP 地址采用了分层的结构进行组织。在 IPv4 中，一个 IP 地址由 32 个二进制比特数字即 4 个字节组成，通常被分为 4 段，每段 8 位，用点分十进制表示为 xxx.xxx.xxx.xxx，每段的取值范围为 0～255，最多容纳的机器数为 255×255×255×255，约 42 亿台。

例如，百度首页的 IP 地址（IP Address）为：

$$010011100 \quad 01001011 \quad 11011001 \quad 01101101$$
$$119 \quad . \quad 75 \quad . \quad 217 \quad . \quad 109$$

每个 32 位的 IP 地址被分为网络号和主机号两个部分，如图 4-16 所示。网络号用于确定计算机所在的物理网络的地址；主机号用于标识该计算机在本网络中的位置。

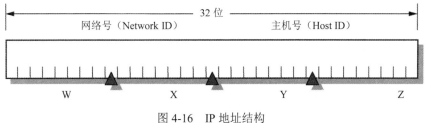

图 4-16　IP 地址结构

为了便于寻址和层次化地构造网络，IP 地址按网络规模和用途不同，分为 A、B、C、D、E 五类。其中，A、B、C 类 IP 地址是基本地址，主要用于商业用途；D、E 类 IP 地址主要用于网络测试。

（1）A 类地址。A 类地址的网络号由第一组 8 位二进制数表示，网络中的主机标识占三组 8 位二进制数。A 类地址的特点是网络标识的第一位二进制数取值必须为 0，通常分配给拥有大量主机的网络（如主干网）。A 类地址区间为 1.x.x.x～127.x.x.x，如图 4-17 所示。

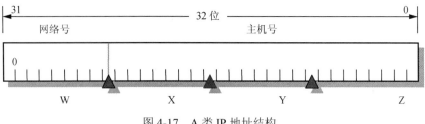

图 4-17 A 类 IP 地址结构

（2）B 类地址。B 类地址的网络号由前两组 8 位二进制数表示，网络中的主机标识占两组 8 位二进制数。B 类地址的特点是网络标识的前两位二进制数取值必须为 10，适用于结点比较多的网络或具有中等规模数量主机的网络（如区域网）。B 类地址区间为 128.x.x.x～191.x.x.x，如图 4-18 所示。

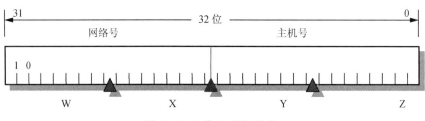

图 4-18 B 类 IP 地址结构

（3）C 类地址。C 类地址的网络号由前三组 8 位二进制数表示，网络中主机标识占一组 8 位二进制数。C 类地址的特点是网络标识的前三位二进制数取值必须为 110，适用于小型局域网（如校园网）。C 类地址区间为 192.x.x.x～223.x.x.x，如图 4-19 所示。

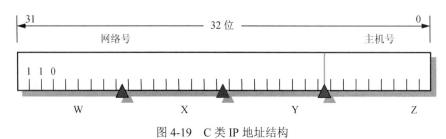

图 4-19 C 类 IP 地址结构

D 类地址用于组播，传送至多个目的地址，E 类地址为保留地址，以备将来使用。

前三类地址的取值区间及主要用途见表 4-1。

表 4-1　A、B、C 三类地址的取值区间及主要用途

IP 地址类型	第一字节取值	主要用途
A 类	0～127	适用于主机数达 1600 多万台的大型网络
B 类	128～191	适用于中等规模的网络，每个网络所能容纳的计算机数为 6 万多台
C 类	192～223	适用于小规模的局域网络，每个网络最多只能包含 254 台计算机

在设置或使用 IP 地址时须要注意：①127.0.0.1 是保留地址，是 Localhost 对应的 IP 地址（即计算机的本地 IP）；②主机号全为 0 表示网络号，全为 1 表示当前网络的广播地址。

2. 域名地址

用数字表示的 IP 地址虽然可以唯一确定某个网络中的某台主机，但不便于记忆。为此，TCP/IP 协议的专家们创建了域名系统（Domain Name System，DNS），DNS 的互联网标准是 RFC 1034 和 RFC 1035，采用分布式系统。域名系统为 IP 地址提供了简单的字符表示法，每一个域名也必须是唯一的，并与 IP 地址一一对应，这样人们就可以使用域名来方便地进行相互访问。为了提高互联网运行的稳定性和可靠性，在 Internet 上分布有许多域名服务器程序（简称 DNS 服务器），共同完成 IP 地址与其域名之间的转换工作。

早期的互联网采用的是非等级的域名结构，互联网上大大增加的用户数量用这种形式管理起来非常困难。因此，互联网后来采用了层次树状结构的命名方法，就如全球邮政系统和电话系统那样，任何一个连接在互联网上的主机或路由器都有唯一层次结构的名字，即域名。域是可以被管理和划分的，域可以划分为子域，子域又可以划分为子域的子域，于是自上而下就有了顶级域、二级域、三级域等，最后一级是主机名，子域名之间用圆点"."隔开。域名的一般格式见表 4-2。

表 4-2　域名的一般格式

单位名称	协议名	主机名	网络名	所属机构名	顶级域名
湖南人文科技学院	http://	www	.huhst	.edu	.cn
新浪中国	http://	www	.sina	.com	.cn

现有的顶级域名有几百个，有国家顶级域名、通用顶级域名和基础结构顶级域名。互联网名称与数字地址分配机构 ICANN（the Internet Corporation for Assigned Names and Numbers）于 2011 年在新加坡会议上正式批准新顶级域名，任何公司和机构都有权向 ICANN 申请新的顶级域名，新的顶级域名后缀中有显著的企业标志。目前，已有一些由两个汉字组成的中文顶级域名，到 2016 年在 ICANN 注册的中文顶级域名有 60 个。常见的顶级域名代码及含义见表 4-3。

表 4-3　机构代码及含义

国家顶级域名代码	国家或地区名称	通用顶级域名代码	机构分类
cn	中国	com	商业机构
jp	日本	edu	教育机构
hk	中国香港	gov	政府机构
uk	英国	int	国际机构
ca	加拿大	mil	军事机构
de	德国	net	网络服务机构

在国家顶级域名下注册的二级域名均由国家自行确定，在我国把二级域名划分为"类别域名"和"行政区域名"两大类。其中，类别域名共有 7 个，分别是科研（ac）、工商金融（com）、教育（edu）、政府（gov）、国防（mil）、网络服务（net）和非盈利组织（org）。行政区域名共 34 个，用于我国各省、自治区、直辖市，如 bj（北京市）、hn（湖南省）。主机名由用户自己命名，机构名在申请注册时确定。我国的域名注册由中国互联网络信息中心（CNNIC）统一管理。

整个互联网域名系统层次结构像一棵倒立的树，如图 4-20 所示。

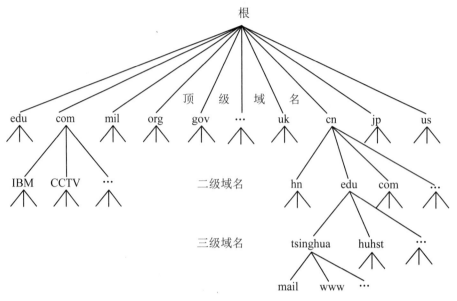

图 4-20　互联网的域名系统

4.3.4　IPv6

IP 协议是互联网中的核心协议，目前使用的是 IPv4，设计于 20 世纪 70 年代，互联网经过几十年的发展，到 2011 年 IP 地址已经耗尽，ISP 不能再申请新的 IP 地址块了，2015 年也停止了向新用户分配 IP 地址。移动互联网、智能设备、车联网、智慧城市等新一代信息技术产业的发展使 IP 地址的需求量大大增加，而 IP 地址的枯竭严重地影响了世界各国互联网的进一步发展。为了彻底解决 IPv4 存在的 IP 地址资源严重不足的问题，必须采用具有海量地址空间的新版本的 IP，即新一代 IP 协议——IPv6。

IPv6 是互联网工程任务组（Internet Engineering Task Force，IETF）设计的用于替代现行版本 IP 协议（IPv4）的下一代 IP 协议。IPv6 的地址格式采用 128 位二进制来表示，IPv6 所拥有的地址容量约是 IPv4 的 8×10^{28} 倍。它不但解决了网络地址资源数量的问题，同时也为计算机以外的设备接入互联网在数量限制上扫清了障碍。

相对于 IPv4，IPv6 主要提供了以下新特性：

（1）更大的地址空间。由原来的 32 位扩充到 128 位，地址空间增大了 2^{96} 倍，彻底解决了 IPv4 地址不足的问题；支持分层地址结构，从而更易于寻址。

（2）安全结构。IPv6 网络中用户可以对网络层的数据进行加密并对 IP 报文进行校验，在 IPv6 中的加密与鉴别选项提供了分组的保密性与完整性，极大地增强了网络的安全性。

（3）支持即插即用（自动配置）。大容量的地址空间能够真正地实现地址自动配置，使 IPv6 终端能够快速连接到网络上，无需人工配置，不需要使用 DHCP。

（4）服务质量功能。IPv6 包的包头包含了实现 QoS 的字段，通过这些字段可以实现有区别的和可定制的服务。

（5）性能提升。报文分段处理、层次化的地址结构、包头的链接等方面使 IPv6 更适用于高效的应用程序。

（6）增强的组播支持和对流的控制（Flow Control）。这使得网络上的多媒体应用有了长足发展的机会，为服务质量控制提供了良好的网络平台。

（7）简化的包头格式。有效地减少路由器或交换机对报头的处理开销，这对设计硬件报头处理的路由器或交换机十分有利。

（8）加强了对扩展报头和选项部分的支持。除了让转发更为有效外，还对将来网络加载新的应用提供了充分的支持。

（9）允许协议继续扩充。随着技术的不断发展，新的应用也会不断出现，而 IPv4 的功能是固定的，IPv6 改善了这一局限性。

（10）支持资源预分配。IPv6 支持实时视像等要求保证一定的宽带和时延的应用。

相对 IPv4，IPv6 有着巨大的地址范围，为了让维护互联网的人易于阅读和操纵这些地址，IPv4 所采用的点分十进制记法已经不再方便了，而是采用了简洁的地址记法——冒分十六进制记法。它把每个 16 位的值用十六进制来表示，各值之间用冒号隔开，记法形式如下：

57E6:8C65:FFFE:1180:960A:FFFF:D64F:EF28

IPv6 于 1992 年开始研发，1998 年已完成主要的标准规范。最初 IPv6 向下不兼容 IPv4，因此向 IPv6 过渡的进程一直非常缓慢。直到 2011 年，全球 IPv6 部署开始进入提速阶段。由于现有的整个互联网规模非常庞大，因此不可能一步到位的突然全部改用 IPv6，只有通过平稳过渡的一些技术使网络从原有的模式转换成 IPv6。向 IPv6 过渡则要求新安装的 IPv6 系统能向后兼容，过渡到 IPv6 常用两种策略：双协议栈技术和隧道技术。普及 IPv6，一方面需要电信运营商更换相应的设备；另一方面也需要互联网内容服务商升级现有的应用软件和相关设备，以适配新协议需求。

我国也一直积极进行 IPv6 网络部署的相关试验和核心技术的研发，并取得了明显成效。2004 年建成的第二代中国教育和科研计算机网是中国下一代互联网示范工程——CNGI-CERNET 2 最大的核心网和唯一的全国性学术网，是我国第一个 IPv6 国家主干网。清华大学已建成国内国际互联交换中心 CNGI-6IX，几年前就分别以 1G、2.5G、10G 的速率连接了 CNGI-CERNET 2，目前已有上百所高校开通了 IPv6，中国教育网已逐渐发展成为全国规模最大的 IPv6 主干网。截至 2018 年 10 月，全国 LTE IPv6 的用户数已经达到了 7.7 亿。

2019 年初央行等三部门发文，表示将推进互联网协议第六版（IPv6）规模部署，计划在 2019 年年底前，所有金融服务机构门户网站支持 IPv6 连接访问。目前贯穿全国的 IPv6 纵横网络已基本就绪，全国五个互联网骨干直连点已完成 IPv6 升级改造和互联互通。而且由于 IPv6 的技术成熟已久，目前计算机、手机等设备生产商均已适配。对于普通消费者无须换机便可享受 IPv6 的高效和安全，真正用上 IPv6 网络还需要等运营商升级改造完成。

4.3.5 Windows 7 网络配置

1. 局域网方式的网络配置

局域网方式的特点是网络速度快、误码率低，在进行配置之前，要知道网络服务器的 IP 地址和分配给客户机的 IP 地址，配置方法如下：

（1）安装网卡驱动程序。现在使用的计算机及附属设备一般都支持"即插即用"功能，所以安装了即插即用的网卡后，第一次启动计算机时，系统会出现"发现新硬件并安装驱动程序"的提示信息，用户只需要按提示安装所需的驱动程序即可。

（2）安装通信协议。

1）单击"开始"按钮，在弹出的菜单中选择"设置"选项，单击其中的"控制面板"命令，双击其中的"网络和 Internet"图标，如图 4-21 所示。

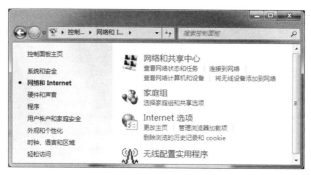

图 4-21　"网络和 Internet"窗口

2）选中"网络和共享中心"选项中的"查看网络状态和任务"图标。

3）如图 4-22 所示，在"本地连接属性"对话框中勾选"Internet 协议版本 4（TCP/IPv4）"选项，然后单击"属性"按钮，弹出如图 4-23 所示的对话框。在该对话框中设置 TCP/IP 协议的 IP 地址、子网掩码和网关地址，如 192.168.1.2、255.255.255.0 和 192.168.1.1。并设置"首选 DNS 服务器"和"备用 DNS 服务器"地址分别为 218.76.138.67 和 59.51.78.210，其中，备用 DNS 服务器的地址为可选性。

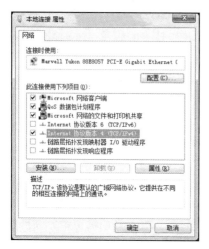

图 4-22　"本地连接属性"对话框

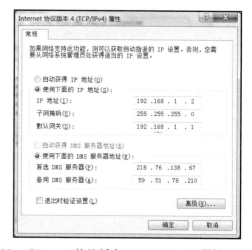

图 4-23　"Internet 协议版本 4（TCP/IPv4）属性"对话框

4）单击"确定"按钮，完成网络参数的配置。

2. 宽带拨号网络配置

拨号网络是通过调制解调器和电话网建立一个网络连接，它遵循 TCP/IP 协议。拨号网络允许用户访问远程计算机上的资源，同样，也允许远程用户访问本地用户计算机上的资源。在配置拨号网络之前，用户应从 Internet 服务商（ISP）处申请账号、密码和 DNS 服务器地址，以及上网所拨的服务器的电话号码。

（1）安装调制解调器。调制解调器和其他硬件的安装方法类似，但应注意安装的调制解调器是内置的还是外置的。如果是内置的，则将其直接插到主板上即可；如果是外置的，可以使用串口进行连接。

（2）添加拨号网络。

1）如图 4-21 所示，选中"网络和共享中心"选项中的"设置连接或网络"图标，如图 4-24 所示。

2）设置网络连接类型。如图 4-25 所示，选择连接到 Internet 上的方式。

图 4-24　"设置连接或网络"对话框

图 4-25　设置连接到 Internet 的方式

3）如图 4-26 所示，设置连接名称，进行有效用户的设置，输入 ISP 账号与密码，如果设置正确，那么单击"宽带连接"图标并输入 ISP 账号与密码后就能访问 Internet。

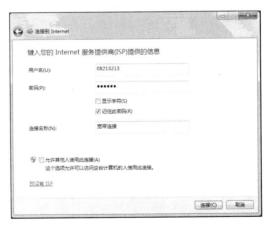

图 4-26　设置 ISP 账号与密码

扫码看视频

4.4　Internet 应用

　　Internet 已经渗透到了我们生活的方方面面，无论是工作还是学习，如网络媒体、信息检索、网络通信、电子商务、网络教学、网络娱乐、网络医疗等，本节简单介绍几种典型的 Internet 应用。

4.4.1 Internet Explorer 浏览器的使用

WWW 是 Internet 上使用最广泛、最受欢迎的应用之一，是一个由许许多多遍布全球且互相链接的文档组成，这些文档称为 Web 页，即网页。网页中通常包含了文字、图形、图像、音频、视频等信息，同时还包含指向其他网页的链接，这样的网页就称为超文本。网页存在于 Web 服务器上，它的访问与阅读需要通过 Web 客户端来实现，客户端程序通常需要使用浏览器。

网页浏览器有 Internet Explorer、遨游、火狐、360 浏览器等，其中，IE 是最常用的浏览器，本节只介绍 Internet Explorer 8.0（以下简称 IE 8，Windows 7 自带的浏览器）的使用，其他浏览器的功能和使用方法基本相同或相似。如图 4-27 所示为 IE 8 启动后的界面，下面将介绍 IE 常用的功能。

图 4-27　Internet Explorer 8.0 启动后的界面

（1）地址栏。在联网状态下，访问某网站需要在此处键入域名地址或 IP 地址，按 Enter 键后就能浏览其主页。

（2）"收藏夹"按钮。用于收藏一些经常使用的网站以方便下一次打开。

（3）"文件"菜单。通过"文件"菜单可以保存网页，既可以实现网页的离线浏览，也可以将网页的内容保存为文本或图片。

（4）"主页"按钮。单击此按钮可以进入主页，即打开浏览器首先看到的页面，主页是由用户设置的。

（5）"搜索"按钮。单击此按钮可以打开搜索栏，可以在其中选择搜索服务并搜索 Internet。

（6）"后退"按钮。单击此按钮可以返回到前一页。

（7）"前进"按钮。如果已访问过很多 Web 页，单击此按钮可以进入下一页。

（8）"停止"按钮。单击此按钮可以中断正在进行的页面下载或信息传递。

（9）"刷新"按钮。如果希望显示最新的页面，或者页面没有响应，或者页面出现错误等，就可以单击"刷新"按钮，让页面重新加载，就不需要在地址栏上重新输入网址了。

（10）Internet 选项设置和管理临时文件。网页打开后，图片、动画自动缓冲到本地计算机的临时文件夹中，以减少网页再次打开的时间。可以在如图 4-28 所示的"Internet 选项"对话框和如图 4-29 所示的"Internet 临时文件和历史记录设置"对话框中进行相关的设置和管理。

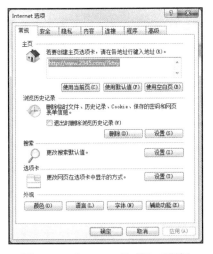
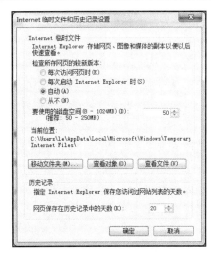

图 4-28　"Internet 选项"对话框　　　图 4-29　"Internet 临时文件和历史记录设置"对话框

4.4.2　电子邮件的收发

电子邮件也称为 E-mail，它是用户之间通过计算机网络收发信息的服务，是 Internet 上使用最多、最受欢迎的一种应用。电子邮件已成为网络用户之间快速、简便、低成本、高可靠的现代通信新方式。与传统的信件方式相比有很大的优势。

（1）发送速度快。通常在数秒钟内即可将邮件发送到全球任意位置的收件人的邮箱中。

（2）信息多样化。除普通文字内容外，还可以发送软件、数据、动画、音频、视频等多媒体信息。

（3）收发方便。用户可以在任意时间、任意地点收发 E-mail，不受时间和地点的限制。

（4）成本低廉。除宽带使用费外，不需要其他开支。

（5）交流对象广。同一个信件可以通过网络极快地发送给网上指定的一个或多个成员。

（6）安全性能高。作为一种高质量的服务，电子邮件是安全可靠的高速信件递送机制，Internet 用户一般只通过 E-mail 方式发送信件。

处理电子邮件的计算机称为邮件服务器，邮件服务器分为发送邮件服务器和接收邮件服务器。邮件服务器中有许许多多用户的电子信箱，实质上是提供邮件服务的 ISP 在邮件服务器的硬盘上为用户开辟的一个个存储空间。邮件服务器 24 小时不间断地工作，而且具有很大的容量，除了发送或接收邮件外还要向发送人报告邮件传送的结果（如已交付、被拒绝、丢失等）。邮件服务器需要使用两种不同的协议，一种用于用户向邮件服务器发送邮件或邮件服务器之间发送邮件，如 SMTP 协议、MIME 协议。SMTP 协议称为简单邮件协议，针对其功能的不足，在 1993 年又提出了 MIME 协议（通用互联网邮件扩充协议），是一个补充协议，通过这个协议在互联网上就可以同时传送多种类型的数据。另一种协议用于用户从邮件服务器中读取邮件，如邮局协议 POP3。

电子邮件的收发过程如下：

（1）发件人调用邮件客户端软件（如 Outlook、Foxmail）或进入电子邮箱 Web 页面编辑邮件。

（2）发件人单击"发送邮件"按钮把邮件通过 SMTP 协议发给发送方的邮件服务器。

（3）发送方的邮件服务器收到用户发来的邮件后将邮件放入邮件缓冲队列中，等待发送到接受方的邮件服务器。

（4）发送方的邮件服务器与接收方的邮件服务器建立 TCP 连接后，把缓冲队列中的邮件依次发送出去（邮件不会在互联网中的某个中间邮件服务器落地）。

（5）接收方的邮件服务器收到邮件后，把邮件放入收件人的用户邮箱中，等待收件人读取。

（6）收件人打算收信时，调用客户端软件（如 Outlook、Foxmail）或进入电子邮箱的 Web 页面，通过 POP3（或 IMAP）协议读取发送给自己的邮件。

Internet 上的个人用户通过申请 ISP 主机的一个电子邮箱，由 ISP 主机负责电子邮件的接收。目前提供邮件服务的 ISP 有很多，如网易、新浪、搜狐、QQ 等。发收电子邮件需要通信双方的邮件地址即电子邮箱。电子邮箱的格式如下：

用户名@邮件服务器名称

其中，用户名由用户申请时设置，是用户自己定义的字符串标志符，邮件服务器名称由 ISP 提供，"@"读作"at"，表示"在"的意思，如电子邮箱 ld_lf001@163.com 中的"163.com"就是邮件服务器的域名。

对于 Internet 用户来说，使用电子邮箱通常需要进行电子邮箱注册、查看信件、写信或回复信件。

（1）注册电子邮箱账号，如图 4-30 和图 4-31 所示。

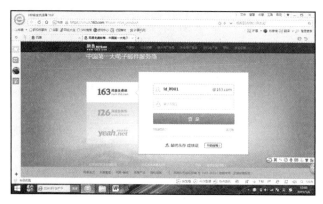

图 4-30　网易 163 免费邮箱登录界面

图 4-31　网易 163 免费邮箱注册界面

（2）登录邮箱后，单击"收信"按钮后的页面如图4-32所示，就可以阅读邮件内容。

图4-32 收件箱界面

（3）新建或回复邮件（含邮件正文与附件），如图4-33所示。

图4-33 新建或回复邮件（带附件）界面

4.4.3 远程登录服务

远程登录（Telnet）是一个简单的远程终端协议，是互联网的一种特殊通信方式。使用Telnet命令进行远程登录，Internet中的用户使自己的计算机暂时成为远程计算机的一个仿真终端。

在分布式计算环境中，常常须要调用远程计算机资源同本地计算机协同工作，这样可以用多台计算机来共同完成一个较大的任务。协同操作的方式要求用户能够登录到远程计算机中，启动某个进程并使进程之间能够相互通信。为了达到这个目的，人们开发了远程终端协议，即Telnet协议（TCP/IP协议的一部分），协议中详细定义了客户机与远程服务器之间的交互过程。

利用远程登录，用户可以通过自己正在使用的计算机与其登录的远程主机相联，进而使用该主机上的多种资源，这些资源包括该主机的硬件资源、软件资源和数据资源。可远程登录的主机一般都位于异地，但使用起来就像在身旁一样方便。

远程登录的工作原理是使用远程登录服务，前提是远程主机开放了 Telnet 的功能。用户在自己的计算机（称作"本地计算机"）上运行一个称为 Telnet 的程序，该程序通过互联网连接所指定的计算机（称作"远程计算机"），这个过程称为"联机"。联机成功后，有些系统还要求输入用户的标识和密码进行登录。一旦登录成功，Telnet 程序就作为本地机与远程机之间的中介而工作。用户用键盘在本地机上输入的所有东西都将传给远程机，而远程机显示的一切东西也将传送到用户的本地机上，并在屏幕上显示出来。对用户来说，好像在使用本地机一样。由此可见，Telnet 程序的功能就是将本地机与远程机连接起来，并将远程机上的各种资源提供给用户使用。

Telnet 的工作过程为：在 TCP/IP 和 Telnet 协议的帮助下，通过本地机安装的 Telnet 应用程序向远程计算机发出登录请求。远程计算机在收到请求后对其响应，并要求本地机用户输入用户名和口令。然后，远程计算机系统将验证本地机用户是否为合法用户，若是合法用户，则登录成功。登录成功后，本地计算机就成为远程计算机的一个终端。此时，用户使用本地键盘所输入的任何命令都通过 Telnet 程序送往远程计算机，在远程计算机中执行这些命令，并将执行结果返回到本地计算机的屏幕上，工作过程如图 4-34 所示。

Telnet 在早期应用较多，随着计算机功能的日渐强大，用户已较少使用。其典型的应用有 Linux 系统下的 Putty 软件，由于 Linux 系统管理越来越依赖于远程，使用 Putty 可以方便地对服务器进行远程控制。另一个典型的 Telnet 应用是 Windows 下的 TeamViewer 软件，TeamViewer 是一个能在任何防火墙和 Nat 代理的后台用于远程控制的应用程序，桌面共享和文件传输简单且快速，如图 4-35 是 TeamViewer 的工作界面。

Telnet 应用程序 ⇄ 远程计算机
登录请求
返回结果至屏幕

图 4-34　Telnet 的工作过程 　　　　图 4-35　TeamViewer 的工作界面

4.4.4　文件传输与网络存储

1. 文件传输

FTP 协议是互联网上使用最广泛的文件传送协议，用于控制文件的双向传输。FTP 也是一个应用程序，它提供交互式的访问。用户可以通过它把自己的 PC 与世界各地所有运行 FTP 协议的服务器相连，访问服务器上的大量程序和信息。FTP 的主要作用就是让用户连接上一个远程计算机（这些计算机上运行着 FTP 服务器程序），查看远程计算机上有哪些文件，然后把文件从远程计算机上复制到本地计算机上，或者把本地计算机的文件传送到远程计算机上。我们下载软件或文档就是使用 FTP 文件传输功能。

（1）FTP 的目标。

1）促进文件的共享（计算机程序或数据）。

2）鼓励间接或隐式地使用远程计算机。

3）向用户屏蔽不同主机中各种文件存储系统的细节。

4）可靠和高效地传输数据。

（2）FTP 的缺点。

1）密码和文件内容都使用明文传输，可能产生不希望发生的窃听。

2）因为必须开放一个随机的端口以建立连接，当防火墙存在时，客户端很难过滤处于主动模式下的 FTP 流量。这个问题通过使用被动模式的 FTP 得到了很大程度的解决。

2. 云盘

云盘是一种专业的网络存储工具，是互联网云技术的产物。它通过集群应用、网络技术或分布式文件系统等功能，将网络中大量的各种不同类型的存储设备通过应用软件集合起来协同工作，共同对外提供数据存储和业务访问功能。云盘可以作为用户的个人网络硬盘，可随时随地地安全存放数据和重要资料，它通过互联网为企业和个人提供信息的储存、读取、下载等服务，具有安全稳定、海量存储的特点。

云盘相对于传统的实体磁盘来说更方便，用户不需要把储存重要资料的实体磁盘带在身上，却一样可以通过互联网轻松地从云端读取自己所存储的信息。

云盘可以提供拥有灵活性和按需功能的新一代存储服务，相对传统的网盘来讲，存储空间使用更合理，从而防止了成本失控，数据存储安全性更高，并能满足不断变化的业务重心及法规要求所形成的多样化需求。

云盘具有以下特点：

（1）安全保密。密码和手机绑定，空间访问信息随时告知。

（2）超大存储空间。不限单个文件大小，最多支持无限独享存储空间。

（3）好友共享。通过提取码轻松分享。

比较知名且好用的云盘服务商有百度云盘、360 云盘、微云盘、金山快盘等。

4.4.5　信息检索

1. 信息检索的概念

随着网络对生活的影响与渗透越来越深，网络上的信息越来越多，在浩如烟海的信息中有效地进行信息检索变得越来越重要。从狭义上讲，信息检索就是从信息集合中找出所需要的信息的过程，严格定义上讲，是指信息按一定的方式组织起来，并根据信息用户的需要找出有关信息的过程和技术。信息检索的手段有手工检索、光盘检索、联机检索和网络检索，概括起来分为手工检索和机械检索。手工检索是指利用印刷型检索书刊信息的过程，优点是回溯性好、没有时间限制、不收费，缺点是费时、效率低。机械检索是指利用计算机检索数据库的过程，优点是速度快，缺点是回溯性不好、有时间限制。

信息检索按检索对象分为文献检索、数据检索和事实检索。文献检索是以文献（包括题录、文摘和全文）为对象的检索，可以分为全文检索和书目检索两种。数据检索（Data Retrieval）是以数值或数据（包括数据、图表、公式等）为对象的检索。事实检索是以某一客观事实为检索对象，查找某一事物发生的时间、地点及过程。

2. 搜索引擎

信息检索需求让搜索引擎应运而生，搜索引擎就是用来在万维网上快速搜索定位资源的工具，实际上是 Internet 上的一个个网站。它的主要任务是在 Internet 中主动搜索其他 Web 站点中的信息并对其自动索引，其索引内容存储在可供查询的大型数据库中，用户从已建立的索引数据库中进行查询。这种查询并不是实时查询，查到的信息可能已经过时，因此需要定期地对数据库进行更新维护。根据使用技术的不同，搜索引擎可以分为全文搜索引擎、分类目录搜索引擎和元搜索引擎。全文搜索引擎是名副其实的搜索引擎，著名的百度、谷歌就是全文搜索引擎。分类目录搜索引擎虽有搜索功能，但不是严格意义上的搜索引擎，它并不采集网站的任何信息，只是利用各网站向搜索引擎网站提交的关键字和网站描述信息建立按目录分类的网址链接列表，其代表性的有大名鼎鼎的雅虎、新浪、搜狐、网易的分类目录搜索。元搜索引擎接受用户的查询请求后，同时在多个搜索引擎上搜索，并将结果返回给用户。中文元搜索中具有代表性的是搜星搜索引擎。

在进行信息检索时我们要选择合适的搜索引擎；要输入合适的关键字，可应用使用布尔表达式的检索方式；对返回的搜索结果可根据排序位置、网址链接、文字说明等合理分析与选取。搜索引擎很多，国内外常用的搜索引擎见表 4-4。

表 4-4　常用的搜索引擎

搜索引擎	URL 地址
百度	http://www.baidu.com
中文 Yahoo	http://cn.yahoo.com
谷歌	http://www.google.com
好搜（360 搜索）	http://www.haosou.com
新浪搜索	http://search.sina.com.cn
有道搜索（网易）	http://www.youdao.com

3. 其他专业检索平台

（1）中国知网。全称是国家知识基础设施，简称为 CNKI，是目前全球最大的中文数据库。它是以实现全社会知识资源传播共享与增值利用为目标的信息化数字出版平台。其收录的资源包括期刊、博硕士论文、会议论文、报纸等学术与专业资料，覆盖了理工、社会科学、电子信息技术、农业、医学等 9 大专辑、126 个专题数据库，收录了 1994 年以来我国出版发行的 6600 种学术期刊全文，数据每日更新，支持跨库检索。当需要这方面资源时，可以使用中国知网进行搜索。

（2）万方数据。包括数亿条全球优质学术资源，万方数据致力于期刊、学位、会议、科技报告、专利、视频等十余种资源的搜索，而且覆盖各研究层次。

（3）昵图网。一个图片共享和交易的网络平台，采用会员上传素材获得积分和下载素材消耗积分的良性循环模式运转。昵图网已经发展成为中国第一素材网站，是各类图像类素材搜索下载的专业网站。

5

文字处理软件 Word 2016

 **本章导读**

Word 2016 是 Microsoft Office 2016 的重要组件之一，主要用于文字处理工作。Word 2016 针对之前版本的某些功能进行了改进，并增加了一些新功能，包括改进的搜索和导航体验、向文本添加视觉效果、将文本转换为图表；新增的图片编辑工具、文档恢复、文本翻译、协同工作等功能。通过其增强后的功能我们可以创建专业水准的文档，更加轻松地与他人协同工作并可在任何地点访问文件。

 **本章要点**

- Word 2016 基本操作
- 文档排版
- 表格处理
- 图形处理
- 页面排版及打印

5.1 初识 Word 2016

5.1.1 Word 2016 的启动与退出

1. 启动 Word 2016

启动 Word 2016 的方法有多种，下面列出最常用的 3 种。

（1）在 Windows 桌面上，单击"开始"按钮，在弹出的菜单中选择"所有程序"选项，在弹出的子菜单中选择 Microsoft Office 选项，双击其中的 Microsoft Word 2016 命令。

（2）双击桌面上的 Microsoft Word 2016 快捷方式图标。

（3）双击已经创建的 Word 文档。

2. 退出 Word 2016

退出 Word 2016 主要有以下 4 种方法：

（1）单击 Word 2016 窗口右上角的"关闭"按钮 。

（2）在 Word 2016 窗口中，单击"文件"按钮，在弹出的菜单中选择"退出"命令。

（3）单击标题栏左侧的 Word 图标，在控制菜单中选择"关闭"命令。

（4）使用组合键 Alt+F4。

5.1.2　Word 2016 的用户界面

启动 Word 2016 后，其用户界面如图 5-1 所示，主要包括标题栏、选项卡、功能区、标尺、编辑区、滚动条、状态栏等部分，除标题栏等基本组成元素外，窗口组成部分可以由用户根据自己的需要进行修改和设定。

图 5-1　Word 2016 用户界面

（1）标题栏。标题栏位于窗口的最上方，显示正在编辑的文档的名称。标题栏最左侧是"控制"按钮 ，单击该按钮可以打开"控制"菜单，进行窗口大小调整、移动及关闭窗口等操作。标题栏右侧是窗口控制按钮，可以完成窗口最小化、最大化、向下还原和关闭操作。

（2）快速访问工具栏。快速访问工具栏在"控制"按钮右侧，用于放置一些常用的命令按钮，如"保存""撤销"等，单击快速访问工具栏右侧的 按钮可以根据个人需要自定义工具栏上显示的命令按钮。

（3）"文件"按钮。单击"文件"按钮可以显示 Word 中的常用命令，如"打开""新建""保存""打印""关闭"等。另外，在此也可以对 Word 外观进行设置。

（4）选项卡和功能区。选项卡和功能区位于标题栏的下方，相当于旧版本中的菜单栏和工具栏。在 Word 2016 中有"开始""插入"等多个选项卡。功能区整合了相关命令按钮，位于选项卡中，通过单击选项卡来切换显示不同的命令按钮。每个选项卡下的命令按钮又分为几个组，例如单击"开始"选项卡，可以看到其中有"剪贴板"组、"字体"组、"段落"组、"样式"组等。

（5）标尺。标尺分为水平标尺和垂直标尺，分别位于文档编辑区的上端和左侧。根据标尺上的刻度，用户可以准确了解和改变文档内容的显示位置、设置页边距和制表位等。

（6）编辑区。编辑区是 Word 2016 窗口中间的空白区域，用户可以在这个区域内输入和编辑文档内容。

（7）滚动条。滚动条分为水平滚动条和垂直滚动条，分别位于编辑区的下端和右侧。通过移动滚动条可以浏览文档的所有内容。当屏幕中能够显示整个页面时，滚动条会自动消失。

（8）状态栏。状态栏位于窗口的最下方，左侧用于显示文档的有关信息，如当前页的页码、总页数、字数、语言和当前的操作状态等；右侧是"视图按钮"和"显示比例"设置，可以根据需要更改文档的显示模式、调整页面显示比例。

5.2　Word 2016 的基本文档操作

扫码看视频

使用 Word 进行文档处理时，首先要掌握如何创建文档、输入文本、保存文档、打开文档和关闭文档等基本操作。

5.2.1　新建文档

1. 新建空白文档
Word 允许使用多种方法创建空白文档，常用的方法有以下 4 种：

（1）启动 Word 后自动创建新文档"文档 1"。

（2）单击"文件"按钮，在弹出的菜单中选择"新建"命令，在窗口中根据需要创建不同类型的文档。

（3）单击快速访问工具栏中的"新建"按钮 📄，创建新文档。

（4）在文档保存位置右击，在快捷菜单中选择"新建"选项，选择其中的"Microsoft Word 文档"命令，创建新文档。

2. 新建模板文档
Word 中模板是一种特殊的文档，是文档的模型。任何 Word 文档都以模板为基础，模板决定文档的基本结构。在建立新文档时，Word 默认选择 Normal.dot 作为新文档的模板。

Word 2016 提供了多种模板，可以创建不同类型的文档。创建步骤为：单击"文件"按钮，在弹出的菜单中选择"新建"命令，打开新建文档窗口，如图 5-2 所示；选择需要的模板类型，单击"创建"按钮，创建的新文档即应用所选模板。

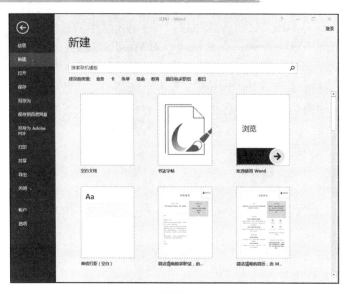

图 5-2　应用模板新建文档

5.2.2　输入文档

创建文档后，确定插入点，选择需要的输入法后即可开始输入文本。

1. 确定插入点位置

在编辑窗口中，闪烁的光标竖线"|"即为插入点（当前输入位置）。可以使用键盘上的方向键（←、↑、→、↓）移动插入点，也可以使用鼠标单击确定插入点，或者在编辑区的空白位置双击鼠标确定插入点。

2. 输入

（1）输入文本。输入文档时，输入的文字总是紧靠插入点左边，插入点随着文字的输入向后移动。当输入到一行末尾时会自动换行，当一个段落输入完成后按 Enter 键。

（2）输入特殊字符或符号。确定插入点位置，单击"插入"选项卡"符号"组中的"符号"按钮，可以直接在下拉列表中选择所需符号完成符号的插入；如需更多符号，选择"其他符号"选项，弹出"符号"对话框，如图 5-3 所示。

图 5-3　"符号"对话框

选择"符号"选项卡，在"字体"下拉列表框中选择字符集，列表中显示当前字符集中的字符，选择所需的符号，单击"插入"按钮。

在"特殊字符"选项卡中，系统为一些字符设置了快捷键，可以快速插入符号。

（3）在文档中插入日期和时间。确定插入点，单击"插入"选项卡，在"文本"组中选择"日期和时间"命令，弹出"日期和时间"对话框，选择日期和时间格式，单击"确定"按钮。

5.2.3　保存文档

用户输入的文档信息驻留在计算机内存中，如果希望将输入的内容保存到磁盘中则需要执行保存文档操作，具体步骤如下：

（1）保存文档时，在快速访问工具栏中单击"保存"按钮 ，或者选择"文件"选项，在弹出的菜单中选择"保存"命令，弹出"另存为"对话框，如图 5-4 所示；选择文档的保存路径，也可以新建一个文件夹。

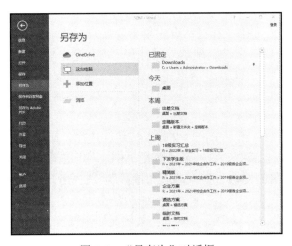

图 5-4　"另存为"对话框

（2）在"文件名"文本框中输入或选择文档的保存名称。

（3）在"保存类型"列表框中选择文件保存类型，默认文档类型扩展名为.docx。

（4）单击"保存"按钮，文档保存完成。

如果文档已经保存过，可以直接单击快速访问工具栏中的"保存"按钮，或者选择"文件"选项，在弹出的菜单中选择"保存"命令来保存文档。

5.2.4　编辑文档

文档编辑主要包括文本的选择、删除、插入与修改、查找与替换、移动、复制与粘贴、撤销、恢复与重复操作、定位文档等内容。

1. 打开文档

打开 Word 文档主要有两种方式：一种是利用资源管理器找到指定文档，双击文档图标打开文档；另一种是启动 Word 后，单击"文件"按钮，在弹出的菜单中选择"打开"命令，或者直接单击快速访问工具栏中的"打开"按钮，弹出"打开"对话框，如图 5-5 所示。

图 5-5 "打开"对话框

（1）正常打开文档。在对话框中选择文件所在路径，找到文件，在文件上双击或者选中文件后单击"打开"按钮即可打开文件。

（2）以其他方式打开文档。在对话框中单击"打开"按钮下拉列表，可以选择以不同的方式打开文档。例如，可以将文件以副本方式打开，所有操作都在副本上进行，而原文件保持不变；也可以将文件以只读方式打开，以保证原文件不被修改。

（3）搜索文档。如果忘记了文档的保存位置，可以利用对话框右上角的"搜索"框进行搜索。

（4）打开最近使用的文档。单击"文件"按钮，选择"最近所用文件"命令，或者单击快速访问工具栏下拉列表，选择"打开最近使用过的文件"选项，将其添加在工具栏中。单击 按钮，显示"最近使用的文档"和"最近的位置"，选择所需文件可以直接打开。

2. 关闭 Word 文档

完成对文档的操作后就可以关闭文档了。关闭文档主要有以下 4 种方式：

（1）单击标题栏上的控制菜单图标，从控制菜单中选择"关闭"命令来关闭文档并退出 Word 2016。

（2）单击"文件"按钮，在弹出的菜单中选择"退出"命令，关闭文档并退出 Word 2016。

（3）单击窗口右上角的"关闭"按钮，关闭文档并退出 Word 2016。

（4）使用组合键 Alt+F4 来关闭文档。

3. 选择文本

在 Word 中要对文本进行编辑，首先要选择需要编辑的文本。

（1）使用鼠标选择文本。

1）拖动鼠标选择文本。

● 水平选择文本。将鼠标定位在要选择文本的开始处，按住鼠标左键拖动至结尾处。选择的文本可以是一个或多个字符，也可以是一行、多行或整个文档。

● 垂直选择文本。按住 Alt 键，将鼠标从要选择文本的开始处拖动到结尾处。

2）使用文本选定区（页边空白区）选择文本。

● 选择一行。将鼠标移至左侧文本选定区，当鼠标指针变成 时，单击可选择鼠标所在的行。

- 选择多行。将鼠标移至要选择文本的第一行左侧文本选定区，当鼠标指针变成 ⅍ 时，按住鼠标左键，拖动鼠标至所要选择文本的结尾行，放开鼠标左键，可以选择多行。
- 选择一个段落。将鼠标移至段落左侧文本选定区，当鼠标指针变成 ⅍ 时，双击选择整个段落。
- 选择多个段落。鼠标在段落左侧文本选定区内变成 ⅍ 时，双击鼠标左键并上下拖动可以选择多个段落，此时的选择是以段落为单位的。
- 选择整个文档。将鼠标移到文档左侧文本选定区，当鼠标指针变成 ⅍ 时，按住 Ctrl 键并单击鼠标左键，或者三击鼠标左键，可以选择整个文档。
- 利用其他方式选择文本。可以在文档中双击选择一个词，也可以在待选择文本区域的开始处单击鼠标左键，按住 Shift 键，然后在文本区域的结尾处单击鼠标左键来选择文本区域。

（2）使用键盘选择文本。利用键盘选择文本时，将光标定位在要选择文本的开始处，按住键盘上的 Shift 键不放，利用光标键选择文本；也可以用组合键选择文本，常用的组合键见表 5-1。

表 5-1　选择文本常用的组合键

组合键	说明
Shift+↑	选择至上一行
Shift+↓	选择至下一行
Shift+→	右移一个字符
Shift+←	左移一个字符
Shift+Home	选择至行首
Shift+End	选择至行末
Shift+PageUp	选择至上一屏的所有内容
Shift+PageDown	选择至下一屏的所有内容
Shift+Alt+Ctrl+PageUp	选择从光标处至当前窗口开始处的所有内容
Shift+Alt+Ctrl+PageDown	选择从光标处至当前窗口末尾处的所有内容
Shift+Ctrl+Home	选择光标当前位置至文档开始处的所有内容
Shift+Ctrl+End	选择光标当前位置至文档末尾处的所有内容
Ctrl+A	选择整个文档

（3）取消选择文本。选择文本后，若要取消选择，单击文档编辑区的任意位置即可。

4．复制与移动文本

（1）移动文本。

1）利用功能区命令或键盘。选择要移动的文本，单击"开始"选项卡，在"剪贴板"组中选择"剪切"命令（或按组合键 Ctrl+X）；将光标定位在目标位置上，单击"粘贴"命令（或按组合键 Ctrl+V），完成文本移动。

2）使用鼠标拖动。选择要移动的文本，将鼠标指针移动到文本上，按住鼠标左键将选择的文本拖动到目标位置，释放鼠标即可。

（2）复制文本。

1）利用功能区命令或键盘。选择要复制的文本，单击"开始"选项卡，在"剪贴板"组中选择"复制"命令（或按组合键 Ctrl+C），将光标移动到目标位置，单击"粘贴"命令（或按组合键 Ctrl+V），完成文本复制。

2）使用鼠标拖动。选择要复制的文本，按住 Ctrl 键，在文本上按住鼠标左键拖动到目标位置，释放鼠标和键盘，完成文本复制。

（3）选择性粘贴。单击"粘贴"按钮下方的三角形打开下拉列表，选择"选择性粘贴"选项，弹出"选择性粘贴"对话框，如图 5-6 所示，在其中可以进行不同格式的文本粘贴。

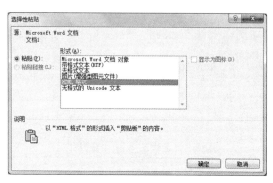

图 5-6　"选择性粘贴"对话框

（4）剪贴板任务窗格。单击"开始"选项卡，在"剪贴板"组中单击右下角的　按钮，在编辑区左侧出现"剪贴板"任务窗格，如图 5-7 所示。

每次进行复制或剪切时，剪贴板中间列表区域都会自动增加一个项目。选择某个项目，相应项目右边就出现下拉列表按钮，单击后选择"粘贴"或"删除"命令可以对选中的项目内容进行操作。

单击剪贴板上的"全部粘贴"按钮，可以将剪贴板中的内容全部粘贴到文档中；单击"全部清空"按钮，可以删除剪贴板中的全部内容。

5．删除、插入与改写文本

（1）删除文本。

1）将光标定位在要删除文本的开始处，按 Delete 键删除光标右侧文本。

2）将光标定位在要删除文本的末尾处，按 Backspace 键删除光标左侧文本。

3）选择要删除的文本，按 Delete 键或 Backspace 键删除所选择的文本。

图 5-7　"剪贴板"任务窗格

4）选择要删除的文本，单击"开始"选项卡，在"剪贴板"组中选择"剪切"命令。

5）选择要删除的文本，按组合键 Ctrl+X 删除所选文本。

（2）插入和改写文本。插入文本是指将光标定位在文本中后，继续输入文本时，新文本从插入点出现，插入点之后的原文本自动后移，称为插入状态；而改写文本则是输入新文本后，由新文本替换插入点之后的原文本，称为改写状态。通常，Word 默认状态为插入状态。

用户可以按 Insert 键在插入和改写状态之间切换，也可以单击状态栏中的"插入"或"改写"按钮完成切换。

6. 撤销与恢复

（1）撤销。在文档编辑过程中，如果出现了错误操作，可以通过撤销功能回到错误操作之前的状态。Word 2016 的撤销功能可将最近的若干次操作记录在列表中，利用快速访问工具栏中的 ↶▾ 按钮用户可以按照从后到前的顺序撤销若干步操作。也可以使用快捷键 Ctrl+Z 执行撤销操作。

（2）恢复。恢复功能的作用是恢复被撤销的操作。单击快速访问工具栏中的 ↻ 按钮可以恢复最近的一次操作。也可以使用快捷键 Ctrl+Y 执行恢复操作。

7. 查找与替换

查找与替换操作是指对文档中的文本或文本的格式进行查找与修改。

（1）查找无格式文本。

1）使用"导航"任务窗格。单击"开始"选项卡，在"编辑"组中单击"查找"命令；或者按组合键 Ctrl+F，打开"导航"任务窗格，如图 5-8 所示。

在任务窗格的"搜索"文本框中输入查找内容后立即显示搜索结果，文档中查找到的文本突出显示。单击窗格上方右侧的两个三角形按钮 ▲ ▾ 可以查看上一处或下一处搜索结果。

2）使用"查找和替换"对话框。单击"开始"选项卡，在"编辑"组中单击"查找"命令旁边的三角形按钮，在下拉列表中选择"高级查找"命令，弹出"查找和替换"对话框，如图 5-9 所示。

图 5-8   "导航"任务窗格

图 5-9   "查找和替换"对话框（一）

在"查找内容"文本框中输入需要查找的内容，单击"查找下一处"按钮，开始查找并定位在当前位置后第一个满足条件的文本处，查找到的内容反相显示。继续单击"查找下一处"

按钮，可以继续查找，直至查找结束。

（2）查找带格式文本。

1）在"查找和替换"对话框中单击"更多"按钮展开对话框，如图 5-10 所示，此时可以对搜索选项和查找格式进行设置。

图 5-10　设置查找内容格式

2）单击"格式"按钮，对要查找的文本的字体、段落等格式进行设置，单击"查找下一处"按钮进行查找，也可以在指定范围内查找。

3）单击"不限定格式"按钮，清除已设置的格式。

（3）替换文档内容。

1）单击"开始"选项卡，在"编辑"组中单击"替换"命令，或者按组合键 Ctrl+H，弹出"查找和替换"对话框，如图 5-11 所示。

图 5-11　"查找和替换"对话框（二）

2）在"查找内容"和"替换为"文本框中输入查找和替换的内容。

3）单击"查找下一处"按钮，开始查找并定位在当前位置后第一个满足条件的文本处，查找到的内容反相显示。

4）单击"替换"按钮，替换当前内容并定位在下一个满足条件的文本处。如此反复，可以查找并替换整个文档中满足条件的文本。

5）单击"全部替换"按钮，可以将文档中指定范围内所有满足条件的文本替换成新的内容。

6）单击"更多"按钮，在对话框下方单击"格式"或"特殊格式"按钮，可以设置查找或替换内容的文本格式，按指定格式查找，或者将查找到的内容替换成新的内容及格式，如图5-12 所示。

图 5-12　设置查找替换格式

8.　文档视图方式

Word 2016 提供了多种文档显示方式，用户可以选择不同的视图方式来显示文档。在"视图"选项卡的"文档视图"组中选择需要的视图方式或者单击窗口下方状态栏右侧的视图按钮，可以进行不同视图的切换。

（1）页面视图。页面视图是 Word 2016 默认的视图模式，可以直接显示文档的打印效果，也能够显示页眉页脚、图文框等的位置。在页面视图下，可以很方便地插入图片、文本框、图文框、图表、媒体剪辑和视频剪辑等。页面视图还具有预览文档的功能。

（2）阅读版式视图。在阅读版式视图下，功能区等窗口元素被隐藏，以图书的分栏样式显示文档，并提供各种阅读工具，方便用户阅读文档。

（3）Web 版式视图。Web 版式视图可以显示文档在浏览器中的外观，它主要用于 HTML文档的编辑。在该模式下编辑文档，可以比较准确地模拟它在网页中的效果。

（4）大纲视图。大纲视图可以显示文档的层次结构，突出文档的主体，使用户可以清晰地查看文档的概况。通过段落前附加的标记可以了解该段落是标题还是正文。使用大纲工具栏中的各种工具按钮可以创建和调整文档结构。

（5）草稿视图。草稿视图简化了页面的布局，在这种模式下可以显示完整的文字格式，不显示页边距、页眉和页脚、背景和图形对象。这种模式的显示速度较快，因而非常适用于文字录入。

9.　定位文档

如果文档内容很少，则可以很容易地浏览整篇文档的内容；如果文档内容很多，定位文档就需要选择适当的方法来完成。

（1）使用滚动条定位文档。可以按鼠标左键拖动滚动条滑块，通过上下左右移动文档来定位目标位置；可以单击滚动条的空白处移动文档定位目标；可以单击滚动条上的控件来定位目标。

（2）使用命令按钮定位文档。单击"开始"选项卡，在"编辑"组中单击"查找"命令旁的三角形按钮，选择"转到"选项打开"查找和替换"对话框的"定位"选项卡，如图 5-13 所示。在"定位目标"列表框中，可以选择页、节、行、书签、批注、脚注、尾注、域、表格、图形、公式、对象和标题等来定位文档。

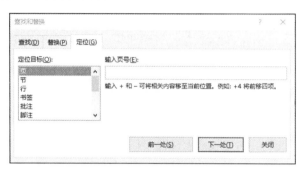

图 5-13　文档定位

（3）选择浏览对象定位文档。在纵向滚动条下部有一个"选择浏览对象"控件 ○，单击它会在屏幕的右下角显示一个选择框，其中包含定位、查找及各种浏览选项，使用这项功能也可以很好地进行文档定位。

（4）使用键盘定位文档。常用的定位组合键见表 5-2。

表 5-2　定位文档常用的组合键

组合键	作用	组合键	作用
Home	定位到行首	Ctrl+End	定位到文档结尾
End	定位到行尾	Ctrl+PageUp	定位到上一页开头
PageUp	向前移动一个屏幕	Ctrl+PageDown	定位到下一页开头
PageDown	向后移动一个屏幕	Alt+Ctrl+PageUp	定位到当前屏幕开头
Ctrl+Home	定位到文档开头	Alt+Ctrl+PageDown	定位到当前屏幕结尾

（5）使用查找定位文档。定位文档时，如果知道定位的关键字，可以使用前面已经介绍的文本查找功能来定位文档。

5.2.5　窗口的拆分

利用 Word 窗口的拆分功能可以同时显示文档的不同部分，操作步骤如下：

（1）单击"视图"选项卡，在"窗口"组中单击"拆分"命令，屏幕上出现一条横线随鼠标移动，表示要拆分的位置。移动鼠标至拆分位置后单击鼠标，可以将窗口拆分为上下两个部分，各自独立工作，可以自由调整或编辑两个部分。

（2）取消拆分时，单击"视图"选项卡，在"窗口"组中单击"取消拆分"命令，回到正常状态。

5.3　文档排版

扫码看视频

Word 文档排版主要包括字符排版和段落排版两种。

5.3.1　字符排版

字符排版主要设置字符的字体、字形、字号、颜色、字符效果等，主要通过使用功能区"字体"组和"字体"对话框来进行设置。

1．使用功能区设置字符格式

使用功能区设置字符格式时，首先选择需要设置的字符，然后使用"开始"选项卡中的"字体"组进行设置。"字体"组中各命令按钮及其功能如图 5-14 所示。

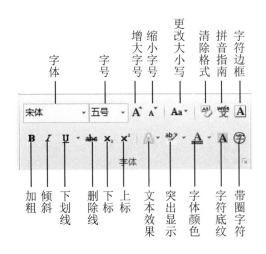

图 5-14　"字体"组中各命令按钮及其功能

（1）字体。字体包括中文字体和英文字体。Word 2016 默认中文字体是宋体，英文字体是 Times New Roman。

（2）字形。字形包括常规、加粗、倾斜和加粗倾斜 4 种。

（3）字号。字号一般用"号"值或"磅"值来表示。字号越大，字符尺寸越小；磅值越大，字符尺寸越大。

（4）字体颜色。选择字符后，单击"字体颜色"命令右边的三角形打开字体颜色下拉列表，如图 5-15 所示，在列表中可以直接选择某种颜色。

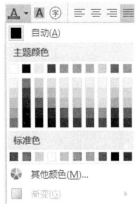

图 5-15　"字体颜色"下拉列表

选择"其他颜色"选项可以打开"颜色"对话框，如图 5-16 所示，在"标准"选项卡中可以选择更多颜色；单击"自定义"选项卡，如图 5-17 所示，可以在"颜色"下方选择所需颜色，也可以通过输入"颜色模式"中的"红""绿""蓝"三原色的值来确定颜色，三原色的取值为 0～255。

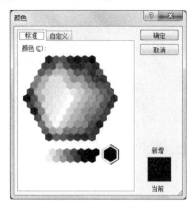

图 5-16　"标准"选项卡

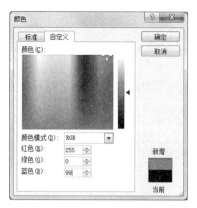

图 5-17　"自定义"选项卡

（5）文本效果。单击"文本效果"命令按钮右侧的三角形，可以在列表中选择或设置字符的填充、轮廓、阴影、映像和发光效果，如图 5-18 所示。

图 5-18　"文本效果"列表

在下拉列表中可以通过选择内置的效果选项对文字进行设置，也可以通过每种效果列表中的选项来自定义文本效果。

2. 使用"字体"对话框设置字符格式

选择需要设置的字符，单击"开始"选项卡，单击"字体"组右下角的 　 按钮，或者在选择的字符上右击，在快捷菜单中选择"字体"选项，弹出"字体"对话框，如图 5-19 所示。

在"字体"选项卡中，可以进行中英文字体、字形、字号、字体颜色、下划线线型、下划线颜色、着重号和效果设置，在预览框内可以看到字符设置格式后的效果。

单击"高级"选项卡，如图 5-20 所示，可以设置所选字符的缩放比例、字符间距、位置、是否调整字间距和在定义了网格的情况下是否对齐网格，还可以设置"OpenType 功能"等。

图 5-19　"字体"选项卡　　　　　　图 5-20　"高级"选项卡

在对话框下部单击"文字效果"按钮打开"设置文本效果格式"对话框，可以对字符的填充、轮廓、阴影、映像及三维格式等效果进行设置。

5.3.2　段落格式设置

扫码看视频

段落格式设置主要是对段落的对齐方式、段落的缩进方式、段落间距和行距等进行设置。

1.　段落的对齐方式

段落的对齐方式包括左对齐、右对齐、居中对齐、分散对齐和两端对齐。两端对齐为默认的对齐方式。可以使用功能区或"段落"对话框进行设置。

（1）使用功能区设置对齐方式。在段落中的任意位置单击鼠标或选中段落，单击"开始"选项卡，在"段落"组中单击相应的对齐方式命令按钮即可，如图 5-21 所示。

图 5-21　功能区中的段落对齐方式

（2）使用"段落"对话框设置对齐方式。单击需要设置对齐方式的段落，单击"开始"选项卡，再单击"段落"组右下角的 按钮，弹出"段落"对话框，选择"缩进和间距"选项卡，如图 5-22 所示，在"对齐方式"下拉列表框中选择对齐方式即可。

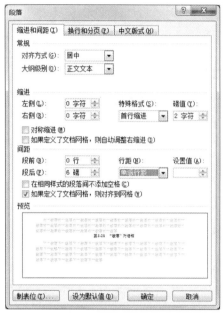

图 5-22　"段落"对话框

2．段落缩进

设置段落缩进可以使用"段落"对话框、功能区命令和标尺实现。

（1）使用"段落"对话框设置缩进。选中需要设置缩进的段落或在段内单击鼠标，单击"开始"选项卡，再单击"段落"组右下角的 按钮；或者在段落上右击，在快捷菜单中选择"段落"选项，弹出"段落"对话框，如图 5-23 所示。

1）左（右）缩进。在"缩进"下方"左侧"（"右侧"）之后输入缩进值，所选段落的左边（右边）会向右（向左）按相应的距离缩进。

2）特殊格式。"特殊格式"下拉列表框中有两种特殊的缩进方式：首行缩进和悬挂缩进。之后的"磅值"用于设置首行缩进和悬挂缩进的缩进距离，单位通常有字符、厘米、英寸等。

所谓首行缩进，就是段落的第一行向内缩进。所谓悬挂缩进，就是除了段落的第一行，其余行都向内缩进。

设置缩进后，在对话框底部的预览区中可以看到设置后的效果。

（2）使用功能区设置缩进。

1）快速设置。选中需要设置的段落或在段内单击鼠标，单击"开始"选项卡，再单击"段落"组中的 按钮减少缩进量，单击 按钮增加缩进量。

2）精确设置。选中需要设置的段落或在段内单击鼠标，在"页面布局"选项卡的"段落"组中单击"缩进"按钮，设置段落左右缩进及缩进距离。

（3）使用标尺设置缩进。在标尺上可以看到 4 个滑块，如图 5-23 所示，使用鼠标拖动不同的缩进滑块可以对段落进行不同的缩进设置。

图 5-23　标尺

3．段落间距和行距

可以使用"段落"对话框和功能区设置段落间距和行距。

（1）使用"段落"对话框设置段落间距和行距。在如图 5-22 所示"段落"对话框的"间距"栏下方可以设置段前距离、段后距离和行距。

（2）使用功能区设置段落间距和行距。单击"开始"选项卡，在"段落"组中单击"行和段落间距"按钮，如图 5-24 所示。在下拉列表中可以设置单倍行距、1.5 倍行距等常用值，选择"行距选项"命令可以打开"段落"对话框进行其他行距设置。

选择列表中后两个选项中的某一个，可以直接增加或删除段间距。若要精确设置段间距，也可以使用"页面布局"选项卡"段落"组中的"间距"命令进行设置。

图 5-24　"行和段落间距"列表

5.3.3　项目符号和编号

使用 Word 提供的项目符号和编号功能可以给文档中的段落或列表添加项目符号和编号，表达内容之间的顺序或层次关系。

1．项目符号

选中需要添加项目符号的文本，单击"开始"选项卡，在"段落"组中单击"项目符号"按钮，则使用默认符号作为项目符号。在其下拉列表"项目符号库"中可以选择常用的项目符号，如图 5-25 所示。

图 5-25　"项目符号"下拉列表

选择"定义新项目符号"选项，可以选择其他符号来定义新的项目符号。

在选中的文本上右击，在快捷菜单中选择"项目符号"选项，也可以进行项目符号的设置。

2. 编号

在 Word 中进行文本输入时，如果在行首输入类似"一""1""（1）"等符号，而后输入一个以上空格或若干文字，按 Enter 键后会自动编号。另外，Word 也可以对已有的文本项目进行编号。

选中需要添加编号的文本，单击"开始"选项卡，在"段落"组中单击"编号"按钮，将使用默认编号；在下拉列表"编号库"中可以选择不同的编号形式；通过"定义新编号格式"选项也可以自定义编号。

在选中的文本上右击，在快捷菜单中选择"编号"选项也可以设置编号。

3. 多级列表

单击"开始"选项卡，在"段落"组中单击"多级列表"按钮，在下拉列表"列表库"中可以选择创建多级列表，表达内容间的层次关系。通过"段落"组中的"增加缩进量"按钮和"减少缩进量"按钮来设置各项内容的层次关系。

5.3.4　边框和底纹

Word 中提供的边框和底纹功能可以应用于文字，也可以应用于段落。

1. 设置边框

选择需要设置边框的文字或段落，单击"开始"选项卡，在"段落"组中单击"边框和底纹"按钮，或者在命令下拉列表中选择"边框和底纹"选项，弹出"边框和底纹"对话框，如图 5-26 所示。

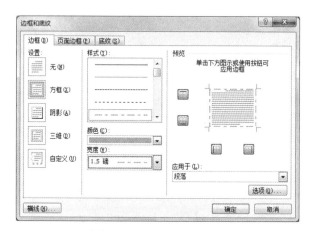

图 5-26　"边框"选项卡

单击"边框"选项卡，在其中选择边框类型、样式、颜色、宽度；在"预览"下方单击"边框"按钮设置边框应用位置；在"应用于"下拉列表框中可以选择所作设置应用于段落或文字，在预览框中可以查看设置效果。设置完成后单击"确定"按钮。

2. 设置底纹

在"边框和底纹"对话框中，选择"底纹"选项卡，如图 5-27 所示，在其中设置底纹的填充颜色、填充图案的样式和颜色，设置应用范围。

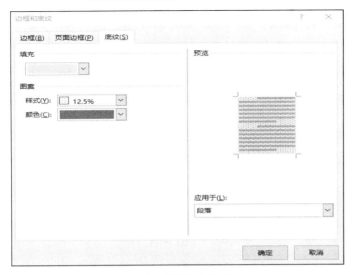

图 5-27　"底纹"选项卡

3. 设置页面边框

在"边框和底纹"对话框中选择"页面边框"选项卡，或者单击"页面布局"选项卡，在"页面背景"组中单击"页面边框"命令，弹出"页面边框"对话框。其设置方法和设置边框基本相同，还可以选择艺术型图片作为页面边框。此设置只在页面视图中可以看到。

5.3.5　首字下沉

扫码看视频

所谓首字下沉，就是将一段文字的首字放大数倍以吸引读者的注意力，在报刊、杂志上经常会遇到这样的排版方式。

（1）将光标定位到需要首字下沉的段落中，单击"插入"选项卡，在"文本"组中单击"首字下沉"命令，在下拉列表中可以直接选择"下沉"或"悬挂"选项进行快速设置。

（2）若要进行自定义设置，可以在下拉列表中选择"首字下沉"选项，弹出"首字下沉"对话框，如图 5-28 所示。

图 5-28　"首字下沉"对话框

1）"位置"设置。有 3 种形式的下沉方式可供选择：无、下沉和悬挂。

2）"选项"设置。设置首字的字体、下沉行数及首字与段落正文之间的距离。

设置完成后单击"确定"按钮。

（3）取消首字下沉。在"首字下沉"对话框的"位置"下方选择"无"。

5.3.6　分栏

分栏排版是指在页面上把文档分成两栏或多栏编排，如报纸杂志的排版方式，这比较适合正文文字较多而图片、图表等对象较少的文档。分栏排版的操作步骤如下：

（1）若对整篇文档分栏排版，可以把光标定位在正文中；如果只对文档中的部分文字分栏，则选中要分栏的文字。

（2）单击"页面布局"选项卡，在"页面设置"组中单击"分栏"命令，可以直接在下拉列表中选择栏数进行快速设置。

（3）若要自定义分栏，在下拉列表中选择"更多分栏"选项，弹出"分栏"对话框，如图 5-29 所示，在其中设置分栏的版式。

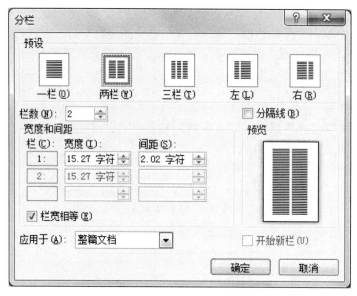

图 5-29　"分栏"对话框

1）"预设"选项组：用于选择分栏的栏数。

2）"栏数"微调框：用于设置分栏的栏数。

3）"宽度和间距"选项组：用于设置栏宽及栏与栏之间的距离。若选中"栏宽相等"复选项，Word 文档将自动计算出栏宽和间距。

4）"分隔线"复选项：用于确定是否在栏间加分隔线。

5）"应用于"下拉列表框：确定分栏使用的范围，有"整篇文档"和"所选文字"可选。

若要取消分栏的设置，只要选择"一栏"选项即可。

5.4 表格处理

扫码看视频

5.4.1 创建表格

创建表格的方法有插入表格、绘制表格、由文本转换成表格等。

1. 插入表格

（1）使用功能区命令。将光标定位在文档的适当位置，单击"插入"选项卡，在"表格"组中单击"表格"命令，在下拉列表中用鼠标直接移动到需要的行数和列数后单击，即可创建一个空表格，如图 5-30 所示。

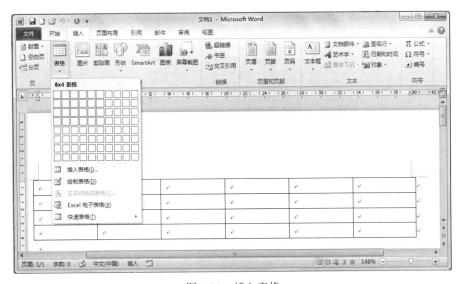

图 5-30 插入表格

（2）使用"插入表格"对话框。在图 5-30 所示的下拉列表中选择"插入表格"选项，弹出"插入表格"对话框，如图 5-31 所示。在其中设置表格的列数、行数、表格的列宽、调整方式等，单击"确定"按钮，在插入点创建一个空表格。

2. 绘制表格

单击"插入"选项卡，在"表格"组中单击"表格"命令，在下拉列表中选择"绘制表格"选项，鼠标变成铅笔形状，在文档中的适当位置拖动鼠标绘制线条构成表格。

3. 文本转换成表格

Word 中提供了文本和表格的互相转换功能，可以将特定格式的文本转换成表格，反之，也可以将表格转换成文本。

图 5-31 "插入表格"对话框

（1）文本转换为表格。使用该功能时，需要先输入表格内容，以 Enter 键作为每行表格的结束标志，表中两列内容之间需要使用统一的英文符号作为间隔，如英文逗号、空格、制表符等。

输入内容后，选择内容文本，单击"插入"选项卡，在"表格"组中单击"表格"命令，在下拉列表中选择"文本转换成表格"选项，弹出"将文字转换成表格"对话框，如图 5-32 所示。

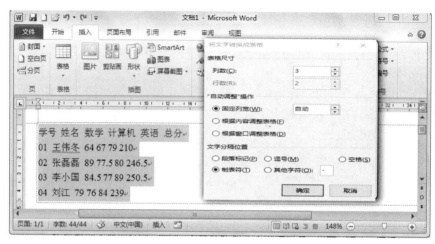

图 5-32　将文字转换成表格

在其中设置需要转换成表格的行数、列数和文字分隔位置等，单击"确定"按钮，将文本转换成表格。

（2）表格转换为文本。选中表格，单击"布局"选项卡，在"数据"组中单击"转换为文本"命令，弹出"表格转换成文本"对话框，如图 5-33 所示。选择转换成文本后文字间的分隔符，单击"确定"按钮，可以将表格转换成文本。

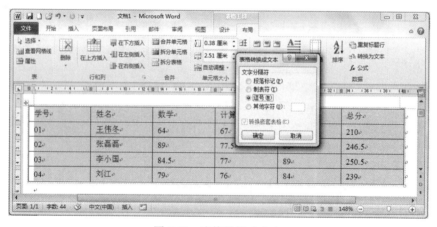

图 5-33　表格转换成文本

4. 其他方式创建表格

（1）插入 Excel 表格。单击"插入"选项卡，在"表格"组中单击"表格"命令，在下拉列表中选择"Excel 电子表格"选项，可以在文档中插入一个 Excel 表格。

（2）快速表格。Word 2016 可以在创建表格时使用本身提供的某种样式提高创建表格的速度。单击"插入"选项卡，在"表格"组中单击"表格"命令，在下拉列表中选择"快速表格"选项，在其子选项中选择某种样式表格即可。

5.4.2　编辑表格

1.　定位单元格

在表格中输入数据前，需要将光标定位在单元格中，可以直接单击表格中要输入数据的单元格定位，也可以使用键盘定位单元格。表 5-3 列出了单元格定位组合键及其作用。

扫码看视频

表 5-3　单元格定位组合键及其作用

键名	作用	键名	作用
Tab	移至下一单元格	Alt+End	移至行尾单元格
Shift+Tab	移至上一单元格	Alt+PageUp	移至列首单元格
Alt+Home	移至行首单元格	Alt+PageDown	移至列尾单元格

2.　选择表格内容

（1）使用鼠标选择内容。

1）拖动选择方式。将鼠标指针定位在要选择内容的起始位置，按住鼠标左键拖动至选择内容的结尾位置，放开鼠标左键即可。若选择不连续的单元格、行、列，则需要 Ctrl 键配合完成。

2）单击选择方式。

- 选择单元格：将鼠标指针定位在要选择的单元格内，三击鼠标左键即可选择整个单元格。
- 选择行：将鼠标移动到表格左侧，当鼠标指针变成 ⤢ 时，单击鼠标左键可选择一行，若上下拖动鼠标还可以选择任意相邻的行。
- 选择列：将鼠标移动到要选择的列的上方，当鼠标指针变为 ↓ 时，单击鼠标左键可选择一列，若左右拖动鼠标还可以选择任意相邻的列。
- 选择整个表格：将鼠标移动到表格上，在表格左上角会显示出一个 ⊞ 图标，单击该图标可以选择整个表格。

（2）使用键盘选择内容。选择表格内容的常用组合键及其作用见表 5-4。

表 5-4　选择表格内容的常用组合键及其作用

键名	作用
Shift+方向键	选择方向键所指方向上的相邻单元格
Shift+单击鼠标左键	选择鼠标单击位置与光标之间的所有内容
Alt+小键盘 5（NumLock=Off）	选择整张表格

（3）使用功能区选择内容。将光标定位在表格内，单击"布局"选项卡，在"表"组中单击"选择"命令，在下拉列表中选择表格、行、列或单元格选项。

3.　修改表格

修改表格包括表格、行、列或单元格的插入、删除和修改。

（1）插入行、列或单元格。

1）插入行、列。将光标定位到表格需要插入行、列的位置，单击"布局"选项卡，在"行和列"组中单击相应的命令按钮；或者在表格相应单元格内右击，在快捷菜单中选择"插入"

选项，在其子菜单中选择插入行、列及插入位置。

2）插入单元格。将光标定位到表格需要插入单元格的位置，单击"布局"选项卡，在"行和列"组中单击右下角的 ▣ 按钮，弹出"插入单元格"对话框，选择插入方式即可。

（2）删除行、列、单元格或表格。选中要删除的行、列、单元格或表格，单击"布局"选项卡，在"行和列"组中单击"删除"命令，在下拉列表中选择删除方式，可以删除指定的对象；在表格中选中删除区域后右击，在快捷菜单中选择"删除"选项，也可以完成删除操作。

（3）清除表格、行、列或单元格的内容。选中要清除内容的表格、行、列或单元格，按 Delete 键即可。

4．拆分表格、拆分单元格与合并单元格

（1）拆分单元格。将光标定位在需要拆分的单元格上，单击"布局"选项卡，在"合并"组中单击"拆分单元格"命令，弹出如图 5-34 所示的"拆分单元格"对话框；也可以在单元格上右击，在快捷菜单中选择"拆分单元格"命令打开对话框。在对话框中输入要拆分的行数和列数，单击"确定"按钮即可完成拆分操作。

图 5-34　"拆分单元格"对话框

如果选择了几个相邻的单元格一起进行拆分，则在对话框中选择"拆分前合并单元格"选项，表示先合并后拆分。

（2）合并单元格。选择相邻的、需要合并的单元格，单击"布局"选项卡，在"合并"组中单击"合并单元格"命令，可以将相邻单元格合并成一个单元格。也可以在选中的单元格上右击，在快捷菜单中选择"合并单元格"命令来合并单元格。

（3）拆分表格。将光标定位到表格要拆分的位置，单击"布局"选项卡，在"合并"组中单击"拆分表格"命令，将表格分为两个部分。

（4）合并表格。只需将两个表格之间的空行删除，按 Delete 键即可。

5．绘制斜线表头

将光标放在表格中，单击"设计"选项卡，在"绘图边框"组中单击"绘制表格"命令，光标变成铅笔状，在单元格中拖动鼠标绘制斜线。再次单击"绘制表格"按钮，取消绘制操作。在单元格中输入并调整文本的显示位置。

5.4.3　美化表格

1．设置表格对齐方式

（1）表格在文档中的对齐方式。

1）选中整张表格，单击"开始"选项卡，在"段落"组中单击"对齐方式"命令。

2）单击表格，单击"布局"选项卡，在"表"组中单击"属性"命令，弹出"表格属性"对话框，在"表格"选项卡中也可以设置对齐方式和文字环绕方式。

（2）单元格内容对齐方式。

1）水平对齐方式。选择需要设置的所有单元格，单击"开始"选项卡，在"段落"组中单击"对齐方式"命令。

2）垂直对齐方式。选择单元格区域，打开"表格属性"对话框，如图 5-35 所示。在"单元格"选项卡中选择垂直对齐方式，单击"确定"按钮。

图 5-35   设置垂直对齐方式

3）快速设置对齐方式。Word 中提供了 9 种对齐方式，可以快速完成水平和垂直方向的对齐设置。选择需要设置的所有单元格，单击"布局"选项卡，在"对齐方式"组中单击所需的"对齐方式"命令。或者在选中的单元格上右击，在快捷菜单中选择"单元格对齐方式"选项，在子菜单中直接选择所需的对齐方式。

2. 设置表格属性

（1）调整行高和列宽。

1）使用鼠标拖动。将鼠标指针移动到要调整的单元格的边框线上，当鼠标指针变成 ⇕ 或 ⇔ 时，按下鼠标左键拖动到所需的高度或宽度，释放鼠标。

2）使用功能区命令。将插入点定位在要调整的单元格上，在"布局"选项卡"单元格大小"组的"高度"和"宽度"文本框中输入合适的数值。

3）使用对话框。将插入点定位在要调整的单元格上，单击"布局"选项卡，在"表"组中单击"属性"命令；或者单击"布局"选项卡"单元格大小"组右下角的 按钮；或者右击，选择"表格属性"选项，弹出"表格属性"对话框，在其中选择"行""列"选项卡，可以精确设置行高和列宽。

4）平均分布各行、各列。Word 可以根据整个表格或所选区域的高度和宽度对区域内的行、列进行调整，使行高、列宽均相同。

选中需要调整的区域，单击"布局"选项卡，在"单元格大小"组中单击"分布行"或"分布列"命令；或者在选中区域上右击，在快捷菜单中选择"平均分布各行"或"平均分布各列"选项，也可以完成调整。

（2）设置表格、行、列及单元格。将光标定位在表格中，单击"布局"选项卡，在"表"组中单击"属性"命令；或者在表格中右击，在快捷菜单中选择"表格属性"选项，弹出如图 5-36 所示的"表格属性"对话框。

1）修改表格属性。在"表格"选项卡中可以设置表格的宽度、对齐方式、文字环绕方式、边框和底纹等。

2）修改行属性。单击"行"选项卡，可以指定行高、是否允许跨页断行和当表格跨页时是否允许重复出现表格标题等。单击"上一行"和"下一行"按钮可以查看表格中其他行的属性并进行修改。

图 5-36 "表格属性"对话框

3）修改列属性。单击"列"选项卡，与"行"选项卡一样，可以设置列的尺寸等。

4）修改单元格属性。单击"单元格"选项卡，可以设置所选单元格的宽度、度量单位和垂直对齐方式。

3. 表格的边框和底纹

在 Word 中，可以为整个表格、选择的区域、行、列或单元格添加边框和底纹。

（1）使用功能区设置。选择需要设置的单元格区域，在"设计"选项卡的"绘图边框"组中选择线条样式、粗细、画笔颜色，在"表格样式"组中单击"边框"下拉列表中的框线选项，即可完成边框的设置，如图 5-37 所示。在"底纹"下拉列表中选择表格的底纹，设置方法与段落底纹的设置方法相同。

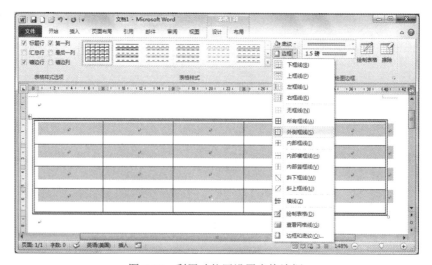

图 5-37 利用功能区设置表格边框

（2）使用对话框设置。在图 5-37 中的"边框"下拉列表中选择"边框和底纹"选项；或者在被选中的表格区域右击，在快捷菜单中选择"边框和底纹"选项；或者单击"设计"选项卡，在"绘图边框"组中单击右下角的 按钮，弹出"边框和底纹"对话框，可以完成边框和底纹的设置。

4. 应用样式

Word 2016 中提供了多种内置表格样式，可以直接应用于表格。应用样式时，单击表格，在"设计"选项卡"表格样式"组的"样式"列表中选择所需的样式；单击列表右下角的"其他"按钮 打开下拉列表，如图 5-38 所示，其中有更多可供选择的样式。应用样式后，也可以选择"设计"选项卡"表格样式选项"组中的命令对已经设置的样式进行重新设置。

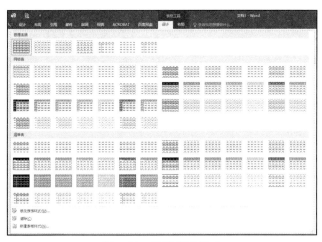

图 5-38　表格应用样式

扫码看视频

5.4.4　表格数据排序和计算

1. 表格内数据的排序

表格内容可以根据数字、日期、笔画或拼音顺序进行排序，数据可以进行升序或降序排列。操作步骤如下：

（1）将光标定位在表格内，单击"布局"选项卡，在"数据"组中单击"排序"命令，弹出"排序"对话框，如图 5-39 所示。

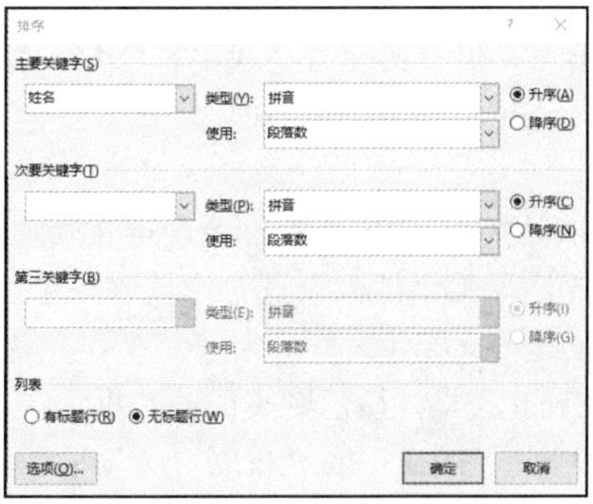

图 5-39　"排序"对话框

（2）在对话框下部的"列表"区域选择表格是否有标题行，然后选择主要关键字名，在"类型"列表框中选择排序的数据类型，指定主要关键字的排序方式。

（3）如果以多列作为排序的依据，可以继续选择次要关键字或第三关键字名、数据类型及排序方式。

（4）设置完毕后，单击"确定"按钮即可完成排序操作。

2. 表格内数据的计算

Word 中提供了一些常用的函数对表格中的数据进行计算，用户也可以根据实际问题输入公式完成计算。具体操作步骤如下：

（1）将光标移至放置计算结果的单元格内，单击"布局"选项卡，在"数据"组中单击"公式"命令，弹出"公式"对话框，如图 5-40 所示。

图 5-40　"公式"对话框

（2）在"粘贴函数"下拉列表框中选择合适的函数，在"公式"文本框中按需要修改函数参数，在"编号格式"组合框中选择或输入计算结果的显示格式。

（3）单击"确定"按钮即可得到计算结果。其中，函数参数对表格中的计算区域进行规定，默认对指定单元格上方的数据进行计算，用 ABOVE 表示；如果上方没有合适的数据，则对左侧的数据进行计算，用 LEFT 表示。

用户可以根据单元格地址自定义计算区域，单元格地址用其所在列号加行号表示。Word 对表格中的行用数字"1，2，3，…"进行号记，列用字母"A～Z"进行号记，不区分大小写。计算区域可以是连续或不连续的若干单元格。连续的计算区域使用区域中开始和结尾的单元格地址作为标识，中间用冒号间隔，如"=SUM(A1:C2)"；不连续的计算区域需要列出涉及的单元格地址，中间用逗号间隔，如"=SUM(A1,B2:E2)"。

除系统提供的函数外，用户可以直接输入公式进行计算，如"=C2/E2"。

5.4.5　生成图表

Word 2016 可以根据表格中的数据生成图表，以便更直观地比较和分析数据。

定位需要插入图表的位置，单击"插入"选项卡，在"插图"组中单击"图表"命令，弹出"插入图表"对话框，在其中选择图表类型及子类型，单击"确定"按钮。

插入图表后，随之打开 Excel 表格，显示图表的源数据，在其中编辑修改图表数据后图表随之发生变化。另外，在"设计""格式"或"布局"选项卡中还可以对图表作进一步修改。

5.5　图形处理

在 Word 文档中不仅可以处理文本、表格信息，也可以处理图形信息。图形信息可以来源于剪贴画、磁盘文件、照相机或扫描仪。

5.5.1　图片和剪贴画

1．插入图片

将光标移到需要插入图片的位置，单击"插入"选项卡，在"插图"组中单击"图片"命令，弹出"插入图片"对话框。选择图片文件所在路径及图片文件，单击"插入"按钮即可插入图片。

2．设置图片格式

（1）改变图片大小。单击需要调整的图片，在图片的四周出现多个控制点，将鼠标移至控制点上拖动鼠标，即可缩放图片。单击图片，在"格式"选项卡的"大小"组中输入"高度"和"宽度"可以精确设置图片尺寸。

（2）裁剪图片。图片裁剪功能可以将图片某些不需要的部分隐藏起来。裁剪时，选中图片，单击"格式"选项卡，在"大小"组中单击"裁剪"命令，将鼠标移动到图片周围的控制点上，拖动鼠标即可。

另外，可以在"裁剪"命令下拉列表中选择不同的选项，将图片剪裁成不同形状或根据纵横比裁剪图片。

（3）环绕方式。

1）图片与页面文字的环绕方式。选中图片，单击"格式"选项卡，在"排列"组中单击"位置"命令，在下拉列表中选择所需的环绕方式。单击"页面布局"选项卡，在"排列"组中单击"位置"命令也可以进行设置。

2）图片与所在段落文字的环绕方式。选中图片，单击"格式"选项卡，在"排列"组中单击"自动换行"命令，下拉列表中提供了 4 种环绕方式：四周型、紧密型、穿越型和上下型，选择所需的环绕方式即可。另外，在图片上右击，在快捷菜单的"自动换行"选项中也可以进行设置；或者在"页面布局"选项卡中进行设置。

（4）图层方式。使用图层方式，可以将图片置于文字的上方或下方，同时也可以设置图层与图层之间的叠放次序。单击"格式"选项卡"排列"组中的"自动换行""上移一层"或"下移一层"命令，完成设置；也可以在图片上右击，在快捷菜单中选择相应的命令进行设置。

（5）设置图片的其他格式。选中图片，利用"格式"选项卡还可以调整图片的效果、设置图片样式和效果、旋转图片等。

5.5.2　艺术字

Word 将艺术字作为图形对象进行处理，利用艺术字可以增强文档的排版效果。

（1）插入艺术字。将光标定位在需要插入艺术字的位置，单击"插入"选项卡，在"文本"组中单击"艺术字"命令，在下拉列表中选择合适的样式，文档插入点的位置出现艺术字文本框，输入的文字可以根据需要设置字体、字号、颜色等格式。

（2）设置艺术字格式。选中艺术字，在"格式"选项卡中可以对艺术字继续进行设置。例如，在"形状样式"组中可以设置艺术字所在矩形框的边框线和填充样式；在"艺术字样式"组中可以修改艺术字样式；在"文本效果"下拉列表中可以设置艺术字的阴影、映像、发光、三维旋转及转换效果等。

5.5.3 文本框

文本框可以放在文档的任意位置，用来存放文本或图形。

（1）插入文本框。

1）插入内置文本框。单击"插入"选项卡，在"文本"组中单击"文本框"命令，在下拉列表的"内置"下方选择 Word 提供的某种内置文本框样式，文档中出现相应样式的文本框，可以直接输入内容。

2）绘制文本框。单击"插入"选项卡，在"文本"组中单击"文本框"命令，在下拉列表中选择"绘制文本框"或"绘制竖排文本框"选项，在文档中的合适位置单击或拖动鼠标即可。插入后光标自动位于文本框中，可以直接输入文本。

另外，单击"插入"选项卡，在"插图"组中单击"形状"命令，在下拉列表中选择▣或▣选项，也可以插入横排或竖排文本框。

（2）设置文本框格式。选中文本框，在"格式"选项卡中可以设置文本框及内部文字的效果；或者在文本框上右击，在快捷菜单中选择"设置形状格式"选项，弹出"设置形状格式"对话框，在其中可以对文本框的线条颜色、填充颜色、文本框大小和文本框版式等进行设置。

5.5.4 绘制图形

Word 可以根据文档内容及文档排版的需要绘制不同的图形并设置图形格式。

（1）绘制图形。单击"插入"选项卡，在"插图"组中单击"形状"命令，在下拉列表中选择所需的形状，鼠标变为十字形，在文档中的合适位置拖动鼠标即可绘制选定的图形。

（2）编辑图形。选中图形，在"格式"选项卡中可以对图形的边框、填充效果、形状效果、旋转、尺寸等进行设置。

（3）添加文字。在图形上右击，在快捷菜单中选择"添加文字"命令，可以在图形中输入文字。选中输入的文字可以设置文字格式。

（4）组合图形。利用 Ctrl 键选中多个图形，在其中某个图形上右击，在快捷菜单中选择"组合"命令。若要取消组合，在子菜单中选择"取消组合"选项即可；也可以在"格式"选项卡的"排列"组中单击"组合"命令进行设置。

（5）设置叠放次序。绘制多个图形时，先绘制的图形处于下层，后绘制的图形处于上层。若要改变层次顺序，可以选中图形后右击，在快捷菜单中选择"置于顶层"或"置于底层"选项，在其子菜单中选择相应的选项；也可以在"格式"选项卡的"排列"组中选择"上移一层"或"下移一层"命令进行设置。

5.5.5 SmartArt 图形

Word 2016 中可以插入多种图表来直观地描述数据，也可以使用 SmartArt 图形来表达多种信息之间的关系。

（1）创建 SmartArt 图形。单击"插入"选项卡，在"插图"组中单击 SmartArt 命令，弹出"选择 SmartArt 图形"对话框，如图 5-41 所示。选择所需的图形类型，单击"确定"按钮。

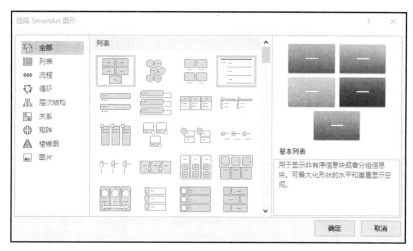

图 5-41   "选择 SmartArt 图形"对话框

（2）设置 SmartArt 图形。创建图形后，在 SmartArt 图形中单击"文本"区域添加文字。另外，选中图形，在"设计"和"格式"选项卡中可以对图形的样式、布局、文字效果等进行设置。

5.5.6   编辑公式

编辑文档时，如果需要使用专业的公式，则需要使用专门的工具来完成输入。"Office 工具"中包含了"公式编辑器"组件，只有安装了此组件才可以使用。

1．插入公式

（1）将光标置于文档中合适的位置上，单击"插入"选项卡，在"文本"组中单击"对象"命令，弹出"对象"对话框，如图 5-42 所示。在"对象类型"列表框中选择"Microsoft 公式 3.0"选项，单击"确定"按钮。

图 5-42   "对象"对话框

（2）文档中出现"公式"工具栏，如图5-43所示。在工具栏中选择公式符号，输入数据构造公式，完成后单击文档的其他位置，回到正常的编辑状态。

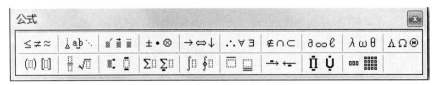

图5-43　"公式"工具栏

2. 修改公式

双击公式，出现"公式"工具栏后即可修改公式。

5.6　页面排版及打印

5.6.1　页面设置

1. 设置页边距

（1）使用内置页边距。单击"页面布局"选项卡，在"页面设置"组中单击"页边距"命令，在下拉列表中选择内置页边距。

（2）自定义页边距。在"页边距"下拉列表中选择"自定义边距"选项；或者在"页面布局"选项卡的"页面设置"组中单击右下角的 按钮，弹出"页面设置"对话框，如图5-44所示。

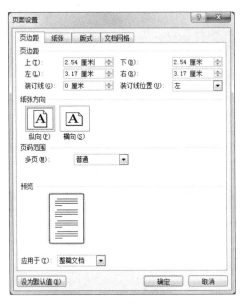

图5-44　设置页边距

1）设置页边距。在"页边距"选项卡中通过修改上、下、左、右和装订线距离的值可以改变文档输入区的大小。

2）设置纸张方向。选择"纸张方向"选项可以改变页面的纵横显示方式；也可以单击

"页面布局"选项卡，在"页面设置"组中单击"纸张方向"命令，在下拉列表中选择纸张方向。

3）设置应用范围。在预览区内可以指定设置应用的范围，应用范围包括"整篇文档"和"插入点之后"。若希望将此设置作为以后的默认设置，可以单击"设为默认值"按钮。

2. 设置纸张

在"页面设置"对话框中单击"纸张"选项卡，如图 5-45 所示。

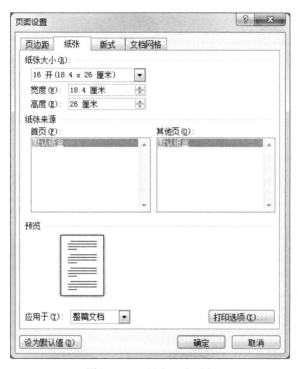

图 5-45　"纸张"选项卡

（1）设置纸张大小。在"纸张大小"下拉列表框中选择标准纸型，也可以自定义纸张的宽度和高度。

（2）设置纸张来源。在"纸张来源"设置区内选择"首页"的进纸方式和"其他页"的进纸方式。

（3）设置应用范围。在"预览"区内指定上述设置的应用范围。

3. 设置版式

在"页面设置"对话框中单击"版式"选项卡，如图 5-46 所示。

（1）设置节。整个文档可以是一节，也可以将文档分成几节，各节之间由用户插入的分节符隔开。节的起始位置可以从"节的起始位置"下拉列表框中选择。

（2）设置页眉和页脚。在"页眉和页脚"设置区内，设置页眉和页脚在各文档页中是否相同以及距边界的距离。如果选择"奇偶页不同"复选项，则奇数页和偶数页显示不同的页眉和页脚；如果选择"首页不同"复选项，可以为节或文档的首页创建一个不同于其他文档页的页眉和页脚。

（3）设置页面。在"页面"设置区内设置文本在文档页中垂直方向的对齐方式。

4. 设置文档网格

在"页面设置"对话框中单击"文档网格"选项卡，如图 5-47 所示。

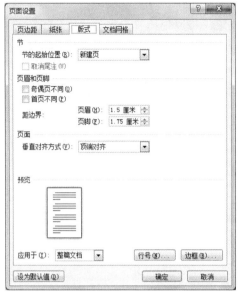

图 5-46 "版式"选项卡

图 5-47 "文档网格"选项卡

（1）设置文字排列。在"文字排列"设置区内设置文字排列的方向和文字的栏数。

（2）设置网格。在"网格"设置区内选择合适的网格类型。

（3）设置字符数。在"字符数"设置区内设置每行的字符数和字符跨度。

（4）设置行数。在"行数"设置区内设置每页的行数与行的跨度。

5.6.2　设置分页与分节

1. 分页

正常情况下，文档以页为单位，当内容排满一页时会自动换至下一页。用户也可以强制分页。强制分页需要使用 Word 提供的"分页符"功能。强制分页的方法有以下 3 种：

（1）将光标定位在需要分页的位置，单击"插入"选项卡，在"页"组中单击"分页"命令，在光标处插入分页符。

（2）将光标定位在需要分页的位置，单击"页面布局"选项卡，在"页面设置"组中单击"分隔符"命令，在下拉列表中选择"分页符"选项，在光标处插入分页符。

（3）将光标定位在需要分页的位置，按组合键 Ctrl+Enter。

2. 分节

默认情况下，整个 Word 文档使用相同的页面格式（如页眉和页脚、纸张大小等），若需要在一个文档的不同部分使用不同的页面设置，可以将文档分成几个相对独立的部分，称为"节"。使用"分节符"来完成文档的分节。

分节时，将光标放在需要分节的位置，单击"页面布局"选项卡，在"页面设置"组中单击"分隔符"命令，在下拉列表中选择"分节符"中的某个选项，设置不同类型的分节符，将文档分成多节。

5.6.3　页眉和页脚

Word 中每个页面都包括页眉、正文和页脚 3 个编辑区，页眉区和页脚区一般用来显示一些特定信息，如文档标题、日期、页码、作者、单位名称等内容。整个文档可以使用相同的页眉和页脚，也可以在文档的不同位置使用不同的页眉和页脚。

1．设置统一的页眉和页脚

正常情况下，设置页眉和页脚后，整个文档所有页面显示统一的页眉、页脚内容。

（1）插入页眉和页脚。单击"插入"选项卡"页眉和页脚"组中的"页眉"或"页脚"命令，在下拉列表中选择内置的页眉或页脚样式，文档编辑区上下方出现页眉、页脚编辑区，按所选样式在页眉或页脚的不同区域添加内容。

在"页眉"或"页脚"下拉列表中选择"编辑页眉"或"编辑页脚"选项可以插入空白的页眉或页脚，在其中直接添加内容。

（2）编辑页眉、页脚。插入页眉、页脚后，窗口功能区中出现"页眉和页脚工具"的"设计"选项卡，如图 5-48 所示。

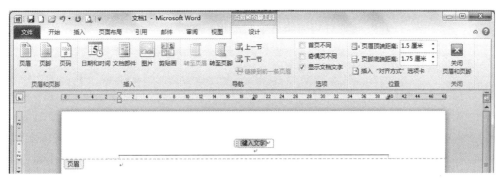

图 5-48　编辑页眉和页脚

在"位置"组中可以调整页眉、页脚与页面边界的距离。单击"插入"选项卡中的"对齐方式"命令可以设置信息在页眉或页脚中的对齐方式。

在"插入"组中可以选择需要在页眉、页脚中添加的信息，如"日期和时间""图片"等。

在功能区的"页眉"或"页脚"下拉列表中选择"删除页眉"或"删除页脚"选项即可删除页眉或页脚。

（3）设置页码。页码可以添加在页眉或页脚上，正常情况下，从文档的第一页开始编码，直至最后一页。设置方法如下：

1）单击"插入"选项卡，在"页眉和页脚"组中单击"页码"命令，在下拉列表中选择页码的位置和内置的页码样式，相应样式的页码出现在所选位置上。

2）在"页码"下拉列表中选择"设置页码格式"选项，弹出"页码格式"对话框，如图 5-49 所示。可以修改"编号格式"和"起始页码"，单击"确定"按钮完成页码格式的设置。

图 5-49　"页码格式"对话框

2. 设置不同的页眉和页脚

Word 允许在文档的不同位置设置不同的页眉、页脚内容，通过在文档的不同位置插入分隔符来实现。

（1）首页不同或奇偶页不同。

1）按上述方法插入页眉和页脚，单击"设计"选项卡"选项"组中的"首页不同"复选项，在文档中首页和其他页的页眉区或页脚区分别添加所需的内容，单击"关闭页眉和页脚"按钮；在"选项"组中选择"奇偶页不同"复选项，在一个奇数页和偶数页的页眉或页脚区域分别添加所需的内容，单击"关闭页眉和页脚"按钮。

2）在"页面设置"对话框的"版式"选项卡中也可以进行设置。

（2）在文档的不同位置设置不同的页眉和页脚。设置不同的页眉和页脚时，需要将文档分节，操作步骤如下：

1）将光标定位在文档中需要分节的位置，单击"页面布局"选项卡，在"页面设置"组中单击"分隔符"命令，在下拉列表中选择"分节符"的"下一页"选项，在光标处插入分节符并从下一页开始新一节，文档被分成两节。

2）单击"插入"选项卡，在"页眉和页脚"组中单击"页眉"命令，在下拉列表中选择"编辑页眉"选项，打开页眉、页脚编辑区，页眉区或页脚区显示节数，如图 5-50 所示。

图 5-50　分节符

3）将光标放在第一节的页眉或页脚上添加所需的内容，本节所有页面的页眉、页脚内容一致。

4）默认情况下，在第二节的页眉和页脚上方右侧有"与上一节相同"字样，表示此节的页眉和页脚内容与上一节相同，设置时需要取消此选项才能在不同节上显示不同的页眉、页脚内容。具体操作为：将光标放在第二节的页眉或页脚上，单击"设计"选项卡，在"导航"组中单击"链接到前一条页眉"命令，使本节的页眉、页脚内容与前一节不再有联系，然后添加本节的页眉、页脚内容。

5）按上述方法在第二节中继续插入分隔符，将文档分成多节，设置多个页眉和页脚。

6）设置页码。将光标定位在第一节文本中，设置页码格式，插入页码，本节所有页面连续显示页码。后续的节如果没有显示正确的页码，则需要在每节中插入页码。如果页码不连续，则在图 5-49 所示的"页码格式"对话框中选择"续前节"单选项。

5.6.4　设置文字方向

Word 不仅可以进行水平方向的排版，还可以进行垂直方向的排版。垂直方向排版的具体步骤如下：

（1）单击"页面布局"选项卡，在"页面设置"组中单击"文字方向"命令，在下拉列表中可以直接选择文本的显示方式，将设置应用于所有文本。

（2）若需要设置文字方向的作用范围，在下拉列表中选择"文字方向"选项，或者在所选文字上右击，在快捷菜单中选择"文字方向"选项，弹出"文字方向-主文档"对话框，如图 5-51 所示。单击"方向"区域中的文字显示图标，在"预览"区域中显示文字的排版效果。

（3）选择应用范围。在"应用于"下拉列表框中选择"整篇文档"或"所选文字"设置应用范围，设置完成后单击"确定"按钮。

图 5-51　"文字方向-主文档"对话框

5.6.5　页面背景

Word 中的默认背景色是白色，用户可以根据需要修改背景颜色及填充效果，也可以设置水印背景。

1. 背景颜色及填充效果

单击"页面布局"选项卡，在"页面背景"组中单击"页面颜色"命令，在下拉列表中直接选择所需颜色；选择"其他颜色"选项可以自定义颜色。在下拉列表中选择"填充效果"选项，弹出"填充效果"对话框，如图 5-52 所示。

图 5-52　"填充效果"对话框

单击"渐变"选项卡，在"颜色"区域中，"单色"用于设置一种颜色的渐变；"双色"用于设置一种颜色向另一种颜色的渐变；"预设"中提供了系统设置的多种命名的渐变效果，供用户选择。

针对每种渐变，在"底纹样式"中可以设置渐变样式，在"变形"部分显示每种渐变样式的变形效果，供用户选择。

另外，还可以根据需要使用"纹理""图案"和"图片"选项卡进行背景填充。

2．水印背景

水印是文档背景中的文本或图片效果，Word 中提供了 12 种内置水印样式，可以直接应用，也可以自定义水印。

单击"页面布局"选项卡，在"页面背景"组中单击"水印"命令，在下拉列表中选择某种内置样式，文档背景即出现相应样式的水印文字；选择"自定义水印"选项，弹出"水印"对话框，可以设置图片或文字水印，可以对文字内容、字体、字号、颜色、版式等进行设置。

5.6.6 打印预览及打印

1．打印预览

打印预览用于显示打印后的实际效果。在打印前可以通过打印预览查看效果，如果效果不满意可以回到编辑状态进行修改。

（1）单击"文件"菜单中的"打印预览"命令，或者单击快速访问工具栏中的 ![]按钮即可进入打印窗口，如图 5-53 所示。

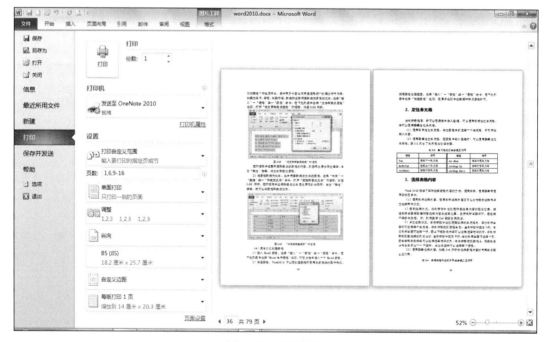

图 5-53　打印窗口

（2）在窗口右侧显示当前文档的"打印预览"效果。移动预览区右侧的滚动条可以预览文档其他页，拖动右下角的滑块可以调整显示比例进行单页或多页预览。

2．打印文档

单击"文件"菜单中的"打印"命令或者使用组合键 Ctrl+P 打开打印窗口。

（1）设置打印份数。在窗口左上方的"份数"文本框中设置打印份数。

（2）设置打印机。在"打印机"下拉列表框中选择打印机。

（3）设置打印范围。在"打印自定义范围"下拉列表框中选择打印范围；或者在"页数"文本框中输入打印页数，如"1,6,9-16"表示打印文档的第 1 页、第 6 页和第 9～16 页。

此外，还可以设置单面或双面打印、打印方向、纸张大小、页边距、每版打印页数等。设置完成后单击"打印"按钮即可进行打印。

5.7   知识扩展

5.7.1   样式

文档中文字、段落、图片、表格等元素设置格式后，可以将格式保存起来并为其命名，称为样式。样式可以应用于其他文本或段落。使用样式不仅可以更加方便地设置文档的格式，还可以构筑大纲和目录。

1．样式列表

Word 2016 提供了多种常用的样式，在"开始"选项卡的"样式"组中可以直接查看或应用样式；单击"样式"组右下角的 ▣ 按钮打开"样式"任务窗格，在其列表中也列出了所有的样式。

2．新建样式

除系统提供的样式外，用户也可根据需要新建样式。建立方法如下：

（1）在"样式"任务窗格中单击"新建样式"按钮 ⚄，弹出"根据格式设置创建新样式"对话框，如图 5-54 所示。

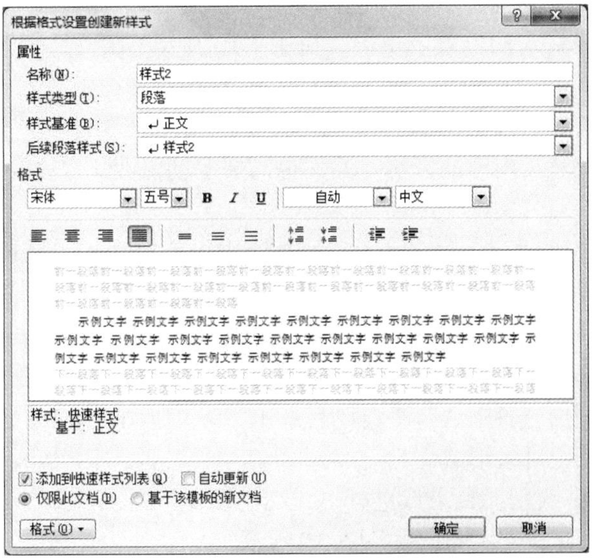

图 5-54   "根据格式设置创建新样式"对话框

1）名称：为新建样式指定名称。

2）样式类型：为新建样式选择样式类型。

3）样式基准：如果新建样式基于原有的样式，则在列表中选择原有的样式名称。

4）后续段落样式：选择应用于当前段落后下一个段落的样式。

5）格式：设置样式格式，其中包括字体、字号、行距和对齐方式等。单击对话框左下角的"格式"按钮，在出现的菜单中可以进行更加详细的格式设置。

6）预览区：用于预览新建的样式。

7）自动更新：如果修改了样式，则自动更新应用了该样式的文本。

（2）完成新建样式的设置后，单击"确定"按钮，在任务窗格中会出现新建样式的名称，在功能区的"样式"组中也会出现新建样式的名称。

3. 应用样式

选中需要设置样式的文本，在"开始"选项卡的"样式"组中单击样式名；或者选中需要设置样式的文本，在"样式"任务窗格中单击样式名。

另外，选择已经设置好格式的文本，单击"开始"选项卡，在"剪贴板"组中单击"格式刷"命令，在需要设置相同格式的文本上拖动鼠标完成格式的应用。若要应用多次，则双击"格式刷"命令，应用完成后再次单击该按钮取消格式应用。

4. 修改样式

单击"开始"选项卡，在"样式"组的样式列表中右击需要修改的样式名，选择"修改"命令；或者将鼠标移动到"样式"任务窗格中需要修改的样式上，单击旁边的下拉按钮，选择"修改"命令，弹出"修改样式"对话框。修改方法与新建方法基本相同。

5.7.2 目录

文档编辑完成后，通常需要为文档制作一个目录，Word 提供了创建目录功能，并具有超级链接功能。可以手动创建目录，也可以自动插入目录。

1. 手动创建目录

将光标定位在放置目录的位置，单击"引用"选项卡，在"目录"组中单击"目录"命令，在下拉列表中选择"手动表格"或"手动目录"选项，文档中插入点的位置出现目录样式模板，在其中手动输入各级目录的标题和页码。

手动创建目录不受文档内容的影响，当然也需要手动修改。

2. 自动插入目录

Word 可以将文档中的某些文字提取出来，按级别排列自动生成目录。插入自动目录之前，先要对需要出现在目录中的文字进行样式设置，操作步骤如下：

（1）将文档中不同级别的标题应用不同的样式。可以使用内置样式，也可以新建样式。

（2）将光标定位在文档需要插入目录的位置，单击"引用"选项卡，在"目录"组中单击"目录"命令，在下拉列表中选择"自动目录 1"或"自动目录 2"选项即可插入目录。这种方式最多可以插入三级目录形式。

（3）若要插入更多级别的目录或进行更详细的设置，在"目录"下拉列表中选择"插入目录"选项，弹出"目录"对话框，如图 5-55 所示。

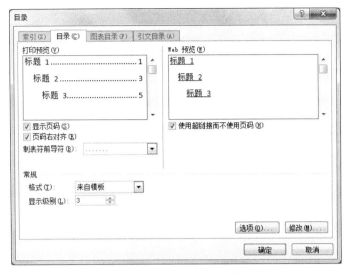

图 5-55   "目录"对话框

（4）在其中设置是否在目录中显示页码、页码对齐方式、制表符前导符样式；在"格式"下拉列表框中选择目录样式；设置目录显示级别。

（5）单击"选项"按钮，弹出"目录选项"对话框，如图 5-56 所示，设置目录每个级别对应的文档中的标题样式，单击"确定"按钮回到"目录"对话框。

（6）在"目录"对话框中单击"修改"按钮，弹出"样式"对话框，如图 5-57 所示。在"样式"列表框中选择某个目录级别，单击"修改"按钮，对该级别目录的文字进行格式设置。设置完成后单击"确定"按钮回到"目录"对话框。

图 5-56   "目录选项"对话框

图 5-57   "样式"对话框

（7）单击"确定"按钮完成目录的插入。

3. 更新目录

插入自动目录后，如果文档内容或页码发生了变化，可以对目录进行更新操作。操作方法为：在目录上右击，在快捷菜单中选择"更新域"选项；或者单击"引用"选项卡，在"目录"组中单击"更新目录"命令；或者按 F9 键，弹出"更新目录"对话框，选择"只更新页码"或"更新整个目录"选项即可更新目录。

4. 删除目录

单击"引用"选项卡，在"目录"组中单击"目录"命令，在下拉列表中选择"删除目录"选项；或者选中整个目录，按 Delete 键，即可删除目录。

5.7.3 字数统计

字数统计功能可以让用户了解文档中包含的字数、页数、段落数和行数等。单击"审阅"选项卡，在"校对"组中单击"字数统计"命令，弹出"字数统计"对话框，显示整篇文档的统计结果。

若只需统计文档的一部分，则选中需要统计部分的文本，再进行上述操作。

5.7.4 批注和修订

1. 批注

批注是对文档内容的注释，在独立窗口中编辑，不影响文档内容。

（1）添加批注。选中需要注释的文字，单击"审阅"选项卡，在"批注"组中单击"新建批注"命令，出现批注窗口，输入批注内容，如图 5-58 所示。

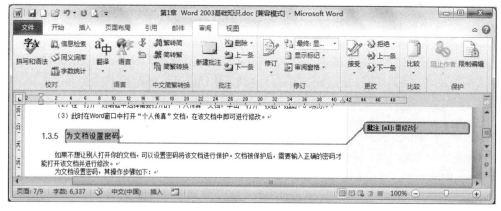

图 5-58　添加批注

（2）删除批注。选中添加了批注的文字，单击"审阅"选项卡，在"批注"组中单击"删除"命令；或者在文字上右击，在快捷菜单中选择"删除批注"选项。

2. 修订

修订功能用于标记用户对文档的修改，包括插入、删除、格式设置等。单击"审阅"选项卡，在"修订"组中单击"修订"命令，在下拉列表中选择"修订"选项，进入修订状态。此后用户的每次修改都会被标记。

单击"审阅"选项卡"更改"组中的"接受"或"拒绝"命令，可以对修订进行确认或取消。

5.7.5 邮件合并

Word 中的邮件合并功能在需要大量制作模板化文档的工作中被广泛应用，可以实现数据的批量处理，如制作通知书、邀请函、准考证、获奖证书、毕业证等。

下面以制作奖状为例来说明邮件合并功能的操作步骤。

（1）准备数据源。数据源可以是 Excel 表格、Word 表格或其他的数据库文件。本例使用 Excel 制作的获奖学生名单数据源如图 5-59 所示。

	A	B	C
1	姓名	年度	奖学金
2	李佳	2014-2015	二等
3	王明丽	2014-2015	一等
4	张帅	2015-2016	二等
5	周志成	2015-2016	一等

图 5-59　数据源表

（2）制作主文档。使用文档模板或自行编写文档内容，本例使用证书模板制作奖状，根据需要对内容进行修改，如图 5-60 所示。

（3）邮件合并。在主文档中单击"邮件"选项卡，在"开始合并邮件"组中单击"选择收件人"命令，在下拉列表中选择"使用现有列表"选项，弹出"选取数据源"对话框，找到数据源文件，单击"打开"按钮，在"选择表格"对话框中选择数据源表，单击"确定"按钮。

将光标定位在主文档中需要添加数据源表中数据的位置，单击"邮件"选项卡，在"编写和插入域"组中单击"插入合并域"命令，数据源表中的字段名出现在下拉列表中，选择所需字段，字段名称出现在光标位置，如图 5-61 所示。

图 5-60　主文档

图 5-61　插入合并域

单击"邮件"选项卡，在"完成"组中单击"完成并合并"命令，在下拉列表中选择"编辑单个文档"选项，弹出"合并到新文档"对话框，选择合并记录范围，这里选择"全部"，单击"确定"按钮，合并完成，结果如图 5-62 所示。

图 5-62　"邮件合并"结果

6

电子表格软件 Excel 2016

本章导读

Excel 2016 是 Microsoft Office 2016 的重要组件之一，是 Windows 环境下非常好的电子表格软件。它以友好的界面、强大的数据计算功能和数据分析功能被广泛应用于管理、财务、行政、金融、经济、审计和统计等众多领域。

用户可以使用 Excel 创建工作簿（电子表格集合）并设置工作簿格式，以便分析数据和做出更明智的业务决策。特别是用户可以使用 Excel 跟踪数据，生成数据分析模型，编写公式对数据进行计算，以多种方式透视数据，并以各种具有专业外观的图表来显示数据。Excel 的一般用途包括会计专用、预算、账单和销售、报表、计划跟踪、使用日历等。

本章介绍 Excel 2016 的基本功能与基本操作，主要包括 Excel 的工作环境、工作簿与工作表的操作、公式计算与数据统计、数据分析、报表打印等，使读者能够初步掌握 Excel 2016 的基本功能和基本操作，并能运用它从事一般的数据处理与报表管理工作。

本章要点

- Excel 2016 概述
- Excel 2016 基本操作
- Excel 2016 工作表美化
- Excel 2016 公式与函数
- Excel 2016 数据管理与图表
- Excel 2016 页面设置

6.1 Excel 2016 概述

本节主要内容包括 Excel 2016 的功能、特点和工作界面构成。

6.1.1 Excel 2016 的功能与特点

Excel 2016 主要有以下 3 个方面的功能：

（1）电子表格中的数据处理。在电子表格中允许输入多种类型的数据，可以对数据进行编辑和格式化，利用公式和函数对数据进行复杂的数学计算、分析及报表统计。

（2）制作图表。可以将表格中的数据以图形的方式显示。系统提供了十几种图表类型，供用户选择使用，以便直观地分析和观察数据的变化及变化趋势。

（3）数据库管理方式。系统能够以数据库管理方式管理表格数据，对表格中的数据进行排序、检索、筛选、汇总，并且可以与其他数据库软件交换数据，如 FoxPro、Access 等。

Excel 2016（正式中文版）主要有以下 6 个方面的新增功能：

（1）Office 助手——Tell me。Tell me 是全新的 Office 助手，用户可以在"告诉我您想要做什么……"文本框中输入需要提供的帮助，如输入"表格"关键字，在下拉菜单中即会出现插入表格、套用表格样式、表格样式等，另外也可以获取有关表格的帮助和智能查找等。Tell me 对于 Excel 初学者来说，可以快速找到需要的命令操作，也可以加强对 Excel 的学习。

（2）大数据时代——数据分析功能的强化。如今，大数据早已成为一个热门的技术和话题，Excel 也在适应大数据时代的发展，不断强化数据分析的功能。

（3）新图表功能。用户可以创建表示相互结构关系的树状图、分析数据层次占比的旭日图、判断生产是否稳定的直方图、显示一组数据分散情况的箱形图和表达数个特定数值之间的数量变化关系的瀑布图等。还增加了 PowerMap 的插件，可以以三维地图的形式编辑和播放数据演示。还可以使用三维地图，绘制地理和临时数据的三维地球或自定义的映射，显示一段时间，并创建可以与其他人共享的直观漫游。

（4）Power Query 工具。用户可以跨多种源查找和连接数据，从多个日志文件导入数据等。

（5）预测功能和预测函数。根据目前的数据信息，可预测未来数据发展态势。

（6）跨平台应用。从 Office 2013 开始，微软公司就实现了电脑端与手机移动端的协作，用户可以随时随地实现移动办公。而在 Office 2016 中，微软公司强化了 Office 的跨平台应用，用户可以在很多电子设备上审阅、编辑、分析和演示 Office 2016 文档。

Excel 2016 主要有以下 6 个方面的特色功能：

（1）添加 6 种新图表类型。用户在"插入"选项卡中单击"插入层次结构图表"可使用"树状图"或"旭日图"图表，单击"插入瀑布图或股价图"可使用"瀑布图"，单击"插入统计图表"可使用"直方图""排列图"或"箱形图"。

（2）增加获取和转换（查询）。内置功能轻松快速地获取和转换数据，让你可以查找所需的所有数据并将其导入一个位置。可从"数据"选项卡的"获取和转换"组访问它们。

（3）一键式预测功能。FORECAST 函数进行了扩展，允许基于指数平滑（例如 FORECAST.ETS()…）进行预测。此功能也可以作为新的一键式预测按钮来使用。在"数据"选项卡中，单击"预测工作表"按钮可快速创建数据系列的预测可视化效果。在向导中，还可以找到由默认的置信区间自动检测、用于调整常见预测参数（如季节性）的选项。

（4）增添 3D 地图。最受欢迎的三维地理可视化工具 PowerMap 经过了重命名，现在内置在 Excel 中可供所有 Excel 2016 的用户使用，可以通过单击"插入"选项卡中的"3D 地图"找到。

（5）增强数据透视表功能。Excel 是以其灵活且功能强大的数据分析体验（通过熟悉的数据透视表创作环境）而闻名。在 Excel 2010 和 Excel 2013 中，这种体验通过引入 PowerPivot 和数据模型得到了显著增强，从而使用户能够跨数据轻松构建复杂的模型，通过度量值和 KPI 增强数据模型，然后对数百万行进行高速计算。

Excel 2016 中，自动关系检测可在用于工作簿数据模型的各个表之间发现并创建关系，用户是不必手动设置的，Excel 2016 知道你的分析何时需要两个或多个链接在一起的表并通知你。创建、编辑和删除自定义度量值现在可以直接在数据透视表字段列表中进行，从而可在需要添加其他计算来进行分析时节省大量时间。利用自动时间分组可代表你在数据透视表中自动检测与时间相关的字段（年、季度、月）并进行分组，从而有助于以更强大的方式使用这些字段。组合在一起之后，只需通过一次操作将组拖动到数据透视表，便可立即开始使用向下钻取功能对跨不同级别的时间进行分析。智能重命名让你能够重命名工作簿数据模型中的表和列。

（6）多选切片器。使用触摸设备打开 Excel 切片器时可以选择多项。这与 Excel 以前的版本相比出现了变化，在以前的版本中使用切片器时，通过触摸输入每次只能选择一项。在此你可以使用位于切片器标签中的新按钮进入切片器多选模式，出现娱乐费、日常用品、住宅、交通等让用户选择。

6.1.2 Excel 2016 的窗口组成

Excel 2016 窗口的基本界面如图 6-1 所示，主要组成元素有快速访问工具栏、工作簿名称、功能菜单选项卡、功能区、工作表区、工作表标签和滚动条等。表 6-1 列出了 Excel 2016 窗口的主要组成部分及说明。

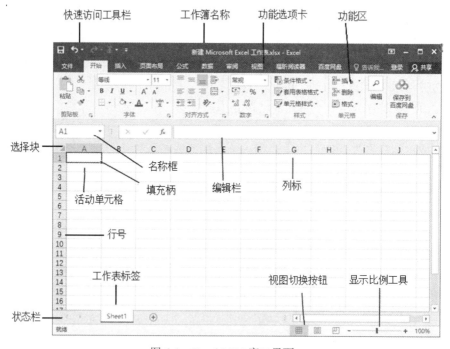

图 6-1　Excel 2016 窗口界面

表 6-1　Excel 2016 窗口界面的说明

名称	说明
快速访问工具栏	显示可供快速访问的工具按钮，用户可以自行设置选用（添加或删除）
工作簿名称	显示当前使用的工作簿的名称
功能选项卡	分类显示所有功能选项，有"文件""插入""视图"等，并供切换使用
功能区	显示各个功能选项卡上相应的工具（又称功能命令、功能按钮等），也可以通过键盘执行功能区的功能命令（按下 Alt 键，再按数字或字母） 特别强调：操作任何对象时都可以先试着右击它，在弹出的快捷菜单中可能就能找到你最需要的功能命令
功能组	每个功能选项卡的功能区都由多个功能组构成 特别强调：有的功能组右下角有一个带箭头的小按钮，单击它可以打开一个对话框，可以进行更多、更全面的操作
名称框	显示活动单元格或区域的名称
编辑栏	用来输入和显示活动单元格中的数据或公式
行号	位于工作表左侧的数字编号区，单击行号可以选择工作表上整行的单元格
列标	位于工作表上方的字母编号区，单击列标可以选择工作表上整列的单元格
选择块	行号和列标相交处的方块，用于选择整个表
工作表标签	显示工作表的名称，通过单击来选择当前的工作表，右击可以弹出工作表操作的快捷菜单
显示比例工具	用于设置表格的显示比例（不影响打印效果）
状态栏	位于窗口底部的信息栏，提供与当前操作和系统状态有关的信息
视图切换按钮	位于显示比例工具左侧，可在普通、页面布局、分页预览 3 种视图之间进行切换

6.1.3　Excel 2016 的基本术语

下面对 Excel 的常用术语作一个简单的介绍。

（1）工作簿。工作簿是指 Excel 中用来存储和处理数据的文件，扩展名为.xlsx（早期版本为.xls）。每个工作簿可以包含 1～255 个工作表。Excel 环境下新建的工作簿，默认名称为"工作簿 1""工作簿 2"……

（2）工作表。在 Excel 中用于存储和处理数据的主要文档，也称电子表格（二维表格）。工作表由排列成行和列的单元格组成。工作表存储在工作簿中。每张工作表都有一个相应的工作表标签，工作表标签上显示的就是该工作表的名称。新建的空白工作簿包含一个工作表，其初始名称为 Sheet1（新增的工作表名自动取名 Sheet2、Sheet3 等）。

（3）单元格。单元格是工作表中最基本的单位，是行和列交叉处形成的白色长方格。纵向的称为列，列标用字母 A～XFD 表示，共 16384 列；横向的称为行，行号用数字 1～1048576 表示，共 1048576 行。单元格名称由列标和行号组成，如第一行第一列的单元格名称为 A1，最后一个单元格的名称为 XFD1048576。每个单元格都可以存储字符、数值和日期等类型的数据，其中的数据通过其名称访问，单元格名称可以作为变量用于表达式中，称为单元格引用。文本框、图片、艺术字等数据可以作为图形对象存于工作表中，但不属于某个单元格。

（4）区域。多个单元格可以组成一个区域，选择一个区域后，可对其数据或格式进行操作。

（5）输入框。一个新的工作簿打开后，在第一个表的第一个单元格 A1 上被套上一个加粗的黑框，这个框就称为输入框。输入框覆盖在当前选定的活动单元格或区域上。

（6）填充柄。输入框右下角的黑色小方块称为填充柄。鼠标移动至填充柄的位置时，鼠标形状呈黑色十字架。用鼠标左键或右键拖动填充柄，或者用鼠标左键双击填充柄，可以快速实现数据、格式和公式的复制。

（7）活动单元格。即当前可操作其数据或格式的单元格。通过单击鼠标或用方向键移动输入框可以使一个单元格变为活动单元格，活动单元格的名称会自动显示在名称框中。

（8）字段和记录。Excel 数据表（如学生信息表）实际上是二维表格，数据表的每一列都称为一个字段，其中表头各列名称（如"学号""姓名"等）都称为字段名。除表头标题行以外的每一行都称为一个记录。例如，在学生信息表中，每一个学生的信息都构成一个记录。

6.2　Excel 2016 基本操作

本节主要内容包括工作簿的创建、保存、打开和关闭；工作表的选择、插入、删除、重命名、移动或复制；单元格数据的输入和修改，单元格及行列的选择、复制、移动和删除；文本、数值、百分比、日期和时间等各种类型的数据及公式和函数的输入；使用填充柄等数据的快速输入方法；数据有效性设置。

6.2.1　工作簿的创建、保存和打开

1．创建工作簿

若要创建新工作簿，可以打开一个空白工作簿，也可以基于现有工作簿、默认工作簿模板或任何其他模板创建新工作簿。

在 Windows 文件夹窗口中，可以通过"新建"菜单中的"新建 Microsoft Excel 工作表"命令来创建一个 Excel 的空白工作簿文件。

在 Excel 2016 窗口中，可以按组合键 Ctrl+N 快速新建空白工作簿；若选择"文件"菜单中的"新建"命令，系统会显示大量可用模板，用户可以根据需要进行选择。

2．保存工作簿

可以通过单击快速访问工具栏中的"保存"按钮，或者选择"文件"菜单中的"保存"命令，或者使用组合键 Ctrl+S 等方式，对当前工作簿进行保存。如果是新工作簿的第一次保存，那么系统会自动弹出如图 6-2 所示的"另存为"对话框，用户可以设置文件保存位置，输入工作簿的文件名，选择其他保存类型。

在实际操作过程中常会发生一些异常情况，如死机、文件无法响应等情况导致编辑的文件不能及时保存。为此，Excel 2016 提供了定时保存功能，默认设置时间间隔为 10 分钟。如要修改，可以使用"文件"菜单中的"选项"命令打开"Excel 选项"对话框，从中选择"保存"选项卡，在右侧的"保存自动恢复信息时间间隔"中设置所需要的时间间隔即可。

3．打开工作簿

如果要对已保存的工作簿进行编辑，则需要先打开它，主要方法有以下两个：

（1）在工作簿文件所在的文件夹中直接双击工作簿文件名打开文件。

（2）在 Excel 窗口中，使用"文件"菜单中的"打开"命令或者使用组合键 Ctrl+O，系统会弹出"打开"对话框，用户可以选择文件所在位置和文件名称，然后单击"打开"按钮。

图 6-2　"另存为"对话框

当有多个工作簿同时打开时，可以通过切换 Windows 任务栏来选择当前的工作簿，也可以通过 Excel "视图"选项卡"窗口"组中的"切换窗口"功能来完成。

4. 关闭工作簿

要关闭当前工作簿，可以使用"文件"菜单中的"关闭"命令，或者单击工作簿窗口的"关闭窗口"按钮，或者使用组合键 Ctrl+F4。如果选择"文件"菜单中的"退出"命令，或者单击 Excel 程序窗口的"关闭"按钮，或者使用组合键 Alt+F4，则在关闭当前工作簿的同时退出 Excel 程序。

6.2.2　工作表的基本操作

默认情况下，Excel 工作簿含有一个工作表，名称为 Sheet1，新增的工作表名称自动取名为 Sheet2、Sheet3 等。工作表的名称显示在工作表标签上，通过单击相应的工作表标签可以在工作表之间切换。工作表标签左边是两个导航按钮（前一个、后一个），右击任意一个导航按钮可以显示所有的工作表名称，如图 6-3 所示，工作表标签最右边的加号按钮用于插入新的空白工作表。

图 6-3　右击导航按钮弹出所有工作表名称

1. 工作表的选择

（1）选择单个工作表。当一个工作表的标签可见时，直接单击它便可以选择该工作表；当工作表的标签未显示时，可以先通过单击或右击工作表标签导航按钮找到要操作的工作表名称再选择它。

（2）选择多个工作表。当用户正在创建或编辑一组有类似作用和结构的工作表时，可以同时选择多个工作表，这样就能够在多个工作表中同时进行插入、删除或编辑工作。选择多个工作表的方法有以下 3 种：

1）选择相邻的工作表。先选择第一个，按住 Shift 键，再选择最后一个工作表标签。

2）选择不相邻的工作表。先选择第一个，按住 Ctrl 键，再依次单击要选择的工作表标签。

3）选择工作簿中全部的工作表。右击任意一个工作表标签，从弹出的快捷菜单中单击"选择全部工作表"命令。

选择多个工作表后，Excel 标题栏中会出现"[工作组]"字样。这时在一个工作表中输入文本，其他选择的工作表也会出现同样的文本；如果改变一个工作表中某个单元格的格式，其他工作表的相应单元格的格式也会改变。

2. 工作表的插入、删除、重命名、移动或复制

进行工作表的插入、删除、重命名、移动、复制、隐藏和设置标签颜色操作时，常用到工作表的快捷菜单（右击任意工作表标签，弹出如图 6-4 所示的快捷菜单），在此菜单中选择相应的命令，然后按有关提示进行操作便可以实现相应的功能。"移动或复制工作表"对话框如图 6-5 所示，复制工作表时，需要选中"建立副本"复选项。移动或复制工作表可以在多个工作簿之间进行，若在一个工作簿内移动或复制工作表，可以直接通过鼠标拖放来完成（复制时同时使用 Ctrl 键）；若要对多个工作表同时操作，则需要同时选中这些工作表。重命名工作表时，也可以通过双击工作表标签进入修改状态。

图 6-4 工作表快捷菜单

图 6-5 "移动或复制工作表"对话框

3. 工作表的拆分与冻结

（1）工作表的拆分。在对数据进行处理时，如果工作表中的数据较多，并且需要对比工作表中不同部分的数据，可以对工作表进行拆分，使屏幕能同时显示不同部分的数据，便于用户的操作。

拆分工作表时，在"视图"选项卡的"窗口"组中单击"拆分"按钮，将鼠标置于窗口

中出现的分割线上，根据需要拖动鼠标，可以将工作表进行拆分。当再次单击"拆分"按钮时，可以取消拆分。

（2）工作表的冻结。在"视图"选项卡的"窗口"组中单击"冻结窗口"按钮，可以在弹出的下拉菜单中根据需要选择冻结的内容（若要选择"冻结拆分窗格"选项，在此之前，先单击可滚动浏览部分的第一个单元格），被冻结的部分不会再随着滚动条的滚动而滚动。再次单击"冻结窗口"按钮，选择下拉菜单中的"取消冻结窗口"选项，可以取消被冻结的部分。

4．工作簿和工作表的保护

设置保护工作簿，可以防止他人非法打开工作簿，以及对工作簿中的数据进行编辑和修改。

（1）限制打开、修改工作簿。通过设置限制工作簿的打开、修改权限来实现对工作簿的保护。具体方法为：选择"文件"菜单中的"另存为"命令，弹出"另存为"对话框，在其中单击"工具"按钮，选择下拉菜单中的"常规选项"按钮，在弹出的对话框中设置"打开权限密码"和"修改权限密码"。当密码确认保存生效后，只有输入正确的密码才能打开和修改工作簿。

（2）对工作簿、工作表窗口的保护。如要限制工作簿窗口的操作，可以在"审阅"选项卡的"更改"组中单击"保护工作簿"按钮，弹出"保护结构和窗口"对话框。其中，"结构"复选项可以保护工作簿的结构不会改变；"窗口"复选项可以让工作簿窗口被限制，无法进行移动等操作。通过"保护工作表"对话框可以设置工作表的保护。

6.2.3　单元格的基本操作

1．选择单元格或区域

为了方便地同时操作多个单元格，必须先选择这些单元格。一个单元格或一个矩阵区域被选择后，单元格或区域上就会带上输入框。

"选择"操作一般可以通过鼠标和方向键或加上 Shift 键来共同完成。下面分 6 种情况来介绍单元格和区域的选择方法。

（1）选择单个单元格。用方向键移动输入框到单元格上，或者用鼠标左键单击该单元格，可以选择一个单元格。

（2）选择矩形区域。

1）将鼠标指针移向区域左上角的单元格，再按住鼠标左键并向区域右下角方向拖动，当鼠标指针达到右下角的单元格后松开鼠标左键即可。当然，也可以反方向进行。

2）单击区域左上角的单元格后，按住 Shift 键不放，再单击右下角的单元格，最后松开 Shift 键。也可以不用鼠标，只用方向键和 Shift 键来完成。

（3）选择整个表。单击工作表位于左上角的行列交汇处的选择块即可选择整个表。组合键 Ctrl+A 可以选择当前单元格所在的连片的数据区域。

（4）选择整行或整列。单击工作表的行号或列标即可选择整行或整列；单击并拖动要选择相邻行的行号或列标即可选择相邻的行或列。

（5）选择不相邻的单元格或区域。先选择第一个单元格或矩形区域，再按住 Ctrl 键不放，然后选择其他单元格或矩形区域，完成后松开 Ctrl 键。

（6）取消选择。用鼠标单击任意一个单元格就可以取消对多个单元格或区域的选择。

2. 编辑单元格数据

要对单元格进行数据输入或修改，可以在单元格中进行，也可以在编辑栏里进行。按 Enter 键确定输入或修改，按 Esc 键取消。

（1）要在单元格中输入新的数据，只要选择该单元格，输入新内容替换原有内容即可。

（2）要修改单元格中的部分数据，则先双击单元格或选择该单元格后按 F2 键使插入光标出现在单元格中，此时即可进行单元格数据的修改。这时除了用鼠标外，也可以用左右方向键来定位插入光标。

（3）若要在编辑栏里进行单元格的数据输入或修改，可以先选择单元格，再单击编辑栏，然后即可进行编辑操作。可以单击编辑栏左边的"√"或"×"按钮以完成输入或取消。

3. 复制单元格数据（包括一般区域或整行和整列）

将一个单元格或区域中的数据复制到其他地方，步骤如下：

（1）选择要复制的单元格或区域（包括整行或整列）。

（2）按组合键 Ctrl+C 或右击单元格或区域，在弹出的快捷菜单中选择"复制"命令（这时在被选区域四周会出现一个虚框）。

（3）定位目标位置（复制数据放置位置的起始单元格）。

（4）按组合键 Ctrl+V 或右击目标单元格，在弹出的快捷菜单中选择"粘贴"命令，完成复制。

特别注意，Excel 中粘贴的数据会替换目标单元格中的数据。如果以插入的方式粘贴数据，则不是执行"粘贴"命令，而是右击目标单元格，在弹出的快捷菜单中选择"插入复制的单元格"命令。在 Excel 中，除了"粘贴"命令外，还有功能更加强大的"选择性粘贴"命令，利用该功能可以选择性地粘贴格式或数值等，同时还可以进行运算。"选择性粘贴"对话框如图 6-6 所示。

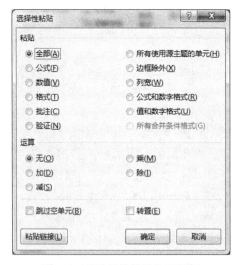

图 6-6　"选择性粘贴"对话框

4. 移动单元格数据

（1）利用鼠标拖放操作移动数据。

1）选择要移动的单元格或区域。

2）移动鼠标指针到区域边界，鼠标指针变为箭头形状。

3）按住鼠标左键，拖动鼠标指针到合适位置后释放鼠标即可移动单元格。

（2）利用"剪切"和"粘贴"命令移动数据。

1）选择要移动的单元格或区域。

2）执行"剪切"命令。

3）定位目标位置。

4）执行"粘贴"命令。

若以插入（而不是替换）方式进行粘贴，则执行"插入剪切的单元格"命令，如果不是整行和整列操作，这时就会弹出如图 6-7 所示的"插入粘贴"对话框，再根据需要继续完成操作。

图 6-7　"插入粘贴"对话框

5．插入单元格、行和列

（1）选择一个或多个单元格（行、列），在"开始"选项卡的"单元格"组中单击"插入"按钮，即可插入一个或多个单元格（行、列），而原来位置上的单元格（行、列）自动往下或往右移动。

（2）单击"插入"按钮，在下拉列表中分别选择"插入单元格""插入工作表行""插入工作表列"选项可以插入单元格或行和列。

6．删除或清除行、列或单元格

（1）删除整行或整列。选择需要删除的行或列，在"开始"选项卡的"单元格"组中单击"删除"按钮。

（2）删除单元格或区域。选择要删除的单元格或区域，在"开始"选项卡的"单元格"组中单击"删除"按钮。

（3）清除行、列或单元格。在"开始"选项卡的"编辑"组中单击"清除"命令，在弹出的菜单中可以选择"全部清除""清除格式""清除内容""清除批注""清除超链接"选项。

7．查找与替换

在"开始"选项卡的"编辑"组中单击"查找和选择"按钮，在弹出的子菜单中可以看到很多命令，说明 Excel 2016 有着非常丰富且强大的"查找"和"选择"相关功能，其中"查找"和"替换"功能与 Word 中同一功能的使用方法基本相同，这两项功能合并在一个对话框中，其中"查找全部"功能经常使用，例如老师们在查看期末考试监考表时，可以利用此功能一次查找到自己或他人所有的监考任务。

8．撤销与恢复

在各项操作中，都难免会出错。一般情况下，一旦出错，可以立即使用"撤销"命令（组合键 Ctrl+Z）来撤销最近的错误操作；若把正确的操作也撤销了，一般立即使用"恢复"命令（组合键 Ctrl+Y）把撤销的操作又恢复回来。

6.2.4 数据常规输入

Excel 允许用户向单元格输入的数据有文本、数字、日期、时间等多种类型。所有的数据类型及格式设置一般都可以通过"开始"选项卡"单元格"组中的"格式"命令进行，在"设置单元格格式"对话框中可以进一步设置。"设置单元格格式"对话框的"数字"选项卡的"数值"格式设置界面如图 6-8 所示（也可以通过"开始"选项卡的"数字"组打开此对话框），系统默认数据类型为"常规"。有关单元格的设置方法将在 6.3.2 节进行较详细的介绍。

图 6-8 "设置单元格格式"对话框

Excel 中数据或公式的输入，可以在单元格中进行，也可以在输入框中完成。输入数据或公式后，按 Enter 键或 Tab 键、光标移动键，或者单击编辑栏左边的输入按钮"√"，确认输入操作；若单击编辑栏左边的取消按钮"×"或按 Esc 键，则取消输入操作。

如果需要在一个单元格中插入换行符，则按组合键 Alt+Enter，这样可以在一个单元格中形成多行文字。

1. 输入文本类型数据

文本型数据包含汉字、英文、数字、空格等可由键盘输入的符号及各种字符。单元格中文本类型数据的默认对齐方式为左对齐，用户也可以通过格式化的方法改变文本的对齐方式。

【例 6-1】试在两个单元格中输入一个以"0"开头的纯数字字符串和一个身份证号码。

直接在一个单元格中输入一个以"0"开头的数字串，完成后，系统会自动舍弃前面的"0"；直接在一个单元格中输入一个身份证号码，完成后，系统会自动将它变成科学记数形式。这是因为当数据超过了 11 位时，系统把它们都当作数值型数据来处理，并自动以科学记数法表示（例如输入 123456789123456789，单元格会显示 1.23457E+17，而编辑栏中显示为 123456789123456000）。要输入以"0"开头的纯数字字符串或如身份证号码的长数字串，正确的方法主要有以下两种：

（1）在数字串前面加上一个英文的单引号（系统不会在单元格中显示这个单引号）。

（2）先将单元格格式设置为"文本"（参见图 6-8），再输入数字串。

2. 输入数值类型数据

在 Excel 2016 中，数字是仅包含下列英文字符的常数值：

0　1　2　3　4　5　6　7　8　9　+　-　(　)　,　/　¥　$　%　.　E　e

在默认情况下，单元格中的数字为右对齐。若数值长度超过了单元格宽度时，数据将以一串"#"显示，此时可以通过改变单元格宽度来显示出全部的数据。

输入负数时，数值前加上负号"-"即可，或者将数字括在英文圆括号内，如-10 和(10)均表示负 10。

输入分数时，应在分数前先输入一个 0 和一个空格，Excel 才能识别为分数，否则 Excel 将把该数据当作日期处理。例如，在单元格中输入"0 5/8"后，单元格将显示分数"5/8"（编辑栏中显示 0.625），若直接输入"5/8"，则显示日期"5 月 8 日"（编辑栏中显示 2022/5/8）。

【例 6-2】输入带两位小数的表示金额的数据。

当直接在单元格中输入最后的小数是"0"的数据时，系统会自动舍弃这些"0"。正确的输入方法通常有以下两种：

（1）先输入数据（如 123），再在"开始"选项卡的"数字"组中单击"增加小数位数"按钮增加小数到两位（123.00）。

（2）将单元格设置为带有两位小数的"数字"类型（参见图 6-8），数据在格式设置之前或之后输入均可。

3. 输入百分比类型数据

百分比数据的输入（如 123.45%）通常有以下两种方法：

（1）连同百分比符号"%"直接输入数据。

（2）先输入数据（如 1.2345），再在如图 6-8 所示的"设置单元格格式"对话框中选择百分比，或者使用"开始"选项卡"数字"组中的"百分比"按钮来实现。

4. 输入日期和时间类型数据

输入日期时，按"年-月-日"或"年/月/日"的格式输入，如 22-3-5（系统会自动更正为日期默认格式 2022/3/5）。若用户想在活动单元格中插入当前日期，可以按组合键 Ctrl+;。

输入时间时，按"时:分"或"时:分:秒"的形式输入，小时以 24 小时制来表示，如 15:24:35。如果要输入系统当前时间，可以按组合键 Ctrl+Shift+;。

5. 特殊符号的输入

若要插入一些无法从键盘直接获取的特殊符号，可以在"插入"选项卡的"符号"组中单击"符号"按钮，从弹出的"符号"对话框中选择所需的符号，再单击"插入"按钮。

6. 输入计算公式

在 Excel 工作表的单元格中，不仅可以输入文本、数字、日期和时间等数据，还可以通过输入公式来得到运算结果。

计算公式都以"="（等号）开头，其后是表达式（可以是单个常量、单元格名称、函数或由它们通过运算符连接的一串运算式子）。单元格中只要输入"="，名称框和编辑栏就会变成如图 6-9 所示的样式，上面的标签依次是函数名、函数下拉按钮、取消按钮、输入按钮、插入函数按钮。

图 6-9　输入公式时的名称框和编辑栏

【例 6-3】计算单元格 A1、A2、A3 中 3 个数 75、80、85 的和及平均值，结果分别存于单元格 A4 和 A5 中。

在单元格 A4 中输入公式"=A1+A2+A3"或"=75+80+85"，按 Enter 键或单击编辑栏左边的输入按钮"√"完成和的计算；在单元格 A5 中输入公式"=(A1+A2+A3)/3"或"=(75+80+85)/3"，按 Enter 键或单击"√"按钮完成平均值的计算。

特别提示：公式中的单元格或区域名称可以不用手动输入，而通过选择的方式输入。

7．输入函数

Excel 中提供了很多函数，借助它们可以实现许多复杂的计算。

函数只能在公式中使用，使用函数时可以直接从键盘输入函数。例如，例 6-3 中的和与平均值的计算公式可以分别用"=SUM(A1:A3)"和"=AVERAGE(A1:A3)"代替。

公式计算及常用函数的使用将在 6.4 节和 6.5 节中作进一步的介绍。

6.2.5　数据快速输入

Excel 有一个"自动填充"功能，可以实现一组有规律的数据的快速输入和具有相似计算公式的数据的快速计算。

如果某一行或某一列的数据为一组固定的序列数据（如星期日、星期一、……、星期六，甲、乙、丙、……，一组学号等）或者是等差数列和等比数列（如 1、3、5、……和 1、2、4、8、……），此时可以使用自动填充功能进行快速输入，如图 6-10 所示给出了一些填充示例。同类公式的计算结果也可以通过自动填充来快速输入。

	A	B	C	D	E	F	G	H	I	J	K	L	M
1	星期	星期	星期	星期	月份	月份	天干	地支	文本数字	相同数	自然数列	等差数列	等比数列
2	星期一	星期一	一	Sun	一月	Jan	甲	子	学生1	1000	1	1	1
3	星期二	星期二	二	Mon	二月	Feb	乙	丑	学生2	1000	2	3	2
4	星期三	星期三	三	Tue	三月	Mar	丙	寅	学生3	1000	3	5	4
5	星期四	星期四	四	Wed	四月	Apr	丁	卯	学生4	1000	4	7	8
6	星期五	星期五	五	Thu	五月	May	戊	辰	学生5	1000	5	9	16
7	星期六	星期一	六	Fri	六月	Jun	己	巳	学生6	1000	6	11	32
8	星期日	星期二	日	Sat	七月	Jul	庚	午	学生7	1000	7	13	64
9	星期一	星期三	一	Sun	八月	Aug	辛	未	学生8	1000	8	15	128
10	星期二	星期四	二	Mon	九月	Sep	壬	申	学生9	1000	9	17	256
11	星期三	星期五	三	Tue	十月	Oct	癸	酉	学生10	1000	10	19	512
12	星期四	星期一	四	Wed	十一月	Nov	甲	戌	学生11	1000	11	21	1024
13	星期五	星期二	五	Thu	腊月	Dec	乙	亥	学生12	1000	12	23	2048

图 6-10　自动填充示例

数据或公式的填充方法主要有 4 种：①按住鼠标左键拖动填充柄；②双击填充柄；③按住鼠标右键拖动填充柄（系统会弹出快捷菜单）；④使用"开始"选项卡"编辑"组中的"填充"功能。

1．填充相同的数据

如果要在多个单元格中输入相同的数据，可以同时选择这些单元格，然后在活动单元格中输入数据，输入完毕后按组合键 Ctrl+Enter，这样所选定的单元格中都填上了相同的数据。若数据在相邻的单元格中，还可以先在一个单元格中输入数据，再用鼠标左键拖动填充柄将其填充到其他单元格中（必要时配合使用 Ctrl 键）。

【例 6-4】如图 6-10 所示，在单元格区域 J2:J13 中输入 1000。

方法一：选定区域 J2:J13，共 10 个单元格，输入 1000，再按组合键 Ctrl+Enter。

方法二：在 J2 中输入 1000，再用鼠标左键按住 J2 右下角的填充柄，向下拖动到单元格 J11（当 I 列已有数据时，只要双击单元格 J2 的填充柄就可以将 1000 自动填充至 J13）。

方法三：在 J2 中输入 1000，再用鼠标右键按住 J2 右下角的填充柄，向下拖动到单元格 J11，在弹出的快捷菜单中单击"复制单元格"或"不带格式填充"按钮。

2．使用序列填充数据

Excel 内部已经定义了一些固定的序列，如星期（星期日、星期一、……、星期六）、月份（一月、二月、……、十一月、腊月）。详细情况可以查看"文件"菜单中的"选项"，单击"高级"选项卡弹出"编辑自定义列表"对话框（用户可以在此自行定义自己常用的序列，如文学院、法学院、商学院、……）。

使用序列输入数据的具体方法是：在一个单元格中输入某个序列的任何一项（如"星期"序列中的星期一），再将此项填充到其他单元格，就会自动输入序列中的其他项（如向下或向右填充，就产生星期二、星期三、……）。

3．使用公式填充数据

对等差序列和等比序列及其他一些数列可以使用公式填充来产生。

【例 6-5】如图 6-10 所示，在 K 列、L 列和 M 列中分别输入自然数列、等差序列和等比序列。

K 列的填充方法：在单元格 K2 中输入 1，然后按住 Ctrl 键不放，用鼠标左键拖动 K2 单元格的填充柄向下填充到 K13，最后松开鼠标。也可以仿照 L 列的填充方法。

L 列的填充方法一：在单元格 L2 和 L3 中分别输入 1 和 3，然后选定 L2 和 L3 两个单元格，最后用鼠标左键拖动填充柄向下填充到 L13。

L 列的填充方法二：在单元格 L2 中输入 1，在单元格 L3 中输入公式"=L2+2"，然后选定单元格 L3，最后用鼠标左键拖动填充柄向下填充到 L13。

M 列的填充方法一：在单元格 M2 中输入 1，再在单元格 M3 中输入公式"=2*M2"，然后选定单元格 M3，最后用鼠标左键拖动填充柄向下填充到 M13。

M 列的填充方法二：在单元格 M2 中输入 1，然后用鼠标右键拖动 M2 的填充柄向下填充到单元格 M13，在系统自动弹出的快捷菜单中选择"序列"命令，再在弹出的对话框中选择类型为"等比数列"，设置步长值为 2，最后单击"确定"按钮。

6.2.6　数据有效性设置

Excel 提供了数据的有效性设置功能，是为了控制单元格中输入数据的类型、长度和取值范围。当输入的数据不满足设置要求时，系统会弹出对话框进行提示。下面简单介绍利用数据有效性来完成手机号长度的设置和"性别"下拉菜单的设置。

1．利用数据验证设置手机号码的长度

在输入数据时，如工号、学号、手机号码、身份证号等长度统一不变的数据，为了减少输入时的错误，可以利用数据有效性功能进行设置。设置手机号码（限制长度为 11）的具体步骤为：首先选择需要输入手机号码的单元格或区域，然后在"数据"选项卡的"数据工具"组中单击"数据验证"按钮，系统将弹出"数据验证"对话框；再在"设置"选项卡中选择"验证条件"的"允许"下拉列表中的"文本长度"，选择"数据"下拉列表中的"等于"，并在"长度"文本框中输入 11，最后单击"确定"按钮。这时，用户在相应单元格中输入手机号码时必须输入 11 位。

2．利用数据验证制作"性别"下拉菜单

在输入数据时，如职称、性别、专业等信息可以提前限定数据的输入范围，在数据输入时可以通过下拉菜单对数据进行选择，从而确保数据的正确性。设置性别（"男"或"女"）的具体步骤为：首先选择需要进行性别设置的单元格或区域，然后在"数据"选项卡的"数据工具"组中单击"数据验证"按钮，系统将弹出"数据验证"对话框；再在"设置"选项卡中选择"验证条件"的"允许"下拉列表中的"序列"，并在"来源"文本框中输入"男，女"，最后单击"确定"按钮。这时，用户在相应单元格中输入性别时，单元格右边显示一个下拉按钮，单击后显示包含"男"和"女"的下拉菜单，这时直接单击选择即可（选择的数据可以删除）。

6.3 Excel 2016 工作表美化

为了使创建的工作表美观、数据醒目，可以对其进行必要的格式编排，如改变数据的显示格式和对齐方式、调整列宽和行高、添加表格边框和底纹等。

本节主要内容包括单元格格式设置（数字、对齐、字体、边框、填充、保护等）、条件格式设置、行高和列宽设置、表格样式自动套用。

6.3.1 格式设置有关工具

在 Excel 2016 中，工作表格式化主要是使用"开始"选项卡中的诸多工具来完成，如图 6-11 所示。例如，"剪贴板"组中的格式刷；"字体"组中的字体、字号、字体颜色、边框；"对齐方式"组中的各种对齐方式、方向、自动换行、合并后居中；"数字"组中的百分比、增加或减少小数位数；"格式"组中的条件格式、套用表格格式和单元格样式；"单元格"组中的格式等。一些常用格式设置示例如图 6-12 所示。

图 6-11 "格式"工具栏及工具名称

	A	B	C	D	E	F	G
1	货币·数值	文本·填充	字体·字号	边框与对齐			
2	¥75.60	09427401	张三	星期 ＼ 节次	1、2	3、4	
3	¥123.40	09427402	李四	星期一	音乐	美术	
4	250.00	09427403	王五	星期二	语文	数学	
5	1,000.00	09427404	赵六	星期三	物理	化学	
6	根据列宽自动换行	垂直方向	倾斜45度	单元格合并居中			点状阴影

图 6-12　常用格式设置示例

6.3.2　格式的复制

Excel 中进行单元格复制、粘贴和单元格填充时，源单元格的内容和格式（包括字体、字号、颜色、边框等）也一起被应用到了目标单元格中。实际上，格式也是可以单独复制和应用的。主要工具是"开始"选项卡"剪贴板"组中的"格式刷"和"选择性粘贴"。

1. 使用格式刷快速复制格式

"格式刷"是将现有单元格格式复制到其他单元格的专用工具。格式刷的用法是：选定现有单元格或区域，然后单击（或双击）格式刷，这时鼠标指针变成了一个刷子，再用单击或拖动的方式刷到目标单元格或区域（双击格式刷时，可以连续多次使用刷子；不用时，单击"格式刷"按钮或按 Esc 键即可取消）。

2. 使用选择性粘贴复制格式

首先选择现有单元格或区域，执行"复制"命令，再选择目标单元格或区域，执行"选择性粘贴"命令，在弹出的对话框中勾选"格式"后单击"确定"按钮。使用"选择性粘贴"命令时，还可以只粘贴部分格式，如"列宽"。

6.3.3　设置单元格格式

单元格格式设置有很多工具，分别在"开始"选项卡的"字体""对齐方式""数字""样式"和"单元格"5 个组中。设置单元格格式，除了可以使用相应的功能按钮来完成外，还可以使用如图 6-8 所示的"设置单元格格式"对话框实现。此对话框中还有"填充"和"保护"两个选项卡，分别用于单元格的颜色填充和数据保护。

有关格式设置，一般都可以通过功能组的功能按钮或"设置单元格格式"对话框两种途径来完成，但后者更全面。

1. 设置数据类型及格式

在图 6-8 所示的"设置单元格格式"对话框中，其"数字"选项卡的分类列表中包括的数据类型有常规、数值、货币、会计专用、日期、时间、百分比、分数、科学记数、文本、特殊、自定义。

同样的数据，在不同的格式设置下有不同的显示。例如，在系统默认的"常规"格式下，某单元格输入了数字串"12345678"，此单元格中显示的就是"12345678"；若设置格式为"数值"带 2 位小数，则显示为"12345678.00"；若设置格式为"货币"，则显示为"¥12,345,678.00"；

若设置格式为"特殊"中的"中文小写数字"或"中文大写数字",则显示为"一千二百三十四万五千六百七十八"或"壹仟贰佰叁拾肆万伍仟陆佰柒拾捌"。再比如,输入"2022/9/10",通过设置不同的日期格式,可显示为"2022 年 9 月 10 日""2022 年 09 月 10 日""二〇二二年九月十日"等不同形式。

下面通过两个具体的例子示范一下格式设置的操作方法和步骤。

【例 6-6】依照图 6-12 所示的单元格 A2 和 A3 中货币形式的数据,输入到 A9 和 A10 单元格中。

操作方法及步骤如下:

(1)在 A9 和 A10 中分别输入 75.6 和 123.4,再选择这两个单元格。

(2)打开"设置单元格格式"对话框,选择"货币"的默认设置并单击"确定"按钮;或者在"数字"组的"数字格式"下拉列表中选择"货币"选项。

【例 6-7】依照图 6-12 所示的 B2 到 B5 单元格数据格式在 B9 到 B12 中输入同样的数据。

操作方法及步骤如下:

(1)选择 B9 单元格,打开"设置单元格格式"对话框,选择"文本"格式并单击"确定"按钮;或者在"数字"组的"数字格式"下拉列表中选择"文本"选项。

(2)在 B9 单元格中输入 09427401。

(3)将 B9 单元格向下填充到 B12。

2. 设置数据对齐方式

单元格中数据的对齐方式同 Word 表格里一样,水平方向分为左、中、右,垂直方向分为上、中、下,共 9 种。Excel 表格一般都带有跨列居中的标题,通常可以使用"合并后居中"功能来实现。如图 6-13 所示的"设置单元格格式"对话框的"对齐"选项卡中,"文本控制"中的"自动换行""缩小字体填充""合并单元格"都是常用的功能,"方向"则不常使用。

【例 6-8】依照图 6-12 所示单元格 D6 至 F6 中的文字和格式在单元格 D9 至 F9 中输入同样的内容并设置水平方向和垂直方向都居中。

第一种操作方法及步骤如下:

(1)在 D9 单元格中输入文字"单元格合并居中"并设置字号为 20。

(2)选定 D9:F9 单元格区域,单击"对齐方式"功能组中的"合并后居中"。

第二种操作方法及步骤如下:

(1)在 D9 单元格中输入文字"单元格合并居中"并设置字号为 20。

(2)选定 D9:F9 单元格区域,调出"设置单元格格式"对话框,选择"对齐"选项卡,如图 6-13 所示。

(3)在"文本对齐方式"下,"水平对齐"和"垂直对齐"都选择"居中"。

(4)在"文本控制"中选择"合并单元格"复选项,单击"确定"按钮。

数据的字体格式、表格边框格式(可绘制)、单元格底纹等设置此处不再详细阐述。

3. 条件格式设置

Excel 2016 的"条件格式"功能按钮位于"开始"选项卡的"样式"组中,通过设置条件格式,可以将符合某个特定条件的数据以指定的格式进行显示,使用条件格式能比较直观地查看和分析数据。

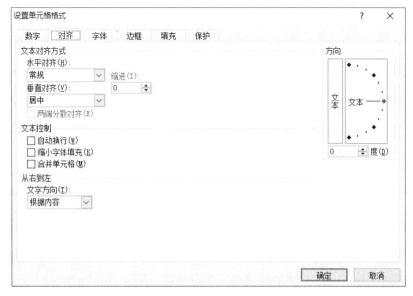

图 6-13　"设置单元格格式"对话框的"对齐"选项卡

"条件格式"的下拉菜单中一共有 8 个选项，简单介绍如下：

（1）突出显示单元格规则。基于比较运算符（如大于、小于、介于、等于、文本包含等）设置特定的单元格格式。

（2）项目选取规则。用于突出显示选定区域中值最大或最小的一部分数据，也可以指定显示高于或低于平均值的数据。

（3）数据条。对数值类型的数据使用数据条，可以比较直观地对选定区域内的数值进行观察分析。数据条的长度代表了单元格的值，数据条越长，表示的值越大。

（4）色阶。使用颜色刻度可以了解数据的分布和数据变化，并使用颜色的深浅表示值的高低。

（5）图标集。使用图标集可以对数据进行注释，并按值将数据分成 3～5 个类别。每个图标代表一个值的范围。

（6）新建规则。如果需要对系统提供的条件格式进行更高级的设置，则可以采用该命令。

（7）清除规则。可以一次性清除所选单元格区域设置的条件格式规则。

（8）管理规则。管理规则的主要功能是修改条件格式的规则。

下面通过一个例子来介绍条件格式设置的方法和步骤。

【例 6-9】通过不同方式的条件格式设置如图 6-14 所示的数值（10 个成绩分数）格式效果如下：

（1）对 A3:A12 中小于 60 的分数设置字体颜色为深红色、填充颜色为粉红色。

（2）对 B3:B12 中小于其平均值的分数设置字体颜色为深红色、填充颜色为粉红色。

（3）对 C3:C12 中的分数用"数据条"中"渐变填充"的"蓝色数据条"设置其格式。

（4）对 D3:D12 中的分数用"色阶"中的"绿-黄-红色阶"设置其格式。

（5）对 E3:E12 中的分数用"图标集"中的"五象限图"设置其格式。

（6）对 F3:F12 中的分数设置不同的字体颜色：小于 60 分为红色，60～89 分为蓝色，90分以上为紫色。

	突出显示	项目选取	数据条	色阶	图标集	管理规则
1	突出显示	项目选取	数据条	色阶	图标集	管理规则
2	小于60分	小于平均分				
3	90	90	90	90	90	90
4	70	70	70	70	70	70
5	40	40	40	40	40	40
6	62	62	62	62	62	62
7	32	32	32	32	32	32
8	87	87	87	87	87	87
9	66	66	66	66	66	66
10	78	78	78	78	78	78
11	57	57	57	57	57	57
12	68	68	68	68	68	68

图 6-14 设置条件格式

操作方法及步骤如下：

（1）选定 A3:A12 单元格区域，执行"条件格式"功能的"突出显示单元格规则"中的"其他规则"命令，在打开的"新建格式规则"对话框中进行相关设置（其中，字体及填充颜色通过单击"格式"按钮打开的"设置单元格格式"对话框进行设置），如图 6-15（a）所示，最后单击"确定"按钮。

（2）选定 A3:A12 单元格区域，执行"条件格式"功能的"项目选取规则"中的"其他规则"命令，在打开的"新建格式规则"对话框中进行相关设置（其中，字体及填充颜色通过单击"格式"按钮打开的"设置单元格格式"对话框进行设置），如图 6-15（b）所示，最后单击"确定"按钮。

（a）突出显示单元格规则 （b）项目选取规则

图 6-15 "新建格式规则"对话框

（3）～（5）根据题目要求执行相应功能命令来进行格式设置。

（6）选定 F3:F12 单元格区域，执行"条件格式"子菜单中的"管理规则"命令，在打开的"条件格式规则管理器"对话框中进行相关设置（根据题目要求新建 3 个规则），如图 6-16 所示，最后单击"确定"按钮。

4. 单元格的保护

Excel 2016 的"设置单元格格式"对话框中有一个"保护"选项卡，其中有两个可选项：锁定和隐藏。"锁定"功能的作用是保护单元格数据不被修改和删除，"隐藏"功能的作用是隐藏单元格的计算公式而不是隐藏数据。"锁定"和"隐藏"功能只有在设置工作表保护后才能生效。若要使某个单元格或区域中的数据不被锁定，则必须在保护工作表之前设置其为非锁定状态（不勾选"锁定"复选项）。

图 6-16　"条件格式规则管理器"对话框

6.3.4　更改列宽和行高

利用"开始"选项卡"单元格"组"格式"子菜单中的"行高""列宽""隐藏和取消隐藏"等相关命令可以精确设置表格的行高和列宽，还可以对行和列进行隐藏。下面介绍另外两种常用的改变行高和列宽的方法。

1. 改变表格的列宽

（1）手动改变表格的列宽。将鼠标指针移到要改变列宽的列标题的边界处，鼠标指针变成一个竖直的双向箭头，然后按住鼠标左键拖动其边界到适当的宽度，松开鼠标。如果要同时更改多列的宽度，先选择这些列，然后拖动其中一个列标题的边界到适当的宽度即可。

（2）自动改变表格的列宽到最合适的宽度。将鼠标指针移到要改变列宽的列标题的边界处，鼠标指针变成一个竖直的双向箭头，然后双击。如果要同时更改多列的宽度，则需要先选择这些列，然后双击这些列任意相邻两列之间的分界线。如果要一次性地改变整个表格的列宽，则要先选择整个表格，然后双击 A 和 B 两列之间的分界线。

2. 改变表格的行高

（1）手动改变表格的行高。将鼠标指针移到要改变行高的行下方分界线处，鼠标指针变成一个水平的双向箭头，然后按住鼠标左键拖动其边界到适当的高度，松开鼠标。如果要同时更改多行的高度，先选择这些行，然后拖动其中一个行下方的边界线到适当的高度即可。

（2）自动改变表格的行高到最合适的高度。将鼠标指针移到要改变行高的行下方分界线处，鼠标指针变成一个水平的双向箭头，然后双击。如果要同时更改多行的高度，则需要先选择这些行，然后双击这些行任意相邻两行之间的分界线。如果要一次性地改变整个表格的行高，则要先选择整个表格，然后双击 1 和 2 两行之间的分界线。

6.3.5　表格样式的自动套用

Excel 提供了表格格式自动套用的功能，利用此功能可以方便地制作出美观、大方的报表。

【例 6-10】使用"套用表格格式"功能制作如图 6-17 所示的表。

操作方法及步骤如下：

（1）输入表格内容。

（2）选择表格，在"开始"选项卡的"样式"组中单击"套用表格格式"按钮，在如图 6-18 所示的样式列表中选择第一种样式——表样式浅色 1。

类别	计算机	打印机	消耗材料	合计
一季度	12	2	0.89	14.89
二季度	21	2.8	1	24.8
三季度	25	4.5	1.2	30.7
四季度	30	5	2	37
总计	88	14.3	5.09	107.39

图 6-17　自动套用格式示例（1）

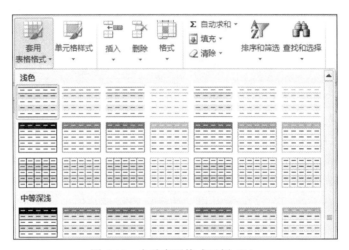

图 6-18　自动套用格式示例（2）

特别提示：表格套用格式后，在输入公式进行计算时，被引用的单元格名称会发生变化，并将公式自动向下填充快速完成本列的所有计算。例如，在如图 6-17 所示的表格中，计算"一季度"的"合计"值，若重新使用公式（如"=B2+C2+D2"）并确定后，再查看公式时就会发现公式已经被自动修改为"=[@计算机]+[@打印机]+[@消耗材料]"，二、三、四季度的合计公式都一样。

6.4　Excel 2016 公式

Excel 最重要的功能就是数据计算，而公式是计算的基础，公式的应用非常重要和广泛。使用公式不仅能进行简单的四则运算，还可以进行复杂的数据运算和各种数据统计，而且可以将函数应用到公式中进行专业运算。在 6.2.4 节中已经简单介绍过公式的输入方法，本节将对公式的使用作较为详细的介绍。

6.4.1　公式的组成

在 Excel 中，公式的形式是"=<表达式>"。表达式由常量、变量（单元格名称或区域名称）、函数、圆括号及运算符组成。公式的作用是表明数据的来由和计算表达式的值，并将结果显示在所在单元格中。公式的输入和修改可以在单元格内进行，也可以在编辑栏中进行。输入公式时，常用函数可以在名称框中选择得到或直接输入，单元格或区域名称可以通过鼠标选择输入。

一般来说，公式中除了汉字外，其他所有字符都是英文半角格式。

1. 公式中的运算符

Excel 的运算符类型主要分为算术运算符、文本运算符、日期运算符和比较运算符。

（1）算术运算符。+（加法）、-（减法）、*（乘法）、/（除法）、^（乘方）、%（百分数）。

（2）文本运算符。&，作用是合并文本。例如，在单元格 A1 中输入"计算机"，在单元格 A2 中输入"世界"，在单元格 A3 中输入公式"=A1&A2"，就可以得到"计算机世界"。特别指出，&可以合并非文本型数据和常量（Excel 系统中有自动数据类型转换机制）。

（3）日期运算符。+（加法）、-（减法）。值得注意的是，日期与日期只能相减，得到两者之间相差的天数；一个日期可以与数值相加减，得到另一个日期。

（4）比较运算符。<（小于）、>（大于）、=（等于）、<>（不等于）、<=（小于等于）、>=（大于等于），用于对两个数据进行比较，运算后的结果只有两个（逻辑值）：TRUE（真）和 FALSE（假）。例如，在一个单元格中输入公式"=5<9"，返回的结果是 TRUE；如果输入公式"=5>9"，返回的结果是 FALSE。

（5）逻辑运算符。Excel 中没有专门的逻辑运算符，而是使用 AND（逻辑与、逻辑乘）、OR（逻辑或、逻辑加）和 NOT（逻辑否，即求反）函数来实现逻辑运算。例如，公式"=AND(3<5,6<8)"的结果是 TRUE，公式"=OR(3<=5,5<3)"的结果是 TRUE，公式"=NOT(3<5)"的结果是 FALSE。

2. 公式中的常量

Excel 的常量包括数值常量、字符常量、日期常量和逻辑常量。

（1）数值常量。包括 0、正数、负数、整数、小数及科学记数法表示的数。例如，公式"=2*(-10)+1.2E3"中包含 3 个常数（其中，1.2E3 实际上就是 1200），计算结果是 1180。

（2）字符常量。一对英文双引号中间的字符串（可以包含数字、英文、汉字、中英文符号等）。例如，A1 单元格数据为 1，在 B1 单元格中输入公式"=A1&"班""，可得结果为"1 班"。

（3）日期常量。借助 DATE 函数来表示。例如，A1 单元格中输入了一个日期"2022/7/1"，在 B1 单元格中输入公式"=DATE(2022,9,10)-A1"（式子中前一项表示日期"2022/9/10"），可得结果为"1900/3/11"（系统自动修改为"日期"格式），再将 B1 单元格设置为"常规"格式，则结果变为"71"（就是两个日期之间相隔的天数）。

（4）逻辑常量。TRUE（逻辑真）和 FALSE（逻辑假）。在某些数值计算的场合，TRUE 和 FALSE 可以参与计算，它们分别表示 1 和 0。

6.4.2 单元格的引用

在公式中要使用单元格中已有的数据，可以将单元格的名字写在公式中，这就是单元格的引用。引用的对象，除了单个单元格外，还可以是区域（包括整行、整列）等。下面对单元格的引用作较为详细的介绍。

1. 引用的作用

引用单元格在于标识工作表中的单元格或区域，并指明公式中所使用的数据的位置。通过引用，在公式中可以使用工作表中单元格的数据。特别是当公式中引用的单元格有数据更新时，公式计算的结果会自动更新。更重要的是，对于成千上万个同类型的数据计算，只需要输入一个公式计算出一个结果，其他数据的计算公式和结果均可通过自动填充功能快速得到。

2. 引用的表示

单元格的引用示例见表 6-2。

表 6-2　引用单元格或区域示例

单元格或区域	引用名
位于第 A 列第 1 行的单元格	A1
第 A 列第 2～10 行的单元格组成的区域	A2:A10
第 1 行第 B～F 列的单元格组成的区域	B1:F1
从 B2 到 F10 的单元格组成的区域	B2:F10
第 5 行的所有单元格	5:5
第 5～10 行的所有单元格	5:10
第 H 列中的所有单元格	H:H
第 H～J 列中的所有单元格	H:J

3. 引用的分类

单元格的引用分为 3 类：相对引用、绝对引用和混合引用。

（1）相对引用。在例 6-5 中，使用了填充公式的方法在如图 6-10 所示的第 M 列输入等比序列 1、2、4、8、……，这里 M3 中的公式是 "=2*M2"（可理解为 M3=2*M2）。而将 M3 的公式向下填充时，被填充的单元格也得到了类似的公式，如 M4 中的公式是 "=2*M3"（可理解为 M4=2*M3），这就是相对引用。

单元格的名称直接用在公式中，就称为单元格的相对引用。当一个单元格中的公式复制（或填充）到其他单元格时，公式中引用的单元格的名称就会发生 "相对" 变化：复制到同一列的其他行时，其行号改变；复制到同一行的其他列时，其列标改变；复制到其他行和其他列时，其行号和列标都改变。例如，M3 中的公式是 "=2*M2"（即 M3=2*M2），将它复制到 M4 时，就成了 "=2*M3"（即 M4=2*M3）；将它复制到 N3 时，就成了 "=2*N2"；将它复制到 N4 时，就成了 "=2*N3"。本质上讲，公式中的单元格和存放公式的单元格的相对位置保持不变。

（2）绝对引用。单元格绝对引用的方法是在列标和行号前都加上美元符号$，如$A$1，它表示 A 列第 1 行的单元格。包含它的公式，无论被复制到哪个单元格，引用位置都不变。实际上，$的作用就是在公式的复制过程中限制单元格名称的列标或行号，不让它随之发生变化。

（3）混合引用。单元格混合引用的方法是只在列标和行号其中一个上加上美元符号$，如$A1 和 A$1，它们都表示 A 列第 1 行的单元格。但将引用它们的公式复制到其他单元格时，未加$的列标会随列的改变而改变，未加$的行号也会随行的改变而改变。

【例 6-11】如图 6-19 所示，在单元格 A1、B1、C1、A2、A3 中分别输入了数值 1、2、3、4、5。如果在 B2 单元格中输入公式 "=$A$1+A$2+$B1"，并将此公式复制到 C2、B3、C3，那么 B2 单元格的值是多少？C2、B3、C3 单元格的公式和值又是什么？

B2 的值是 7，C2 的公式和值分别是 "=$A$1+B$2+$B1" 和 10，B3 的公式和值分别是 "=$A$1+A$2+$B2" 和 12，C3 的公式和值分别是 "=$A$1+B$2+$B2" 和 15。

	A	B	C
1	1	2	3
2	4	?	?
3	5	?	?

图 6-19　单元格的引用

4. 跨工作表、工作簿的引用

跨工作表、工作簿的引用可以分为以下两种情况进行分析：

（1）相同工作簿、不同工作表间的单元格引用。引用格式为：工作表名![$]列标[$]行号。

（2）不同工作簿间的单元格引用。引用格式为：[工作簿文件名]工作表名![$]列标[$]行号。

6.4.3　公式应用举例

如图 6-20 所示给出了 7 个公式计算的例子，都是全国计算机等级考试 MS 一级 Office 常见试题，也体现了实际工作中数据计算的基本要求，请读者牢记。

	A	B	C	D	E	F
1	学号	语文成绩	数学成绩	英语成绩	平均成绩（公式显示）	公式计算结果
2	XS0001	87	95	76	=(B2+C2+D2)/3	86
3						
4	选手号	初赛成绩（占10%）	复赛成绩（占20%）	决赛成绩（占70%）	总成绩	
5	A01	89	78	79	=B5*0.1+C5*0.2+D5*0.7	79.8
6						
7	工号	基本工资	基本津贴	五险一金扣除	实发工资	
8	ZG0001	3460	2100	1200	=B8+C8-D8	4360
9						
10	产品型号	产品名称	单价（元）	数量	销售额（万元）	
11	D01	电冰箱	2750	35	=C11*D11/10000	9.625
12						
13	产品型号	产品名称	销售数量	维修件数	维修件数所占百分比	
14	SH1	A12	1020	160	=D14/C14%	15.67
15						
16	销售组	产品名称	销售数量（元）	单价	销售额（元）	
17	A组	微波炉	46	246	=C17*D17	11316
18						
19	部门编号	部门名称	伙食补助（元）	补助人数	人均补助（元）	
20	A0001	一车间	13680	30	=C20/D20	456

图 6-20　公式计算举例

6.4.4　查看即时计算结果

日常数据处理中，经常要求一组数值数据的和、平均值、最大值、最小值等。Excel 提供了即时显示这些计算结果的功能：只要选择一组包含有数值的数据区域，系统就会在状态栏中显示其中数值数据的平均值、个数、求和等结果。例如，当选择图 6-20 中的区域 B1:D2 时，状态栏中就会显示"平均值：86　计数：6　求和：258"。若想要看到更多结果，可以右击状态栏，系统会弹出一个快捷菜单，这时若勾选"最大值""最小值""数值计数"等，按 Esc 键取消菜单后，状态栏上就会显示出最大值、最小值和数值计数的结果了。

6.4.5　公式常用功能命令

Excel 的"公式"选项卡有"函数库""定义的名称""公式审核"和"计算"功能组。

（1）"函数库"功能组。当公式中需要使用函数时，"函数库"功能组的功能按钮能为用户快速找到需要的函数提供极大的便利，如"Σ自动求和"按钮的子菜单中就有最常用的求和、平均值、计数、最大值和最小值等函数。

（2）"显示公式"命令。通常情况下，公式计算的单元格显示的是公式计算结果，当选择单元格时编辑栏上会显示计算公式，只有当编辑公式时才能在单元格中显示公式。而使用"公式审核"组中的"显示公式"命令，当前工作表中的所有计算公式就会同时显示出来。例如，当完成例 6-11 中的操作后，若单击"显示公式"命令，就能同时看到其中所有的公式。

（3）"追踪单元格引用"命令。"公式审核"组中的"追踪单元格引用"命令可以帮助我们查看公式中引用单元格的情况，还可以帮助审核公式，避免单元格引用错误。

值得注意的是，当编辑单元格时，系统会以不同的颜色来显示单元格或区域及它们的名称，这也有助于用户对公式进行审核。

6.4.6 公式计算结果的利用

Excel 中，若将通过公式计算得到的结果复制到工作簿的其他地方，则先选择相应的单元格或区域并执行"复制"命令（组合键 Ctrl+C），然后选择目标区域的首个单元格的位置，执行"开始"选项卡"剪贴板"组"粘贴"命令中的"选择性粘贴"子命令，在"选择性粘贴"对话框中选择"值"并单击"确定"按钮。若直接使用"粘贴"命令（组合键 Ctrl+V），则得到的是公式（相对引用的结果，可能产生错误信息），而不是所希望得到的数据。我们也常常将公式计算结果通过"复制"和"选择性粘贴"命令用计算结果替换原处的计算公式，从而达到去除（过滤）公式的目的。

6.5 Excel 2016 函数

函数的应用使得 Excel 具有强大的数据处理功能，Excel 中函数是预先定义好的表达式。函数的基本格式为：函数名(参数列表)，其中，函数名表示函数的功能与用途，参数列表提供了函数执行相关操作的数据来源或依据。参数列表可能有多个参数，参数与参数之间采用英文逗号分隔。参数可以是常量、数值、单元格的引用，也可以是函数。

Excel 中提供了众多类型的函数，比较常用的是数学和三角函数、查找与引用函数、统计函数、时间和日期函数、文本函数等。

本节将进一步介绍函数的用法，并对常用函数的应用作出较为详细的阐述。

6.5.1 函数的输入

公式中函数式的输入，除了手动输入方式外，也可以借助相应的功能命令来完成。常用的方式有以下 3 种：

（1）在目标单元格中输入等号"="，此时名称框中会显示函数名 SUM，单击其右边的下拉按钮，弹出如图 6-21 所示的函数下拉列表，可以从中选择需要的函数，或者单击"其他函数"命令，得到如图 6-22 所示的"插入函数"对话框，这时可以进一步选择所需要的函数。

图 6-21　函数下拉列表

图 6-22　"插入函数"对话框

（2）单击名称框与编辑栏之间的"插入函数"按钮 f_x，可以直接得到如图 6-22 所示的"插入函数"对话框。

（3）在"公式"选项卡的"函数库"组中单击"插入函数""Σ自动求和""逻辑""文本""日期和时间"等按钮，能快速得到想要的函数。

值得注意的是，在"插入函数"对话框中选中某一个函数时可以得到该函数格式和功能的简要说明，这对用户学习函数的用法很有帮助。在公式中手动输入函数名及左括号后，系统会自动显示函数的格式（包括函数名和参数），而且将当前参数以加粗形式显示，这对用户正确使用函数也有很好的作用。

在学习使用函数时需要注意，在图 6-22 所示的"插入函数"对话框中显示了函数的格式和功能，选择某个函数（如 SUM）并单击"确定"按钮后，系统会弹出"函数参数"对话框，其中对函数的功能和参数的数目及使用进行说明。当进一步输入参数后（如 Number1 输入图 6-20 中的区域 B2:D2），则在对话框中会显示相关信息（如"={87,95,76}"和"计算结果=258"），如图 6-23 所示。

图 6-23   "函数参数"对话框

6.5.2 实用函数介绍

为了方便介绍函数的使用，这里给出如图 6-24 所示的学生成绩表和如图 6-25 所示的班级人数及奖学金统计表。

	A	B	C	D	E	F	G	H	I	J	K	L
1	班级	学号	性别	科目1	科目2	科目3	科目4	总分	名次	挂科数	等级	奖学金
2	旅管0701	07425117	女	53	88	74	85	300	12	1	B	400
3	旅管0701	07425105	男	54	52	97	75	278	17	2	C	200
4	旅管0702	07425242	女	57	76	90	61	284	14	1	C	200
5	市营0702	07414234	女	63	56	51	80	250	18	2	C	200
6	市营0702	07414211	女	66	91	59	70	286	13	1	C	200
7	旅管0702	07425201	女	70	100	87	67	324	6	0	B	400
8	旅管0701	07414141	男	72	70	53	85	280	16	1	C	200
9	旅管0701	07425113	女	73	87	57	87	304	9	1	B	400
10	旅管0701	07425221	男	75	93	66	69	303	11	0	B	400
11	市营0702	07414221	男	80	94	50	93	317	7	1	B	400
12	市营0702	07414202	女	86	75	52	71	284	14	1	C	200
13	旅管0702	07425235	男	87	93	97	59	336	4	1	A	600
14	市营0701	07414115	女	87	54	96	67	304	9	0	B	400
15	旅管0701	07425109	男	89	94	62	83	328	5	0	A	600
16	旅管0701	07414169	男	89	63	73	80	305	8	0	B	400
17	市营0701	07414118	女	94	72	89	96	351	2	0	A	600
18	旅管0701	07425142	男	95	92	89	70	346	3	0	A	600
19	市营0701	07414103	女	99	91	85	100	375	1	0	A	600
20	平均分			77.2	80.1	73.7	77.7	308.6				
21	最高分			99	100	97	100	375				

图 6-24   学生成绩表

图 6-24 中，每个学生的"名次"根据其"总分"而定，最高分对应的名次为 1，其他总分对应的名次为低于此总分个数加 1，总分相同者名次相同；每个学生的"挂科数"是其四门科目中分数低于 60 分的门数；每个学生的"等级"由其名次确定：名次≤5 的为 A 等，名次≥人数-5 的为 C 等，其他均为 B 等；"奖学金"按成绩等级 A、B、C 分别为 600、400、200；"平均分"和"最高分"是指各科目所有学生成绩的平均分和最高分。所有计算结果都要求用公式求出，当单科成绩有修改时计算结果都能被自动更新。

	A	B	C	D	E	F	G	H	I	J
23										
24	班级人数汇总						班级奖学金汇总			
25	班级	男	女	合计			班级	男	女	合计
26	旅管0701	3	2	5			旅管0701	1400	800	2200
27	旅管0702	2	2	4			旅管0702	1000	600	1600
28	市营0701	2	3	5			市营0701	600	1600	2200
29	市营0702	1	3	4			市营0702	400	600	1000
30	合计	8	10	18			合计	3400	3600	7000

图 6-25　班级人数及奖学金统计表

图 6-24 与图 6-25 在同一个工作表中，后者是基于前者来统计的。所有计算结果都要求用公式求出，当单科成绩有修改时计算结果都能被自动更新。

Excel 提供了丰富的功能强大的函数，从图 6-23 所示的"函数参数"对话框中可以查看函数的功能及对语法格式的简要说明。这里进一步介绍一些常用函数的语法格式并适当举例说明。

1. 求和函数 SUM、SUMIF、SUMIFS 和 SUMPRODUCT

（1）求和函数 SUM。

语法格式：SUM(number1,number2,…)

函数功能：返回所有 number 的和。

参数说明：参与运算的 number1、number2、……可以是连续的，也可以是不连续的，参数之间需要用英文逗号","进行分隔。

（2）条件求和函数 SUMIF。

语法格式：SUMIF(range,criteria,sum_range)

函数功能：可以对数据范围中符合指定条件的值进行求和，因此也称为条件求和函数。

参数说明：range 为条件所在的数据区域；criteria 为求和的条件，该条件可以是数值、逻辑类型表达式等；sum_range 为求和的区域。

（3）多条件求和函数 SUMIFS。

语法格式：SUMIFS(sum_range,criteria_range1,criteria1, [criteria_range2, criteria2] ,...)

函数功能：可以对数据范围中符合多个条件单元格的数据进行求和，因此也称为多条件求和函数。

参数说明：sum_range 为求和的区域；criteria_range1 为条件 1 所在的数据区域，criteria1 为条件表达式 1；criteria_range 2 为条件 2 所在的数据区域，criteria2 为条件表达式 2，可以根据需要增加，最多不能超过 127 个条件。值得注意的是，criteria_range 和 criteria 必须成对出现。

（4）求数组乘积和函数 SUMPRODUCT。

语法格式：SUMPRODUCT(array1, [array2], [array3],...)

函数功能：SUMPRODUCT 函数是各数组对应元素的乘积之和。

参数说明：array1 必需，其相应元素是需要进行相乘并求和的第一个数组参数；array2、

array3、……可选，2～255 个数组参数，其相应元素需要进行相乘并求和。

SUM 函数使用示例：

（1）公式"=SUM(3, 2)"是将 3 和 2 相加，结果为 5。

（2）公式"=SUM("5", 15, TRUE)"是将 5、15 和 1 相加，因为文本值被转换为数字，逻辑值 TRUE 被转换成数字 1，结果为 21。

（3）设单元格区域 A1:A5 的数据分别为-5、15、30、'5、TRUE，则公式"=SUM(A1:A5,2)"是将此 A 列中前 5 行中的值之和与 2 相加，因为引用非数值的值不被转换，故结果为 42。

SUMPRODUCT 函数使用示例（此函数有特殊用法，见例 6-15）：假设在区域 A1:A4 分别输入 1、2、3、4，在区域 B1:B4 分别输入 1000、100、10、1，则公式"=SUMPRODUCT(A1:A4, B1:B4)"的计算结果是 1234。

【例 6-12】用 SUM 函数计算图 6-24 中所有学生的总分。

（1）在单元格 H2 中输入公式"=SUM(D2:G2)"。

（2）将 H2 的公式向下填充至 H19。

【例 6-13】用 SUMIF 函数计算图 6-24 中所有学生二等奖学金（400）的总数。

在 M2 中输入公式"=SUMIF(L2:L19,400)"，可得结果 2800。

【例 6-14】用 SUMIFS 函数计算图 6-25 中"旅管 0701"班男生奖学金总数。

在单元格 H26 中输入公式"=SUMIFS(L2:L19,A2:A19,G26,C2:C19,"男")"，可得结果 1400。

说明："L2:L19"是求和数据区域，"A2:A19,G26"是指满足条件"班级为旅管 0701"，"C2:C19,"男""是指满足条件"性别为男"。

【例 6-15】用 SUMPRODUCT 函数计算图 6-25 中"旅管 0701"班男生人数和奖学金总数。

（1）在单元格 B26 中输入公式"=SUMPRODUCT((A2:A19=A26)*(C2:C19="男"))"，计算结果为 3。

（2）在单元格 H26 中输入公式"=SUMPRODUCT((A2:A19=A26)*(C2:C19="男")*(L2:L19)))"，可得结果 1400。

说明："L2:L19"是求和数据区域，"A2:A19=G26"是指满足条件"班级为旅管 0701"，"C2:C19="男""是指满足条件"性别为男"。

2．求平均值函数 AVERAGE、AVERAGEIF 和 AVERAGEIFS

3 个函数的格式和用法都类似于 SUM、SUMIF、SUMIFS，在此不再详述。

【例 6-16】计算图 6-24 中各科平均分（只显示一位小数）。

（1）在单元格 D20 中输入公式"=AVERAGE(D2:D19)"。

（2）在"开始"选项卡的"数字"组中单击"减少小数位数"和"增加小数位数"功能按钮，将 D20 中的数据设为一位小数。

（3）将 D20 的公式向右填充至 G20。

求平均值函数的用法与求和函数完全相同，在此不再赘述。

3．求最大值函数 MAX 和第 k 个最大值函数 LARGE

MAX 函数的格式和 SUM 的格式一致，在此不再详述。LARGE 函数的格式参见例题加以理解。

【例 6-17】计算图 6-24 中"总分"的最高分。

在单元格 H21 中输入公式"=MAX(H2:H19)"，可得结果 375。

【例 6-18】求出图 6-24 中 "总分" 的第二高分。

在单元格 H22 中输入公式 "=LARGE(H2:H19,2)"，可得结果 351。

4. 求最小值函数和第 k 个最小值函数

MIN 和 SMALL 的用法与 MAX 和 LARGE 相同，在此不再赘述。

5. 向下取整函数 INT

示例：

（1）公式 "=INT(8.9)" 是将 8.9 向下舍入到最接近的整数，结果为 8。

（2）公式 "=INT(-8.9)" 是将-8.9 向下舍入到最接近的整数，结果为-9。

6. 四舍五入函数 ROUND

语法格式：ROUND(number,digits)

函数功能：ROUND 函数是对参数中指定的 number 进行四舍五入的操作，所保留的小数位由参数列表中的 digits 确定。如果 digits 大于 0，则四舍五入到指定的小数位；如果 digits 等于 0，则四舍五入到最接近的整数；如果 digtis 小于 0，在小数点左侧进行四舍五入。

参数说明：number 为要四舍五入的数，digits 是小数点后保留的位数。

示例：

（1）公式 "=ROUND(2.15, 1)" 是将 2.15 四舍五入到一个小数位，结果为 2.2。

（2）公式 "=ROUND(2.149, 1)" 是将 2.149 四舍五入到一个小数位，结果为 2.1。

（3）公式 "=ROUND(-1.475, 2)" 是将-1.475 四舍五入到两个小数位，结果为-1.48。

（4）公式 "=ROUND(12345, -2)" 是将 12345 四舍五入到小数点左侧两位，结果为 12300。

（5）若将图 6-24 中各科平均分作四舍五入处理只留一位小数，则只需将例 6-16 中的公式改为 "=ROUND(AVERAGE(D2:D19),1)"。

7. 随机数 RAND

语法格式：RAND()（不需要参数）

函数功能：返回大于等于 0 及小于 1 的均匀分布随机数，每次计算工作表时都将返回一个新的数值。

参数说明：若要生成 a 与 b 之间的随机实数，请使用 RAND()*$(b-a)+a$。如果要使用函数 RAND 生成一个随机数，并且使之不随单元格计算而改变，可以在编辑栏中输入 "=RAND()"，保持编辑状态，然后按 F9 键，将公式永久性地改为随机数。

示例：

（1）公式 "=RAND()" 产生一个介于 0 和 1 之间的随机数（变量）。

（2）公式 "=RAND()*100" 产生一个大于等于 0 但小于 100 的随机数（变量）。

【例 6-19】利用随机函数产生图 6-24 中所有学生四门成绩的分数，要求都是 40～100 的随机整数。

操作方法及步骤如下：

（1）在单元格 D2 中输入公式 "=40+INT(61*RAND())"。

（2）将 D2 的公式向右填充至 G2。

（3）在 D2:G2 处于选定状态下，继续将区域 C2:G2 的公式向下填充至 G19。

（4）选择 D2:G19，执行 "复制" 操作，再执行 "选择性粘贴" 操作（选择 "数值"）。

8. 排位函数 RANK（或 RANK.EQ）

语法格式：RANK(number,ref,[order])

函数功能：返回某一个数值在一组数值中相对于其他数值的大小排名。

参数说明：number 为需要排名的数值或数值所在的单元格名称；ref 为排名的参照数值区域；order 为排名的排序方式，是可选参数，当不输入时默认值为 0，按升序进行排列，当输入非 0 值时，按降序进行排列。

函数 RANK 对重复数的排位相同，但重复数的存在将影响后续数值的排位。例如，在一列按升序排列的整数中，如果整数 10 出现两次，其排位为 5，则 11 的排位为 7（没有排位为 6 的数值）。

示例：设单元格区域 A1:A6 中的数据分别是 6、3、1、4、3、2，则公式"=RANK(A2,A1:A6,1)"表示 3 在 A 列数据中按升序的排位，结果为 3；公式"=RANK(A6,A1:A6)"表示 2 在 A 列数据中的降序排位，结果为 5。

【例 6-20】计算图 6-24 中所有学生的名次（高分到低分降序）。

（1）在单元格 I2 中输入公式"=RANK(H2,H$2:H$19)"。

（2）将 I2 的公式向下填充至 I19。

9. 计数函数 COUNT、COUNTIF 和 COUNTIFS

函数格式和用法都类似 SUM、SUMIF 和 SUMIFS。

函数在计数时，将把数字、日期或以文本代表的数字计算在内，但是错误值或其他无法转换成数字的文字将被忽略。如果参数是一个数组或引用，那么只统计数组或引用中的数字，数组或引用中的空白单元格、逻辑值、文字或错误值都将被忽略。

【例 6-21】计算图 6-24 中第一位学生的挂科数。

在单元格 J2 中输入公式"=COUNTIF(D2:G2,"<60")"，计算结果为 1。

【例 6-22】计算图 6-25 中"旅管 0701"班男生人数。

在单元格 B26 中输入公式"=COUNTIFS(A2:A19,A26,C2:C19,"男")"，计算结果为 3。

10. 条件取值函数 IF

语法格式：IF(logical_test,value_if_true,value_if_false)

函数功能：可根据指定条件来判断其"真"或"假"，根据逻辑值的结果返回相应的内容。

参数说明：logical_test 为指定进行判断的条件，该参数返回的结果为一个逻辑值（TRUE 或 FALSE）；value_if_true 为当条件判断返回的逻辑值为 TRUE 时所返回的对应值；value_if_false 为当条件判断返回的逻辑值为 FALSE 时所返回的对应值。

示例：

（1）如果在单元格 B1 中输入公式"=IF(A1<60,"不及格","及格")"，那么当单元格 A1 的值是 50 时结果为"不及格"，当单元格 A1 的值是 90 时结果为"及格"。

（2）如果在单元格 B1 中输入公式"=IF(A1<60,"不及格", IF(A1<70,"及格", IF(A1<85,"良好","优秀")))"，那么当单元格 A1 的值分别是 50、65、75、90 时结果分别为"不及格""及格""良好""优秀"。

【例 6-23】计算图 6-24 中所有学生的等级。

（1）在单元格 K2 中输入公式"=IF(I2<=5,"A",IF(I2>=COUNT(I$2:I$19)−5,"C","B"))"。

（2）将 K2 的公式向下填充至 K19。

【例 6-24】计算图 6-24 中所有学生的奖学金。

（1）在单元格 L2 中输入公式"=IF(K2="A",600, IF(K2="B",400,200))。

（2）将 C2 的公式向下填充至 C19。

【例 6-25】利用条件函数和随机函数生成图 6-24 中所有学生的性别。

（1）在单元格 C2 中输入公式"=IF(RAND()<0.5,"男","女")。

（2）将 C2 的公式向下填充至 C19。

11. 频率分布函数 FREQUENCY

【例 6-26】利用频率分布函数计算图 6-24 中科目 1 的分数分布在 0～60、61～84、85～100 三个区间的个数各是多少。

（1）在单元格 P2、P3、P4 中分别输入 59、84、100。

（2）选择区域 Q2、Q3、Q4，输入公式"=FREQUENCY(D2:D19,P2:P4)"后，按住组合键 Ctrl+Shift+Enter，可以在 Q2、Q3、Q4 得到结果为 3、7、8，而其中的公式变为数组公式"{=FREQUENCY(D2:D19,P2:P4)}"。

12. 当前日期时间函数 NOW

无参数的函数 NOW()返回日期和时间格式的当前日期和时间。

13. 当前日期函数 TODAY

无参数的函数 TODAY()返回日期格式的当前日期。

14. 日期函数 DATE

若在某个单元格中输入"=DATE(2019,9,10)"，则在此单元格中显示一个日期"2019-9-10"（或"2019/9/10"）。

15. 日期间隔函数 DATEDIF

语法格式：DATEDIF(start_date,end_date,unit)

函数功能：DATEDIF 是 Excel 中的隐藏函数，在"帮助"和"插入公式"对话框中都找不到。该函数的主要功能是快速返回两个日期之间年、月、日相隔的数值。

参数说明：start_date 为起始日期或时间段内的第一个日期，注意起始日期必须在 1900 年之后；end_date 为结束日期或时间段内的第二个日期；unit 为所需信息的返回类型，unit 参数可以有多种返回类型，常用的有 Y 返回年数差、M 返回月数差、D 返回天数差。

示例：若在单元格 A1 和 A2 中分别输入两个日期"2010-3-5"和"2013-5-4"，而在单元格 A3、A4、A5 中分别输入公式" =DATEDIF(A1,A2,"y") "" =DATEDIF(A1,A2,"m") ""=DATEDIF (A1,A2,"d")"，则得到两个日期相差的年数（周年）、月数、日数，分别为 3、37、1156。读者可以按此方法计算一下自己的年龄。

16. 日期中的年、月、日函数 YEAR、MONTH、DAY

YEAR 函数返回某日期对应的年份，返回值为 1900～9999 的整数；MONTH 函数返回以序列号表示的日期中的月份，返回值为 1～12 的整数；DAY 函数返回以序列号表示的日期的天数，用整数 1～31 表示。

示例：在单元格 A1 中输入"2019-9-10"，再在单元格 A2 中输入公式"=YEAR(A1)+MONTH(A1)+ DAY(A1)"，则显示结果是 2019、9、10 之和 2038（常规格式）。

17. 时间中的时、分、秒函数 HOUR、MINUTE、SECOND

HOUR 函数返回时间值的小时数，值为 0～23 的整数；MINUTE 函数返回时间值中的分钟数，值为 0～59 的整数；SECOND 函数返回时间值中的秒数，值为 0～59 的整数。

示例：在单元格 A1 中输入公式“=TIME(12,34,56)”，则显示为“12:34”（或“12:34 PM”），适当重新设置 A1 的时间格式，可显示为 12:34:56；若再在单元格 A2 中输入公式“=HOUR(A1)+MINUTE(A1)+SECOND(A1)”，则显示为 102（常规格式）。

18. 文本提取子串函数 LEFT、RIGHT、MID

示例：在单元格 A1 中输入一个身份证号“'456789199212310012”。

（1）在单元格 A2 中输入公式“=LEFT(A1,6)”，则显示为 456789。

（2）在单元格 A3 中输入公式“=RIGHT(A1,4)”，则显示为 0012。

（3）在单元格 A4 中输入公式“=MID(A1,7,8)”，则显示为 19921231。

（4）在单元格 A5 中输入公式“=DATE(MID(A1,7,4),MID(A1,11,2),MID(A1,13,2))”，则显示与身份证号对应的出生日期 1992-12-31。

6.5.3 常用函数应用实例

【例 6-27】试写出图 6-26 所示 Excel 表中各计算结果使用的公式。

职工信息表

	A	B	C	D	E	F	G	H
2	姓名	性别	职称	工资总额	工资排名	身高(■)	身高舍入	收入等级
3	马小军	男	助理工程师	5700	13	1.73	1.7	低收入
4	曾令铨	男	工程师	8640	6	1.68	1.7	中等收入
5	张国强	男	工程师	8640	6	1.57	1.6	中等收入
6	孙令煊	女	工程师	8640	6	1.56	1.6	中等收入
7	江晓勇	男	高级工程师	12330	1	1.62	1.6	高收入
8	吴小飞	女	助理工程师	5700	13	1.83	1.8	低收入
9	姚南	女	高级工程师	12330	1	1.56	1.6	高收入
10	杜学江	男	高级工程师	12330	1	1.78	1.8	高收入
11	宋子丹	男	高级工程师	12330	1	1.68	1.7	高收入
12	吕文伟	男	工程师	8640	6	1.57	1.6	中等收入
13	符坚	男	工程师	.8640	6	1.56	1.6	中等收入
14	张杰	女	工程师	8640	6	1.62	1.6	中等收入
15	谢如雪	女	高级工程师	12330	1	1.83	1.8	高收入
16	方天宇	男	助理工程师	5700	13	1.56	1.6	低收入
17	莫一明	女	工程师	8640	6	1.78	1.8	中等收入

其它计算	结果
工资总和	139230
工程师工资总和	60480
全体职工平均工资	9282
最高工资	12330
最低工资	5700
身高四舍五入	G列
工资排名	E列
职工总人数	15
男职工总数	9
收入等级	H列
工资总额的普遍工资	8640
收入等级划分说明	

0-5999：低收入
6000-9999：中等
1W以上：高收入

函数功能	函数名
求和函数	SUM
条件求和	SUMIF
平均值	AVERAGE
最大值	MAX
最小值	MIN
四舍五入	ROUND
排名	RANK
计数	COUNT
条件计数	COUNTIF
条件函数	IF
众数函数	MODE

图 6-26　职工信息及统计表

各项计算公式如下：

（1）工资总和：=SUM(D3:D17)。

（2）工程师工资总和：=SUMIF(C3:C17,C4,D3:D17)。

（3）全体职工平均工资：=AVERAGE(D3:D17)。

（4）最高工资：=MAX(D3:D17)。

（5）最低工资：=MIN(D3:D17)。

（6）身高四舍五入：=ROUND(F3,1)。输入到单元格 G3 中，并往下填充。

（7）工资排名：=RANK(D3,D$3:D$17,0)。输入到单元格 E3 中，并往下填充。

（8）职工总人数：=COUNT(D3:D17)。

（9）男职工总数：=COUNTIF(B3:B17,B3)。

（10）收入等级：=IF(D3<6000,"低收入",IF(D3<10000,"中等收入","高收入"))。输入到单元格 H3 中，并往下填充。

（11）工资总额的普遍工资：=MODE(D3:D17)。

6.6 Excel 2016 数据管理

Excel 2016 中，数据管理主要使用"数据"选项卡中的各项功能来实现。本节主要介绍数据的排序、筛选、合并计算和分类汇总等功能。

6.6.1 数据排序

数据排序是指按一定规则对数据进行整理、排列，为数据的进一步处理做好准备。

Excel 中的排序，通常是将一个数据表的记录按照某一个或多个字段的升序或降序进行重新排列。排序的字段可以是数字、日期时间、文本等类型和自定义的数据序列。

数字类型数据的排序规则：数值由小到大是升序排序，数值由大到小是降序排序。

日期时间类型数据的排序规则：其升序或降序的排序规则是根据日期时间由早到晚或由晚到早进行排序。

文本类型数据的排序规则：升序的排序规则是数字、英文字母、汉字（以拼音为序）。

逻辑值类型数据的排序规则：Excel 认为 FALSE 要小于 TRUE。

Excel 的排序可以分为单条件（单字段）排序和多条件（多字段）排序两种。

例如，图 6-27 所示的工资统计表中，职工记录是按"工资号"字段值从小到大排列的。为了更加清楚地看到后面两个排序的结果，加粗了其中 4 个记录的字体。

	A	B	C	D	E	F	G
1				工资统计表			
2	工资号	姓名	性别	职称	基础工资	浮动工资	工资总额
3	170150001	马小军	男	助理工程师	3500	2200	5700
4	**170150002**	**曾令铨**	**男**	**工程师**	**4850**	**3790**	**8640**
5	170150003	张国强	男	工程师	4850	3790	8640
6	170150004	孙令煊	女	工程师	4850	3790	8640
7	170150005	江晓勇	男	高级工程师	5790	6540	12330
8	**170150006**	**吴小飞**	**女**	**助理工程师**	**3500**	**2200**	**5700**
9	170150007	姚南	女	高级工程师	5790	6540	12330
10	**170150008**	**杜学江**	**男**	**高级工程师**	**5790**	**6540**	**12330**
11	170150009	宋子丹	男	高级工程师	5790	6540	12330
12	170150010	吕文伟	男	工程师	4850	3790	8640
13	170150011	符坚	男	工程师	4850	3790	8640
14	170150012	张杰	男	工程师	4850	3790	8640
15	**170150013**	**谢如雪**	**女**	**高级工程师**	**5790**	**6540**	**12330**
16	170150014	方天宇	男	助理工程师	3500	2200	5700
17	170150015	莫一明	女	工程师	4850	3790	8640

图 6-27 工资统计表

1. 单条件排序

【例 6-28】对图 6-27 所示的工资统计表按"职称"进行降序排序。

方法一：选择"职称"列中的任意一个单元格（切勿选择"职称"列或多个单元格），然后在"数据"选项卡的"排序和筛选"组中单击"排序"功能左边的"降序"按钮，即可完成排序。

方法二：按下述步骤完成。

（1）选择数据区域 A2:G17。

（2）在"数据"选项卡的"排序和筛选"组中单击"排序"按钮，弹出"排序"对话框。

（3）选择主要关键字为"职称"，并选择"次序"为"降序"（参见图 6-28）。

图 6-28　"排序"对话框

（4）单击"确定"按钮，完成排序操作。

这时数据表的职工记录已经按"职称"（高级工程师、工程师、助理工程师）进行了降序排列。

2. 多条件排序

【例 6-29】对图 6-27 所示的工资统计表以"性别"为主要关键字升序排序、"职称"为次要关键字降序排序。

（1）选择数据区域 A2:G17。

（2）在"数据"选项卡的"排序和筛选"组中单击"排序"按钮，弹出"排序"对话框。

（3）选择主要关键字为"性别"。

（4）单击"添加条件"按钮，选择次要关键字为"职称"，并选择"次序"为"降序"（参见图 6-28）。

（5）单击"确定"按钮，完成排序操作。

排序结果如图 6-29 所示。从图中可以看到，数据表的所有职工记录都已经按"性别"（先男后女）进行了升序排列，并且性别相同的职工记录也已经分别按"职称"（高级工程师、工程师、助理工程师）进行了降序排列。

	A	B	C	D	E	F	G
1	工资统计表						
2	工资号	姓名	性别	职称	基础工资	浮动工资	工资总额
3	170150001	马小军	男	助理工程师	3500	2200	5700
4	170150014	方天宇	男	助理工程师	3500	2200	5700
5	**170150002**	**曾令铨**	**男**	**工程师**	**4850**	**3790**	**8640**
6	170150003	张国强	男	工程师	4850	3790	8640
7	170150010	吕文伟	男	工程师	4850	3790	8640
8	170150011	符坚	男	工程师	4850	3790	8640
9	170150012	张杰	男	工程师	4850	3790	8640
10	170150005	江晓勇	男	高级工程师	5790	6540	12330
11	**170150008**	**杜学江**	**男**	**高级工程师**	**5790**	**6540**	**12330**
12	170150009	宋子丹	男	高级工程师	5790	6540	12330
13	**170150006**	**吴小飞**	**女**	**助理工程师**	**3500**	**2200**	**5700**
14	170150004	孙令煊	女	工程师	4850	3790	8640
15	170150015	莫一明	女	工程师	4850	3790	8640
16	170150007	姚南	女	高级工程师	5790	6540	12330
17	**170150013**	**谢如雪**	**女**	**高级工程师**	**5790**	**6540**	**12330**

图 6-29　多条件排序结果

6.6.2 数据筛选

对于一个大的数据表，要快速找到自己所需的数据并不容易，通过筛选数据表可以只显示满足指定条件的数据行。Excel 2016 中，数据的筛选通过使用"数据"选项卡"排序和筛选"组中的"筛选""清除""重新应用""高级"等功能来实现，筛选方式分为"自动筛选"和"高级筛选"两种。

1. 自动筛选

自动筛选一般应用在数据列之间并以"并且"的关系（逻辑"与"）所设置的筛选条件。对多字段进行筛选时，对字段选择的顺序无要求。

【例 6-30】使用"自动筛选"方式在图 6-27 所示的数据表中筛选出姓张的男性工程师记录。

分析：本例实际上设置了 3 个条件"姓名为张字开头""性别为男""职称为工程师"。

操作方法和步骤如下：

（1）选择数据区域 A2:G17（或单击数据区中的任一单元格），在"数据"选项卡的"排序和筛选"组中单击"筛选"按钮，这时数据表的字段名右边会出现"筛选"下拉按钮，使数据表处于自动筛选状态。

（2）单击字段名"职称"旁边的"筛选"按钮，系统会弹出如图 6-30 所示的交互菜单，修改勾选状态为只勾选"工程师"，确定后数据表中非工程师的记录被隐藏。

（3）用同样的方法对"性别"进行筛选，只勾选"男"。

（4）对"姓名"进行筛选，在类似图 6-30 所示的菜单中选择"文本筛选"，在子菜单中选择"开头是"，可以打开"自定义自动筛选方式"对话框，在对应"开头是"的文本框中输入"张"字，单击"确定"按钮。

图 6-30 字段筛选菜单

这就完成了全部的筛选工作，结果如图 6-31 所示。

	A	B	C	D	E	F	G
1				工资统计表			
2	工资号	姓名	性别	职称	基础工资	浮动工资	工资总额
5	170150003	张国强	男	工程师	4850	3790	8640
14	170150012	张杰	男	工程师	4850	3790	8640
18							

图 6-31　筛选结果

若要清除当前筛选结果返回到初始筛选状态，可以使用"排序和筛选"组中的"清除"功能。若要返回到非筛选状态，只要再次单击"筛选"按钮即可。

2. 高级筛选

高级筛选既可以应用在数据列之间以"并且"关系（逻辑"与"）所设置的筛选条件，也可以应用于"或者"关系（逻辑"或"）所设置的筛选条件，筛选结果可以放到原有数据表之外的区域。

操作方法和步骤如下：

（1）构造条件区域。条件区域必须构造在数据区域以外，同时条件区域的第一行（的字段名）必须和数据区域的第一行完全相同，条件区域的第二行及以下行即为条件行。

（2）在条件区域下构造条件。同一行中条件单元格之间的关系为"与"，即"并且"关系；不同行中条件单元格的关系为"或"，即"或者"关系。

（3）在"数据"选项卡的"排序和筛选"组中单击"高级"按钮，弹出"高级筛选"对话框，根据向导完成高级筛选。

特别说明：条件中允许使用通配符?和*（英文字符），分别匹配至少一个字符和 0 到多个字符（不同教材对此可能有不同的说法，如?只匹配一个字符）。

【例 6-31】使用"高级筛选"方式在图 6-27 所示的数据表中筛选出姓张的男性工程师记录。

操作方法和步骤如下（参见图 6-32）：

（1）在非数据区设置筛选条件。复制 A2:G2，粘贴至 A20:G20，然后在单元格 B21、C2、E2 中分别输入"张*""男""工程师"。

（2）在"数据"选项卡的"排序和筛选"组中单击"高级"按钮，弹出"高级筛选"对话框。

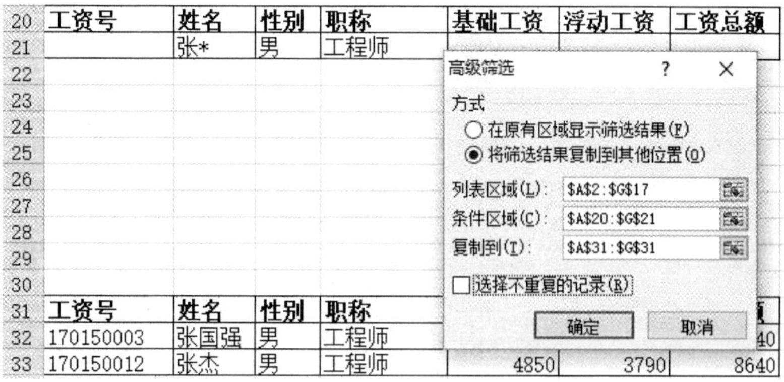

图 6-32　"高级筛选"对话框

（3）选择"方式"为"将筛选结果复制到其他位置"，并使用鼠标拖动方式选择区域来设置"列表区域"（A2:G17，若事先选择了数据区的某个单元格，系统会自动填入以绝对引用方式显示的数据区域名）"条件区域"（A20:G21）和"复制到"的位置（存放筛选结果的起始单元格 A31:G31），单击"确定"按钮后即可得到图 6-32 中第 31～33 行所示的筛选结果。

说明：

（1）若将筛选"方式"选择为第一种，则筛选结果将显示在原有数据表区域（不满足条件的记录将会被隐藏）。

（2）实际操作表明，若将条件中的"张*"修改为"张?"，可得到同样的筛选结果；若将条件中的"张*"修改为"张??"，筛选结果只有姓名为"张国强"的一个记录。

【例 6-32】使用"高级筛选"方式在图 6-27 所示的数据表中筛选出性别为"男""基础工资"不低于 5500 或"浮动工资"不高于 2500 的记录。

设置的条件和筛选结果如图 6-33 所示。

工资号	姓名	性别	职称	基础工资	浮动工资	工资总额
		男		>=5500		
		男			<=2500	
工资号	姓名	性别	职称	基础工资	浮动工资	工资总额
170150001	马小军	男	助理工程师	3500	2200	5700
170150005	江晓勇	男	高级工程师	5790	6540	12330
170150008	杜学江	男	高级工程师	5790	6540	12330
170150009	宋子丹	男	高级工程师	5790	6540	12330
170150014	方天宇	男	助理工程师	3500	2200	5700

图 6-33 "高级筛选"对话框

思考：若将图 6-32 中的条件行扩展到其下一行，并将"工程师"移到其下方的单元格中，那么筛选结果会是怎样的？

6.6.3 数据分类汇总

Excel 中的分类汇总功能是，将数据表根据其中某个字段对记录进行分类，然后对分类字段值相同的各组记录的其他字段数据进行求和、求平均值、计数等多种操作，并且采用分级显示的方式显示汇总结果。

在执行分类汇总前，必须对数据表按某分类字段进行排序，否则将得不到正确的结果。

1. 简单分类汇总

简单分类汇总是指其汇总方式只有"求和""求平均值""计数"等方式中的一种。

【例 6-33】对图 6-27 所示的工资统计表按照"职称"字段进行分类汇总，以统计各类职称人员的两项工资及总额的平均值。

（1）单击职称列中的任一数据单元格，再单击"排序与筛选"组中的"升序"，对数据表按"职称"字段进行排序。

（2）选择数据区域 A2:G17，在"数据"选项卡的"分级显示"组中单击"分类汇总"按钮，弹出如图 6-34 所示的"分类汇总"对话框。

图 6-34　"分类汇总"对话框

（3）在其中设置"分类字段"为"职称"，"汇总方式"为"平均值"，"选定汇总项"为"基础工资"，单击"确定"按钮后得到如图 6-35 所示的结果。例如，单击出现在左边的分级数字 2 和 1，则分别显示如图 6-36 和图 6-37 所示的结果。

	A	B	C	D	E	F	G
1				工资统计表			
2	工资号	姓名	性别	职称	基础工资	浮动工资	工资总额
3	170150005	江晓勇	男	高级工程师	5790	6540	12330
4	170150007	姚南	女	高级工程师	5790	6540	12330
5	170150008	杜学江	男	高级工程师	5790	6540	12330
6	170150009	宋子丹	男	高级工程师	5790	6540	12330
7	170150013	谢如雪	女	高级工程师	5790	6540	12330
8				高级工程师 平均值	5790	6540	12330
9	170150002	曾令铨	男	工程师	4850	3790	8640
10	170150003	张国强	男	工程师	4850	3790	8640
11	170150004	孙令煊	女	工程师	4850	3790	8640
12	170150010	吕文伟	男	工程师	4850	3790	8640
13	170150011	符坚	男	工程师	4850	3790	8640
14	170150012	张杰	男	工程师	4850	3790	8640
15	170150015	莫一明	女	工程师	4850	3790	8640
16				工程师 平均值	4850	3790	8640
17	170150001	马小军	男	助理工程师	3500	2200	5700
18	170150006	吴小飞	女	助理工程师	3500	2200	5700
19	170150014	方天宇	男	助理工程师	3500	2200	5700
20				助理工程师 平均值	3500	2200	5700
21				总计平均值	4893.3333	4388.6667	9282

图 6-35　求平均值的分类汇总结果（3 级）

	A	B	C	D	E	F	G
1				工资统计表			
2	工资号	姓名	性别	职称	基础工资	浮动工资	工资总额
8				高级工程师 平均值	5790	6540	12330
16				工程师 平均值	4850	3790	8640
20				助理工程师 平均值	3500	2200	5700
21				总计平均值	4893.3333	4388.6667	9282

图 6-36　求平均值的分类汇总结果（2 级）

	A	B	C	D	E	F	G
1				工资统计表			
2	工资号	姓名	性别	职称	基础工资	浮动工资	工资总额
21				总计平均值	4893.3333	4388.6667	9282

图 6-37　求平均值的分类汇总结果（1 级）

若要取消分类汇总，则只需调出"分类汇总"对话框，单击"全部删除"按钮即可。

2. 嵌套分类汇总

嵌套分类汇总是指其汇总方式有"求和""求平均值""计数"等方式中的两个及以上。

【例6-34】对图6-27所示的工资统计表按照"职称"字段进行分类汇总，以统计各类职称人员的两项工资及总额的平均值和职工人数。

（1）在例6-33的汇总结果（图6-35）中再次应用"分类汇总"命令，弹出"分类汇总"对话框。

（2）在其中进行如图6-38所示的相关设置。特别注意，不要勾选"替换当前分类汇总"复选项。而为了显示结果的美观性，选定汇总项为人人都有的"基础工资"。

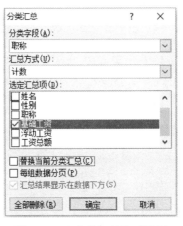

图6-38 "分类汇总"对话框

（3）单击"确定"按钮后完成操作，可以得到如图6-39所示的汇总结果。

1 2 3 4		A	B	C	D	E	F	G
	1				工资统计表			
	2	工资号	姓名	性别	职称	基础工资	浮动工资	工资总额
	3	170150005	江晓勇	男	高级工程师	5790	6540	12330
	4	170150007	姚南	女	高级工程师	5790	6540	12330
	5	170150008	杜学江	男	高级工程师	5790	6540	12330
	6	170150009	宋子丹	男	高级工程师	5790	6540	12330
	7	170150013	谢如雪	女	高级工程师	5790	6540	12330
	8				高级工程师 计数	5		
	9				高级工程师 平均值	5790	6540	12330
	10	170150002	曾令铨	男	工程师	4850	3790	8640
	11	170150003	张国强	男	工程师	4850	3790	8640
	12	170150004	孙令煊	女	工程师	4850	3790	8640
	13	170150010	吕文伟	男	工程师	4850	3790	8640
	14	170150011	符坚	男	工程师	4850	3790	8640
	15	170150012	张杰	男	工程师	4850	3790	8640
	16	170150015	莫一明	女	工程师	4850	3790	8640
	17				工程师 计数	7		
	18				工程师 平均值	4850	3790	8640
	19	170150001	马小军	男	助理工程师	3500	2200	5700
	20	170150006	吴小飞	女	助理工程师	3500	2200	5700
	21	170150014	方天宇	男	助理工程师	3500	2200	5700
	22				助理工程师 计数	3		
	23				助理工程师 平均值	3500	2200	5700
	24				总计数	15		
	25				总计平均值	4893.3333	4388.6667	9282

图6-39 求计数和平均值的分类汇总结果（3级）

6.6.4　数据透视表

数据透视表是一种对大量数据快速汇总和建立交叉列表的交互式表格，其可以转换行和列以查看源数据的不同汇总结果，可以显示不同页面的筛选数据，还可以根据需要显示区域明细数据。

【例 6-35】对图 6-27 所示的工资统计表建立数据透视表，查看各类职称人员的各项工资的和（或平均值）。

（1）选择区域 A2:G7（或单击其中的任一单元格），在"插入"选项卡的"表格"组中单击"数据透视表"按钮，在下拉列表中选择"数据透视表"命令，弹出"创建数据透视表"对话框，设置"表/区域"（系统一般自动填入），可以选择放置位置为"现有工作表"并指定一个"位置"（如 J2），这时的对话框设置如图 6-40 所示。

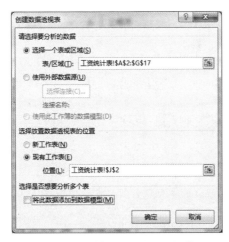

图 6-40　"数据透视表"对话框

（2）设置好"创建数据透视表"对话框并单击"确定"按钮后，系统将显示如图 6-41 所示的状态，包括报表区域和数据透视表字段列表。

图 6-41　"数据透视表"报表设计初始状态

（3）按住左键将"职称"字段拖动至"行标签"区，再将 3 个工资字段拖动至"数值"区，这时字段列表区变成如图 6-42 所示的状态，同时报表区可以得到如图 6-43 所示的结果。

图 6-42　"数据透视表"报表设计实例 1

行标签	求和项:基础工资	求和项:浮动工资	求和项:工资总额
高级工程师	28950	32700	61650
工程师	33950	26530	60480
助理工程师	10500	6600	17100
总计	73400	65830	139230

图 6-43　各职称各项工资和的透视表结果

（4）若要求各项工资的平均值，则要在图 6-42 所示字段表中的"数值"区分别单击各工资项目条右边的下拉按钮，选择"值字段设置"后会弹出相应对话框，在其中选择"计算类型"为"平均值"并单击"确定"按钮，报表将会显示求平均值的结果。

【例 6-36】对图 6-27 所示的工资统计表建立数据透视表，查看各类职称人员男女人数。

在如图 6-42 所示的设计基础上，去除"数值"区的各工资项（拖动其至设计区外并释放），再将"性别"字段拖至"列标签"区和"数值"区，这时设计界面如图 6-44 所示，并得到如图 6-45 所示的透视表报表结果（各职称男女人数的交叉表）。

图 6-44　"数据透视表"报表设计实例 2

计数项:性别	列标签		
行标签	男	女	总计
高级工程师	3	2	5
工程师	5	2	7
助理工程师	2	1	3
总计	10	5	15

图 6-45　各职称男女人数交叉表结果

数据透视表还有更多的用法：将某个字段放置到“报表筛选”区则可筛选，将多个字段放置到行标签对行、列标签进行筛选等。例如，依据某学生信息表，统计出各学院、各专业（甚至班级）男女人数，如图 6-46 所示的两个图就是数据透视表及由此加工形成的二维表格。读者若有现实需求，可以进一步深入学习相关知识，掌握相关操作技能。

	A	B	C	D	E
1	计数项:xh		xb		
2	yx	zymc	男	女	总计
3	⊟法学院	法学	46	73	119
4		社会工作	22	48	70
5	⊟信息学院	电子信息工程	72	11	83
6		电子信息科学与技术	67	14	81
7		计算机科学与技术	80	19	99
8		软件工程	90	16	106
9		通信工程	71	29	100
10		网络工程	63	16	79
11		物联网工程	57	33	90

	A	B	C	D	E
1	学院	专业名称	男	女	总计
2	法学院	法学	46	73	119
3	法学院	社会工作	22	48	70
4	信息学院	电子信息工程	72	11	83
5	信息学院	电子信息科学与技术	67	14	81
6	信息学院	计算机科学与技术	80	19	99
7	信息学院	软件工程	90	16	106
8	信息学院	通信工程	71	29	100
9	信息学院	网络工程	63	16	79
10	信息学院	物联网工程	57	33	90

图 6-46　部分学院和专业男女人数统计交叉表

6.7　Excel 2016 图表

Excel 工作表中可以存放各种各样的图片和图形，以及与工作表数据相关联的各类图表。它们不属于单元格或区域，浮于工作表之上。图形对象的插入主要通过“插入”选项卡的“插图”组、“图表”组、“迷你图”组等工具来实现。

Excel 图表是对 Excel 数据表的图形化展示，能让数据内容及数据之间的关系表达得更加简洁、清晰，能呈现更为直观的视觉效果，更能帮助用户对数据进行分析比较和预测。

在 Excel 中，图表可以放在工作表中，也可以放在图表工作表（Chart）中。直接放在工作表中的图表称为嵌入图表，图表工作表是工作簿中只包含图表的工作表。嵌入图表和图表工作表均与数据表中的数据相链接，并随数据表中数据的变化而自动更新，同时图表数据对象值发生变化时，数据表中的数据也随之变化。

6.7.1　创建图表

1. 图表类型和作用

Excel 2016 提供了 15 种类型的各类图表、数据透视图、三维地图和 3 种迷你图，常见的各类图表及主要用途见表 6-3。

表 6-3　Excel 2016 主要图表类型及其用途

图表类型	主要用途
柱形图	由一系列垂直条组成，比较相交于类别轴上的数值大小
折线图	可以分析数据间变化的趋势
饼图	可以描述数据间比例分配关系的差异
条形图	由一系列水平条组成，比较相交于类别轴上的数值大小
面积图	显示一段时间内变动的幅值
XY 散点图	展示成对的数和它们所代表的趋势之间的关系

续表

图表类型	主要用途
股价图	用来显示一段给定时间内一种股票的最高价、最低价和收盘价
曲面图	可以用来找出两组数据之间的最佳组合
雷达图	用来进行多指标体系比较分析，显示数据如何按中心点或其他数据变动
树状图	树状图是数据树的图形表示形式，以父子层次结构来组织对象，是枚举法的一种表达方式，它也是初中学生学习概率问题所需要画的一种图形
旭日图	是一种圆环镶接图，相当于多个饼图的组合，但饼图只能体现一层数据的比例情况，而旭日图不仅可以体现数据比例，还能体现数据层级之间的关系
直方图	用于展示数据的分组分布状态，用矩形的宽度和高度表示频数分布
箱形图	用于显示一组数据的分散情况
瀑布图	显示一系列正值和负值的累积影响，用于有数据流入和流出（如财务数据）
组合	具有混合类型的数据时，突出显示不同类型的信息
数据透视图	以图形方式汇总数据，并浏览复杂数据
折线迷你图	简化的折线图
柱形迷你图	简化的柱形图
盈亏迷你图	用来表示数据盈亏，它只强调数据的盈利或亏损

2．创建图表

Excel 默认的图表类型是簇状柱形图。在工作簿中创建图表的方法很简单，先在工作表中选定用于创建图表的数据区域，再按 F11 键，便会得到一个图表。

说明：笔记本电脑上的功能键可能设置了其他的作用，需要重新设置才能有效。

3．创建嵌入图表

使用"插入"选项卡"图表"组和"迷你图"组中各种类型的图表样式可以为电子表格创建各式各样的图表。插入图表最基本的方法是：选择图表所需的数据区域，然后选择"插入"选项卡"图表"组或"迷你图"组中的某个图表样式，即可在数据所在的表中插入一个相应的图表。

根据工作表创建图表的步骤如下：

（1）选择需要创建图表的数据区域。

（2）在"插入"选项卡的"图表"组中单击所需的图表按钮，如图 6-47 所示。

图 6-47　"图表"功能组

（3）在打开的图表子类型列表中选择所需的图表类型，则可以在当前工作表中创建一个图表。也可以直接单击"图表"组右下角的展开按钮，弹出"插入图表"对话框，如图 6-48 所示，选择合适的图表类型，完成图表的创建操作。

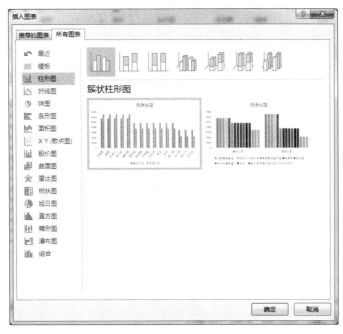

图 6-48　"插入图表"对话框

根据工作表创建迷你图的步骤如下：

（1）选择需要放置迷你图的单元格。

（2）在"插入"选项卡的"迷你图"组中单击所需的图表按钮，如图 6-47 所示。

（3）在弹出的"创建迷你图"对话框中选择所需的数据范围以及放置迷你图的位置范围。

4. 图表的组成

Excel 图表由多个元素组成，包括图表标题、图表区、绘图区、图例、垂直（值）轴、水平（类别）轴、网格线、数据系列、数据标签等。如图 6-49 所示的图表是一个三维簇状柱形图。

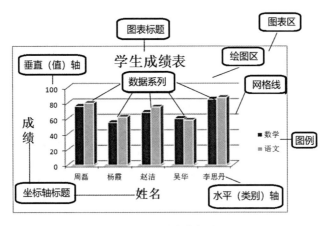

图 6-49　图表的组成

5. 图表工具

当选择图表时，系统功能区会自动显示图表工具，包括"设计"和"格式"两个选项卡。"设计"选项卡包括"图表布局""更改颜色""图表样式""数据""类型""位置"等功能组，如图 6-50 所示;"格式"选项卡包括"当前所选内容""插入形状""形状样式""艺术字样式""排列""大小"等功能组,如图 6-51 所示。

图 6-50 图表设计工具

图 6-51 图表格式工具

当选择迷你图时,系统功能区会自动显示如图 6-52 所示的迷你图设计工具,包括"迷你图""类型""显示""样式""分组"等功能组。

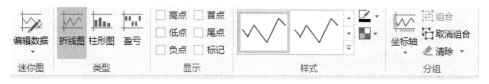

图 6-52 迷你图设计工具

【例 6-37】根据图 6-27 所示的工资统计表创建包含"姓名"和"工资总额"的簇状柱形图。

(1)选择数据区域 A2:A17,按住 Ctrl 键不放的同时选择 G2:G17。

(2)在"插入"选项卡的"图表"组中单击"柱形图"按钮,在下拉列表中选择"二维柱形图"的第一个"簇状柱形图"选项,这时就能得到如图 6-53 所示的柱形图。

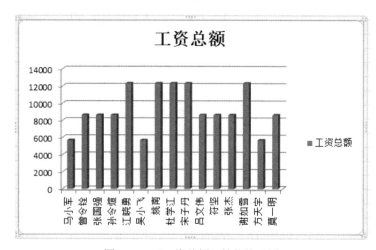

图 6-53 "工资总额"簇状柱形图

【例 6-38】根据图 6-54 所示的数据表创建 3 个迷你图。

分别选择图 6-47 所示的三类迷你图创建工具，并参照图 6-54 所示的"创建迷你图"对话框中的信息进行相关设置，即可完成迷你图的创建。

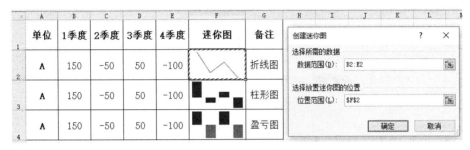

图 6-54   "创建迷你图"对话框和迷你图示例

6.7.2 图表设计

利用图表设计工具可以对图表进行全面的设计或修改。下面对几个常用的工具进行简单介绍。

1. 更改图表类型

更改图表类型的操作步骤为：选择图表，然后选择"图表工具/设计"选项卡"类型"组中的"更改图表类型"命令，可以得到类似图 6-48 所示的"更改图表类型"对话框，从中选择所需图表类型即可。

2. 切换图表行/列

Excel 中，由于数据表的数据存放位置有成行排列和成列排列之分，因此相应的图表就有"数据系列产生在行"和"数据系列产生在列"之分。当图表"水平（类别）轴"的数据在源数据表成行排列时，就说明"数据系列产生在行"；否则，说明"数据系列产生在列"。图表设计工具"切换行/列"就用于两者之间的切换。

例如，图 6-53 所示的"工资总额"簇状柱形图就是"数据系列产生在列"，因为在图 6-27 所示的工资统计表中职工的姓名是成列排列的。使用"切换行/列"功能即可将图 6-53 变成图 6-55 所示的模样。

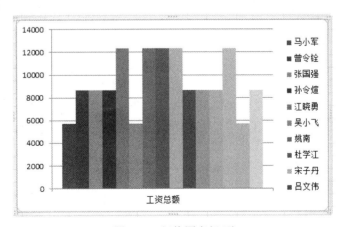

图 6-55   切换图表行/列

3. 选择数据源

选择数据源的操作步骤为：选择图表，然后选择"选择数据"命令，可以得到图 6-56 所示的"选择数据源"对话框，在"图表数据区域"处重新选择图表的数据区域即可。在该对话框中，可以执行"切换行/列"命令，同时根据新数据源对"图例项（系列）"和"水平（分类）轴标签"进行更改。

图 6-56　"选择数据源"对话框

4. 移动图表

移动图表可以分为两种方式：当前工作表内移动、当前工作簿的不同工作表之间移动。

功能命令"移动图表"的作用是将图表移动到当前工作簿的其他工作表中，或者是单独存放到新工作表中成为图表工作表。

若在当前工作表内移动图表的位置，只需在选择图表后，将鼠标移动到图表边缘或"图表区"（空白处），按住鼠标左键即可拖动图表。

全国计算机等级考试一级 Office 常常要求将图表放置在某个（较小的）区域上（不能出界）。这就要求不仅要移动图表，还要缩小图表。例如，要将"工资总额"簇状柱形图移动至区域 A21:G30，可以先移动图表让其左上角到达 A21 范围内，再将鼠标移动到图表右下角，按住鼠标左键拉着图表一角往左和往上方向移动，直到图表位于 G30 范围之内。

【例 6-39】试将图 6-53 所示的"工资总额"簇状柱形图修改图表类型为"簇状圆柱图"，修改数据源为"职工号""基础工资"和"浮动工资"三列数据，最后将图表移动到名为"工资统计图"的新工作表中。

（1）选择图表，使用"更改图表类型"功能在打开的对话框中选择"簇状圆柱图"选项，并单击"确定"按钮。

（2）使用"选择数据"命令打开如图 6-56 所示的"选择数据源"对话框。

（3）在"图表数据区域"中重新选择数据表中的数据区域"A2:A17,E2:F17"，这时对话框状态如图 6-57 所示。

（4）单击"确定"按钮，得到如图 6-58 所示的结果。

（5）单击"位置"功能组中的"移动图表"命令，在弹出的"移动图表"对话框中选择"新工作表"并输入"工资统计图"，单击"确定"按钮后图表将被移动到名为"工资统计图"的新工作表中。

图 6-57　重新选择数据区域

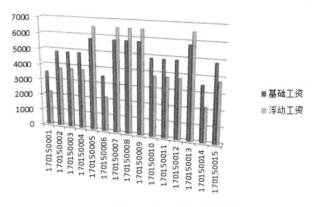

图 6-58　工资统计图（簇状圆柱图）

　　值得指出的是，"工资统计表"中的"工资号"数据类型应该是"文本"，或者是在常规格式下在开头添加英文单引号，否则系统可能会将其当作数值来处理，从而给操作者带来意想不到的麻烦（需要修改"图例项"和"水平轴标签"，至于具体如何操作，此处不再详述）。

6.7.3　图表布局与格式

　　为了让图表更加美观，还可以通过"图表布局"有关工具对图表进行处理。图表布局主要工具包括当前所选内容（包括设置所选内容格式、重设以匹配样式）、插入（包括图片、形状、文本框）、图表标签（包括图表标题、坐标轴标题、图例、数据标签、模拟运算）、坐标轴（包括坐标轴、网格线）、图表背景（包括绘图区、图表背景墙等）、分析等。

　　下面就部分内容进行简单介绍。

　　（1）"当前所选内容"组：当选择了图表的任何部位时，其名称就会显示在此功能区的文本框中，进一步使用"设置所选内容格式"和"重设以匹配样式"功能命令对图表进行设置。

　　（2）图表标题：用于添加或删除图表的标题，并可以选择图表标题的位置及其他相关设置。

　　（3）坐标轴标题：用于添加或删除图表水平和垂直坐标轴标题及其他相关设置。

　　（4）图例：用于添加或删除图表的图例，并可以选择图表图例的位置及其他相关设置。

　　（5）数据标签：用于显示或取消图表数据标签及其他相关设置。

　　（6）坐标轴：提供多种样式的坐标轴。

（7）网格线：用于显示或取消图表的"横网格线"或"纵网格线"。需要特别注意的是，水平轴（俗称 X 轴）上的网格线是与之垂直相交的纵网格线；相反地，垂直轴（俗称 Y 轴）上的网格线是与之垂直相交的横网格线。

图表格式工具在此不作介绍。

如图 6-59 所示是经过修改的"工资总额"簇状柱形图，其中设置了图表标题、水平轴和垂直轴标题、主要纵向网格线、次要横向网格线（未显示数据标签的情况下能更清楚地看出工资总额的多少）和纵向坐标轴格式（通过选择功能区"坐标轴"中"主要纵坐标轴"中的"其他主要纵坐标轴"选项打开"设置坐标轴格式"对话框并进行设置，如图 6-60 所示），还取消了图例的显示。

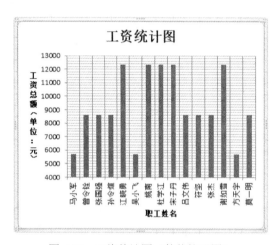

图 6-59　工资统计图（簇状柱形图）

图 6-60　"设置坐标轴格式"对话框

6.8　Excel 2016 页面设置

许多情况下，当完成对工作表的数据输入、编辑、格式化处理后，还要打印输出。为了得到美观的输出报表，在打印输出之前还必须对工作表进行适当的处理，如设置页面大小、页眉和页脚、打印区域等。

6.8.1　设置页面

设置页面的主要目的是为当前工作簿设置页面方向、纸张大小、页边距、页眉和页脚、打印区域和顶端标题行等内容。

通过单击"页面布局"选项卡"页面设置"组中的功能按钮可以进行各项相应的设置，也可以调出"页面设置"对话框进行集中设置，如图 6-61 所示就是"页面设置"对话框的"页面"和"页边距"两个选项卡。

 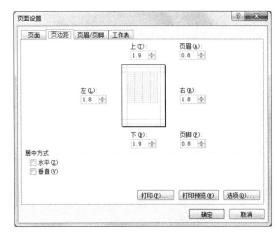

（a）"页面"选项卡　　　　　　　　　（b）"页边距"选项卡

图 6-61　　"页面设置"对话框

通常情况下，若表格较宽时，要选择"页面"选项卡的"方向"为"横向"；表格较窄时，除了加大表格的列宽和字号外，常常设置"页边距"选项卡的"居中方式"为"水平"。

6.8.2　打印预览

为了确保打印的报表能够符合用户的要求，尽量避免造成纸张和时间的浪费，Excel 提供了"打印预览"功能，即在屏幕上以"所见即所得"的形式显示打印后的实际效果图。如图 6-62 所示是一个销售情况表的"打印预览"界面。

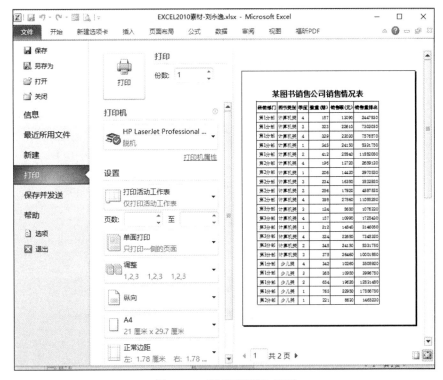

图 6-62　　"打印预览"界面

从预览效果图可以看出一些问题：水平方向上表格有点偏左（通常要居中）；若浏览到第2页，会发现它没有第1页上方的标题和表头（通常要重复出现）；没有页码（通常多页文档打印都要设页码）。

于是作进一步的页面设置：

（1）在"页边距"选项卡的"居中方式"下勾选"水平"复选项。

（2）在"页眉/页脚"选项卡中，选择"自定义页脚"选项，在弹出的"页脚"对话框中居中设置页脚为"第&[页码]页，共&[总页数]页"，如图6-63所示，其中"&[页码]"和"&[总页数]"通过鼠标单击上面的第2个和第3个按钮输入，还可以根据需要将页脚内容加粗和加大字号。

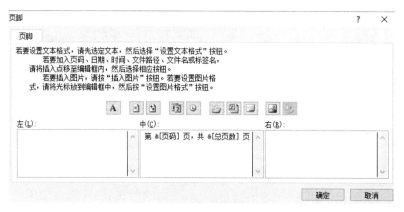

图6-63　居中设置页脚

（3）在"工作表"选项卡"打印标题"的"顶端标题行"文本框中输入"$1:$2"（可以通过选择数据表第1行和第2行输入），如图6-64所示。

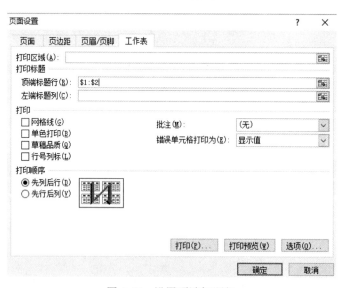

图6-64　设置顶端标题行

完成上面的操作后再次启动打印预览，可以得到如图6-65所示的效果。

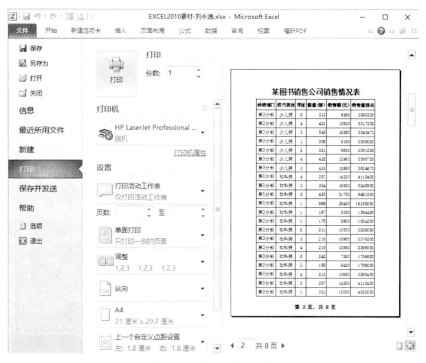

图 6-65　设置顶端标题行

6.9　综合应用案例

本节给出一个综合案例，让读者进一步了解实际需求，并通过完成相关操作任务来提高实践操作应用能力。

【例 6-40】对图 6-66 所示的学生基本情况表按顺序完成下述目标任务。

	A	B	C	D	E	F	G	H	I	J	K	L
1	专业名称	班级	学号	性别	民族	家庭地址	身份证号	生源地	出生日期	入学年龄	成年否	助学金
2	书法教育	书法Z20091	09322101		汉族	湖南省长沙市	888888199110290001					
3					汉族	湖南省常德市	888888199206250006					
4					汉族	湖南省娄底市类	888888198911130007					
5					汉族	湖南省永州市	888888199207050008					
6					汉族	湖南省永州市	888888199011090018					
7					土家族	湖南省怀化市	888888199004260019					
8					苗族	湖南省湘维有	888888199202110020					
9					汉族	湖南省怀化市	888888199103300021					
10	艺术设计	艺设B20091	09427101		满族	河北承德平泉	888888199103170022					
11					满族	河北秦皇岛青	888888199104170028					
12					汉族	江西省宜春市	888888199203110043					
13					汉族	湖南省隆回县	888888199007170044					
14					汉族	河北省邯郸市	888888199001010045					
15					汉族	山东省闻喜县	888888199112290049					
16					汉族	江苏省淮安市	888888199110180050					
17					汉族	江西省宜春市	888888199006030051					
18					汉族	江苏省盐城市	888888199002250053					
19					汉族	江西省萍乡市凤	888888199202290054					
20		艺设B20092	09427201		汉族	江西省瑞金市象	888888199103270055					
21					汉族	安徽省无为县	888888199206290056					
22					汉族	江苏省淮安市	888888199010230057					
23					汉族	山东省临沂郊	888888199203190065					
24					回族	安徽省定远县	888888199101150066					
25					汉族	江西省景德镇	888888199205030076					
26					汉族	河北唐山迁安	888888199110170077					

图 6-66　学生基本情况表

（1）将"专业名称"和"班级"两列中的空白单元格输入与上面单元格同样的内容。

（2）将"学号"列的各空白单元格中依据已经填好的学号顺序往下填写。

（3）将"性别"列的各空白单元格中依据其身份证号尾数是奇数还是偶数分别填入"男"或"女"。

（4）将"生源地"列的空白单元格中填入其"家庭地址"前两个汉字。

（5）将"出生日期"列的空白单元格中依据身份证号按日期格式填入相应的日期。

（6）将"入学年龄"列的空白单元格中依据出生日期和入学时间（2009年9月1日）使用函数计算出实际年龄（周岁）。

（7）在"成年否"列的空白单元格中，使用函数计算判断是否成年。入学时年满18周岁者为TRUE，否则为FALSE。

（8）在"助学金"列的空白单元格中，依据下列规则填入相应的金额数：每人的基本数为1000，凡是女生都加200，凡是少数民族都加200，凡是非湖南省都加200。

（9）通过自动筛选，将少数民族学生的记录（含字段行）复制到一张取名为"少数民族学生"的新插入的工作表中。

（10）插入数据透视表，通过不同的设计统计出图6-67所示各表格所需要的数据。

计数项:学号			列标签			
行标签	汉族	回族	满族	苗族	土家族	总计
书法Z20091						
艺设B20091						
艺设B20092						
总计						

计数项:学号	列标签（入学年龄）			
行标签	17	18	19	总计
书法Z20091				
艺设B20091				
艺设B20092				
总计				

计数项:学号	列标签		
行标签	男	女	总计
安徽			
河北			
湖南			
江苏			
江西			
山东			
山西			
总计			

求和项:助学金	列标签		
行标签	男	女	总计
书法教育			
书法Z20091			
艺术设计			
艺设B20091			
艺设B20092			
总计			

图6-67　学生基本情况表的数据透视表（初始）

操作方法和步骤（要点）如下：

（1）"专业名称"的输入。这是不含数字的纯文本的重复输入，采用的方法是"填充"或"复制+粘贴"。

（2）"班级"的输入。这是含数字的文本的重复输入，采用的方法是"Ctrl键+填充"或"复制+粘贴"。

（3）"学号"的输入。这是纯数字的文本按顺序递增规律输入，采用的方法是"填充"。

（4）"性别"的输入。在单元格D2中输入公式"=IF(MOD(RIGHT(G2,1),2)=1,"男","女")"。

（5）"生源地"的输入。在单元格H2中输入公式"=LEFT(F2,2)"，并将其向下填充至单元格H26。

（6）"出生日期"的输入。在单元格I2中输入公式"=DATE((MID(G2,7,4)),VALUE(MID(G2,11,2)),VALUE(MID(G2,13,2)))"（公式中的VALUE函数可以省略）。

（7）"入学年龄"的输入。在单元格 J2 中输入公式 "=DATEDIF(I2,TODAY(),"y")"。

（8）"成年否"的输入。在单元格 K2 中输入公式 "=J2>=18" 或 "=(MID(G2,7,8)<="19910901")"。

（9）"助学金"的输入。在单元格 L2 中输入公式 "=1000+((D2="女")+(E2<>"汉族")+(H2<>"湖南"))*200"。至此，学生基本情况表的完成情况如图 6-68 所示。

	A	B	C	D	E	F	G	H	I	J	K	L
1	专业名称	班级	学号	性别	民族	家庭地址	身份证号	生源地	出生日期	入学年龄	成年否	助学金
2	书法教育	书法Z20091	09322101	男	汉族	湖南省长沙市	888888199110290001	湖南	1991/10/29	17	FALSE	1000
3	书法教育	书法Z20091	09322102	女	汉族	湖南省常德市	888888199206250006	湖南	1992/6/25	17	FALSE	1200
4	书法教育	书法Z20091	09322103	男	汉族	湖南娄底市娄	888888198911130007	湖南	1989/11/13	19	TRUE	1000
5	书法教育	书法Z20091	09322104	女	汉族	湖南省永州市	888888199207050008	湖南	1992/7/5	17	FALSE	1200
6	书法教育	书法Z20091	09322105	女	汉族	湖南省永州市	888888199011090018	湖南	1990/11/9	18	TRUE	1200
7	书法教育	书法Z20091	09322106	男	土家族	湖南省怀化市	888888199004260019	湖南	1990/4/26	19	TRUE	1200
8	书法教育	书法Z20091	09322107	女	苗族	湖南省湘维市	888888199202110020	湖南	1992/2/11	17	FALSE	1400
9	书法教育	书法Z20091	09322108	男	汉族	湖南省怀化市	888888199103300021	湖南	1991/3/30	18	TRUE	1000
10	艺术设计	艺设B20091	09427101	女	满族	河北承德平泉	888888199103170022	河北	1991/3/17	18	TRUE	1600
11	艺术设计	艺设B20091	09427102	女	满族	河北秦皇岛青	888888199104170028	河北	1991/4/17	18	TRUE	1600
12	艺术设计	艺设B20091	09427103	男	汉族	江西省宜春市	888888199203110043	江西	1992/3/11	17	TRUE	1200
13	艺术设计	艺设B20091	09427104	女	汉族	湖南省隆回县	888888199007170044	湖南	1990/7/17	19	TRUE	1200
14	艺术设计	艺设B20091	09427105	男	汉族	河北省邯郸市	888888199001010045	河北	1990/1/1	19	TRUE	1200
15	艺术设计	艺设B20091	09427106	男	汉族	山西省闻喜县	888888199112290049	山西	1991/12/29	17	FALSE	1200
16	艺术设计	艺设B20091	09427107	女	汉族	江苏省淮安市	888888199110180050	江苏	1991/10/18	17	FALSE	1400
17	艺术设计	艺设B20091	09427108	男	汉族	江西省宜春市	888888199006030051	江西	1990/6/3	19	TRUE	1200
18	艺术设计	艺设B20091	09427109	男	汉族	江苏省盐城市	888888199002250053	江苏	1990/2/25	19	TRUE	1200
19	艺术设计	艺设B20091	09427110	女	汉族	江西萍乡市凤	888888199202290054	江西	1992/2/29	17	FALSE	1200
20	艺术设计	艺设B20092	09427201	男	汉族	江西瑞金市象	888888199103270055	江西	1991/3/27	18	TRUE	1200
21	艺术设计	艺设B20092	09427202	女	汉族	安徽省无为县	888888199206290056	安徽	1992/6/29	17	FALSE	1400
22	艺术设计	艺设B20092	09427203	男	汉族	江苏省淮安市	888888199010230057	江苏	1990/10/23	18	TRUE	1200
23	艺术设计	艺设B20092	09427204	男	汉族	山东省临沂郊	888888199203190065	山东	1992/3/19	17	FALSE	1200
24	艺术设计	艺设B20092	09427205	女	回族	安徽省定远县	888888199011150066	安徽	1991/1/15	18	TRUE	1600
25	艺术设计	艺设B20092	09427206	男	汉族	江西省景德镇	888888199205030076	江西	1992/5/3	17	FALSE	1400
26	艺术设计	艺设B20092	09427207	男	汉族	河北唐山迁安	888888199110170077	河北	1991/10/17	17	FALSE	1200

图 6-68　学生基本情况表的完成情况

（10）单击工作表标签右边的加号（+）按钮插入一个新的空白工作表。切换到原工作表，单击数据区的任意位置，在"数据"选项卡的"排序和筛选"组中单击"筛选"按钮，设置工作表为自动筛选状态；单击"民族"的筛选按钮，在弹出的交互菜单中取消勾选"汉族"，确定后筛选出 4 名少数民族学生记录；选择前 5 行，执行"复制"操作，切换到新工作表，执行"粘贴"操作。

（11）切换回学生基本情况表，单击"筛选"或"取消"按钮，取消筛选状态；使用"插入"选项卡"表格"组中的"数据透视表"功能，通过不同的设计，统计出如图 6-69 所示的结果。

计数项:学号	列标签					
行标签	汉族	回族	满族	苗族	土家族	总计
书法Z20091	6			1	1	8
艺设B20091	8		2			10
艺设B20092	6	1				7
总计	20	1	2	1	1	25

计数项:学号	列标签（入学年龄）			
行标签	17	18	19	总计
书法Z20091	4	2	2	8
艺设B20091	4	2	4	10
艺设B20092	4	3		7
总计	12	7	6	25

计数项:学号	列标签		
行标签	男	女	总计
安徽		2	2
河北	2	2	4
湖南	4	5	9
江苏	2	1	3
江西	3	2	5
山东	1		1
山西	1		1
总计	13	12	25

求和项:助学金	列标签		
行标签	男	女	总计
书法教育	4200	5000	9200
书法Z20091	4200	5000	9200
艺术设计	10800	11600	22400
艺设B20091	6000	7200	13200
艺设B20092	4800	4400	9200
总计	15000	16600	31600

图 6-69　学生基本情况表的数据透视表（结果）

7

演示文稿制作软件PowerPoint 2016

 **本章导读**

PowerPoint 2016 是 Microsoft 公司设计并推出的一款功能强大的演示文稿制作软件。它能将图片、文字、声音、视频、动画等占位符完美地融入到演示文稿中,有利于更直接、更形象地表达用户的主题和思想,因此被广泛地应用于个人简历、工作汇报、年终总结、商务培训、教学培训等领域。

本章要点

- 演示文稿的基本操作
- 演示文稿的制作流程
- 演示文稿的美化方案
- 演示文稿的动画制作
- 演示文稿的放映方式

7.1　PowerPoint 2016 概述

扫码看视频

Microsoft PowerPoint 2016 简称 PowerPoint,主要用于制作演示文稿,其文件扩展名为.pptx,也可以另存为.pdf 格式及其他图片格式等。在 PowerPoint 2016 及以上版本中,文件可以保存为视频格式。演示文稿由内容既相互独立又相互联系的一系列幻灯片组成。用户可以通过投影仪或计算机进行演示,也可以将演示文稿制作成胶片应用到更广泛的领域中。利用 PowerPoint 2016 还能实现在互联网上召开面对面会议、远程会议或在网上给观众展示演示文稿。

7.1.1　PowerPoint 2016 的功能与特点

PowerPoint 2016 是在 PowerPoint 2003 和 2007 版本的基础上发展起来的。它的功能较之前的版本有了很大的提升，给用户提供了更加便捷、高效的工作环境。

（1）菜单全新改版。PowerPoint 2016 采用了选项卡和功能区的模式，用户使用时对各种功能一目了然，操作更便捷。

（2）图片处理功能更加强大。PowerPoint 2016 不仅为图片提供了更多的艺术效果，而且内置了屏幕截图功能，用户截屏不再依赖第三方软件，操作更加方便。

（3）注重与他人的在线协同工作。用户可以同时与不同位置的其他人合作，制作同一个演示文稿。

（4）视频编辑更具个性化。在 PowerPoint 2016 中，用户可以直接嵌入和编辑视频文件。

（5）广播幻灯片。可以在线观看幻灯片播放。

（6）新增 SmartArt 布局。可以运用 SmartArt 布局创建多种类型的图表，将文字转换为令人印象深刻的直观内容。

（7）幻灯片切换和动画功能设计更合理。转换时间直接采用秒数标记更精确。

（8）更高效地组织和打印幻灯片。

（9）可以快速访问常用命令，创建自定义选项卡，体验个性化的工作风格。

7.1.2　PowerPoint 2016 的工作界面

PowerPoint 2016 的初始工作界面如图 7-1 所示，主要组成元素有快速访问工具栏、标题栏、"最大化"/"最小化"/"关闭"按钮区、"文件"菜单、功能选项卡、功能区、"幻灯片"窗格、幻灯片编辑区、"备注"窗格、状态栏、视图切换区和显示比例调整区。

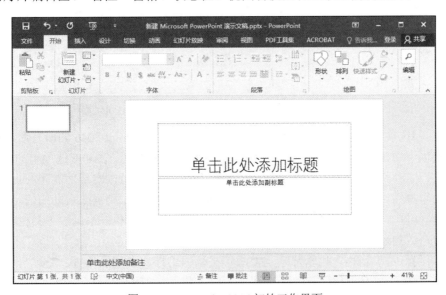

图 7-1　PowerPoint 2016 初始工作界面

（1）快速访问工具栏。默认情况下，包括"保存"按钮、"撤销"按钮、"重复"按钮。其他功能可以依据个人需要通过扩展按钮进行添加。

（2）"保存"按钮 。单击该按钮，保存当前正在制作的演示文稿。

（3）"撤销"按钮 。单击该按钮，撤销对当前演示文稿的上一步操作效果，多次单击该按钮可以撤销多步操作。

（4）"重复"按钮 。单击该按钮，重复对当前演示文稿进行的操作效果。

（5）"扩展"按钮 。单击该按钮，弹出如图7-2所示的快捷菜单，单击对应的选项可以将其添加到快捷访问工具栏中。

（6）标题栏及"最大化"/"最小化"/"关闭"按钮。包括当前正在编辑的演示文稿名及应用程序名称；标题栏右侧的3个控制按钮分别为"最小化"按钮、"最大化"按钮和"关闭"按钮，单击它们可以执行相应的操作。

（7）"文件"菜单。区别于其他功能选项卡，它的命令以菜单形式呈现，主要用于执行PowerPoint演示文稿的新建、打开、保存和退出等基本操作。单击"文件"菜单中的"选项"菜单项则打开"选项"对话框，可以对"自定义功能区""快速访问工具栏""保存"等选项进行设置，如图7-3所示。

图7-2　"快速访问工具栏"快捷菜单　　　　图7-3　"PowerPoint选项"对话框

（8）功能选项卡。相当于之前版本中的菜单命令。PowerPoint 2016的所有命令被集成在几个功能选项卡中，选择某个功能选项卡则切换到相应的功能区。在功能选项卡的右侧有"功能区最小化"按钮和"帮助"按钮，单击"功能区最小化"按钮可以实现功能区的折叠与展开，单击"帮助"按钮可以打开"帮助"窗格，用户可以在其中查找到需要帮助的信息。

（9）功能区。在功能区中有许多自动适应窗口大小的工具栏，不同的工具栏中放置了与此相关的命令或列表框。

（10）"幻灯片"窗格。用于显示当前演示文稿的幻灯片数量及位置，通过它可以更加方便地掌握整个演示文稿的结构。在"幻灯片"窗格下将显示整个演示文稿中幻灯片的编号及缩略图。

（11）幻灯片编辑区。幻灯片编辑区是整个工作界面的核心区域，用于显示和编辑幻灯片，可以输入各种占位符，是使用PowerPoint制作演示文稿的操作平台。

（12）"备注"窗格。主要用于为对应的幻灯片添加提示信息，一般为说明和注释，对使用者起备忘、提示作用。在实际播放演示文稿时，别人看不到备注栏中的信息。

（13）状态栏。用于显示当前演示文稿的一些基本信息，如当前幻灯片、幻灯片总张数、幻灯片采用的主题等。

（14）视图切换区。根据不同的需求使用不同的视图模式，单击对应的视图按钮可以实现不同视图模式之间的切换。

（15）显示比例调整区。通过拖动显示比例滑块快速调整演示文稿的显示比例。

7.1.3　PowerPoint 2016 的视图

在 Microsoft PowerPoint 2016 中，演示文稿的所有幻灯片都保存在一个文件里，所以必须提供多种不同的方式来查看幻灯片，因此需要不同的视图模式。PowerPoint 2016 的视图模式分为演示文稿视图、母版视图和幻灯片放映视图。其中演示文稿视图包括普通视图、大纲视图、幻灯片浏览视图、备注页视图和阅读视图；母版视图包括幻灯片母版视图、讲义母版视图和备注母版视图。除幻灯片放映视图外，其他的视图模式都可以在"视图"选项卡中设置，如图 7-4 所示。

图 7-4　"视图"选项卡及其功能区

常见视图的快速切换主要通过单击普通视图模式下工作区右下角的视图切换按钮实现，如图 7-5 所示。

（1）普通视图图。它是系统默认的视图模式，由"幻灯片"窗格、幻灯片编辑区和"备注"窗格三部分构成，如图 7-1 所示。在这种视图模式下，可以对幻灯片进行编辑、排版操作，可以添加文本，插入图片、表格、SmartArt 图形、图表、图形对象、文本框、电影、声音、超链接和动画等。

（2）幻灯片浏览视图图。幻灯片浏览视图以缩略图的形式显示演示文稿中所有的幻灯片，如图 7-6 所示。该视图一般用于幻灯片的查找与定位，便于幻灯片顺序的调整、幻灯片放映设置和幻灯片切换设置等，可以实现添加、移动或删除幻灯片操作，但不能编辑幻灯片的内容。

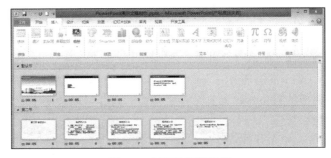

图 7-5　视图切换按钮

图 7-6　幻灯片浏览视图

（3）幻灯片阅读视图 。该视图仅显示标题栏、阅读区和状态栏，主要用于浏览幻灯片的内容。在该模式下，演示文稿中的幻灯片将以窗口大小进行放映。阅读视图用于以全屏的方式查看演示文稿。如果要更改演示文稿，可以随时从阅读视图切换至其他视图。

（4）幻灯片放映视图 。在该视图模式下，演示文稿中的幻灯片将以全屏的形式动态放映。用户可以看到图形、计时、电影、动画效果和切换效果在实际演示中的具体效果。按 Esc 键退出幻灯片放映视图。

在实际使用的过程中，普通视图常用于幻灯片的编辑，浏览视图用于幻灯片的定位，放映视图用于演示文稿的播放。

7.1.4 PowerPoint 的相关概念及专业术语

（1）演示文稿。利用 PowerPoint 制作的文件称为演示文稿，它的扩展名为.pptx，包括幻灯片、备注、演示大纲等几大部分。

（2）幻灯片。幻灯片是演示文稿的基本组成部分。每张幻灯片可以由标题、文本、自绘图形、专业的 SmartArt 图形、剪贴画、图片、视频、音乐、表格、图表、动画等组成，内容非常丰富。

（3）占位符。占位符是幻灯片中的容器，其作用是规划幻灯片的结构，表现为一个虚线框，内有"单击此处添加标题"之类的提示语，一旦输入内容提示语会自动消失。

（4）幻灯片版式。幻灯片版式是指内容在幻灯片中的排列方式。通过幻灯片版式可以对文字、图片等进行更加合理的布局。PowerPoint 2016 主要包含文字版式、内容版式、文字版式和内容版式、其他版式 4 种类型。通过软件内置的版式可以轻松完成幻灯片制作。

（5）视图。在制作演示文稿的不同阶段 PowerPoint 提供了不同的工作环境，称为视图。

（6）主题。主题用于快速地美化和统一每一张幻灯片的风格，主要包括颜色、字体和效果等选项。在演示文稿的制作过程中，我们可以选择 PowerPoint 系统自带的主题，也可以自己定义一个主题，制作出具有个人特色的演示文稿。

（7）幻灯片母版。幻灯片母版也是一种幻灯片，它上面存储了字形、占位符大小或位置、背景设计和配色方案等信息。可以为每一种版式设计母版，凡是使用了该版式的幻灯片都会自动应用母版中设计好的风格。

7.2 PowerPoint 2016 演示文稿制作

扫码看视频

7.2.1 演示文稿制作流程

制作一个完整的演示文稿，通常需要经历创建演示文稿、美化演示文稿、设置动画效果和放映演示文稿 4 个步骤。

（1）创建演示文稿。首先新建一个演示文稿，然后根据内容选择合适的版式，将内容通过对应的占位符输入到演示文稿中。内容可以是文字、表格、图片、图形、图表、声音、视频和超链接等。

（2）美化演示文稿。制作完成演示文稿，修饰美化也是一个必不可少的环节。演示文稿的修饰美化包括格式和内容两大方面。在格式方面，主要工具有主题、母版、配色方案等；在内容方面，应当尽可能地用表格、图片来展示演示文稿的主题，减少 PowerPoint 中的文字内容。

（3）设置动画效果。这里的动画效果包括幻灯片中的对象动画和幻灯片之间的切换动画。好的动画效果可以提高观众的注意力，增强演示文稿的表现力。

（4）放映演示文稿。演示文稿制作完成后，必须进行放映测试。放映测试是一个反复修改和测试的过程，用于检测内容表达是否准确、动画运用是否合适、声音播放是否正确等。

在实际操作过程中，这 4 个步骤并不是各自独立、依序进行的，它们之间相互依存，交替进行效果更好。

7.2.2　PowerPoint 2016 的启动与退出

1.　PowerPoint 2016 的启动

使用以下方法可以启动 PowerPoint 2016：

（1）通过单击任务栏中的"开始"按钮。单击"开始"按钮，在弹出的菜单中选择"所有程序"→Microsoft Office→Microsoft Office PowerPoint 2016 命令。

（2）若在桌面上创建了 PowerPoint 2016 的快捷图标，则可双击该图标。

（3）双击打开一个已有的 PowerPoint 文件。

2.　PowerPoint 2016 的退出

使用以下方法可以退出 PowerPoint 2016：

（1）在标题栏右侧单击"关闭"按钮。

（2）选择"文件"菜单中的"退出"命令。

7.2.3　演示文稿的创建、保存和打开

1.　演示文稿的创建

单击"文件"菜单，在弹出的快捷菜单中选择"新建"命令，在"新建"窗口中单击"空白演示文稿"选项，新建演示文稿完成，如图 7-7 所示。

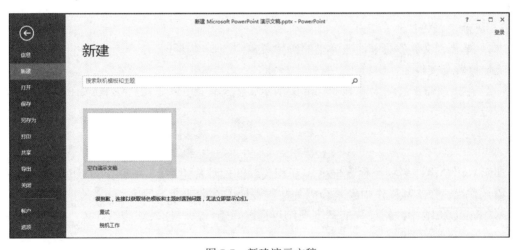

图 7-7　新建演示文稿

2.　演示文稿的保存

（1）对于从未保存过的演示文稿，可以单击快速访问工具栏中的"保存"按钮，在打开

的页面中单击"浏览"按钮，弹出"另存为"对话框。首先选择好文件的存储位置，再在"文件名"组合框中输入名称，选择文件的保存类型，最后单击"保存"按钮，如图 7-8 所示。另一种方法是通过"文件"选项卡中的"保存"命令，方法同上。

（2）对于已经保存过的文档，可以直接单击快速访问工具栏中的"保存"按钮，软件不会出现保存位置与文件名称的提示；也可以通过"文件"选项卡中的"保存"命令来完成此操作。"文件"选项卡中的"另存为"命令可以将当前演示文稿保存到其他地方或以另外的名称保存，对原文稿不产生任何影响。

图 7-8 "另存为"对话框

在 PowerPoint 2016 中，可以将演示文稿保存为早期的文件格式（.ppt），以便在 PowerPoint 2003 或更早的版本中查看它。但是如果将 PowerPoint 2016 演示文稿保存为 PowerPoint 97-2003 文件，则较高版本（PowerPoint 2007 和 PowerPoint 2016）中提供的某些功能和效果可能会丢失。也可以通过安装更新和转换器在 PowerPoint 2003 或更早版本中查看 PowerPoint 2007 和 PowerPoint 2016 文件（.pptx）。

3. 演示文稿的打开

（1）单击"文件"菜单，在弹出的快捷菜单中选择"打开"命令，弹出"打开"对话框，查找文件位置与文件名，再单击"打开"按钮。

（2）直接双击扩展名为.pptx 和.ppt 的演示文稿文件，可以自动启动 PowerPoint 2016 并打开被双击的文件。

7.2.4 幻灯片的基本操作

演示文稿是由许多相互独立但内容互相关联的幻灯片组成的。幻灯片是组成演示文稿的基本单元。我们在实际操作中经常会因为文稿设计方案的改变等原因而改变幻灯片的位置等。在 PowerPoint 2016 中，幻灯片的基本操作包括选择幻灯片、插入新的幻灯片、移动幻灯片、复制幻灯片和删除幻灯片。

1. 选择幻灯片

对幻灯片执行操作之前需要先选定幻灯片，主要选择方法有以下 4 种：

（1）在"幻灯片"窗格或幻灯片浏览视图中，单击需要选择的幻灯片即可选择单张幻灯片。

（2）在"幻灯片"窗格或幻灯片浏览视图中，单击要连续选择的第一张幻灯片，按住 Ctrl 键不放，再依次单击需要选择的幻灯片，可以实现多张不连续幻灯片的选择。

（3）在"幻灯片"窗格或幻灯片浏览视图中，单击要连续选择的第一张幻灯片，按住 Shift 键不放，再单击需要选择的最后一张幻灯片，两张幻灯片之间的连续多张幻灯片被选择。

（4）在"幻灯片"窗格或幻灯片浏览视图中，按组合键 Ctrl+A 可以选择当前演示文稿中所有的幻灯片。

2. 插入新的幻灯片

默认情况下，新演示文稿中只有一张幻灯片，用户需要插入新的幻灯片来完成演示文稿的制作。新幻灯片的插入位置可以在任意幻灯片之后。

插入新的幻灯片的方法有以下 3 种：

（1）单击"开始"选项卡中的"新建幻灯片"按钮右下角的小三角形，在弹出的下拉列表中选择所需的版式，即可在所选定幻灯片的下方插入一张指定版式的新幻灯片，如图 7-9 所示。

（2）在"幻灯片"窗格中选择一张幻灯片，按 Enter 键即可快速地插入一张新的幻灯片。如果选择的幻灯片版式为"标题幻灯片"，则新插入的幻灯片版式为"标题和内容"，否则新插入的幻灯片的版式与所选的幻灯片版式相同，如图 7-10 所示。

图 7-9　"新建幻灯片"按钮　　　　　图 7-10　按 Enter 键插入新幻灯片

（3）在"插入"选项卡中单击"新建幻灯片"按钮右下角的小三角形，方法同（1）。

3. 移动幻灯片

移动幻灯片是根据设计方案的需要而改变幻灯片的现有位置。

（1）在"幻灯片"窗格中，按住鼠标左键将选中的幻灯片拖动到新的位置，再释放鼠标。

（2）在"幻灯片浏览"视图中，将选中的幻灯片拖动到新的位置，再释放鼠标。

4. 复制幻灯片

在幻灯片制作过程中，如果新幻灯片与已完成的幻灯片的内容或布局相似，则可以通过复制幻灯片的方法对幻灯片进行复制后再修改，以加快幻灯片的制作速度，方法有以下 4 种：

（1）选择需要复制的幻灯片，按住 Ctrl 键的同时拖动幻灯片到目标位置，释放鼠标和 Ctrl

键后即可实现复制幻灯片操作。

（2）选择需要复制的幻灯片，按组合键 Ctrl+C 进行复制，到目标位置后再按组合键 Ctrl+V 进行粘贴。

（3）选择需要复制的幻灯片，单击"开始"选项卡或"插入"选项卡中的"新建幻灯片"按钮右下角的小三角形，在弹出的下拉列表中选择"复制选定幻灯片"选项。

（4）单击"开始"选项卡或"插入"选项卡中的"新建幻灯片"按钮右下角的小三角形，在弹出的下拉列表中选择"重用幻灯片"选项，可以在打开的演示文稿中重复使用来自幻灯片库或其他 PowerPoint 文件的幻灯片，如图 7-11 所示。

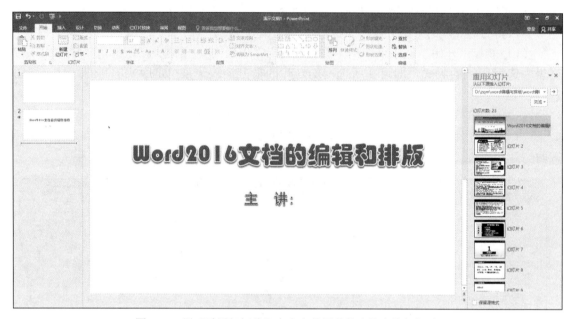

图 7-11　用"重用幻灯片"命令来使用其他文档中的幻灯片

5．删除幻灯片

对于不再需要的幻灯片，通常应将其删除，方法有以下两种：

（1）选中需要删除的幻灯片，再按 Delete 键。

（2）右击需要删除的幻灯片，在弹出的快捷菜单中选择"删除幻灯片"命令。

7.2.5　占位符的输入与编辑

占位符是演示文稿中可以输入对象的统称，包括幻灯片、表格、图像、插图、链接、批注、文本、符号、媒体等，都包含在"插入"选项卡的功能区中，如图 7-12 所示。

图 7-12　"插入"选项卡

1. 文本

"文本"组的对象包括文本框、页眉和页脚、艺术字、日期和时间、幻灯片编号及嵌入式对象。

（1）文本框。

1）文本框的插入。

在普通视图中，单击"插入"选项卡中的"文本框"按钮可以插入横排文本框和竖排文本框，如图 7-13 所示。

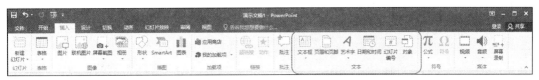

图 7-13　插入文本框

具体操作方法为：单击"插入"选项卡，再单击"文本框"按钮的下拉按钮，在弹出的下拉列表中选择"横排文本框"或者"竖排文本框"命令；将鼠标指针移动到幻灯片编辑区，按住鼠标左键不放并拖动，可以绘制出一个对应的文本框。

2）文本的输入与编辑。

文本输入的具体操作方法为：文本框绘制完成后可以往文本框中输入文本，单击幻灯片编辑区的空白位置即可确认文本的输入。

文本选择的具体操作方法有两种：①将鼠标光标定位到需要选择的文本前，按住鼠标左键不放并向右拖动鼠标即可选择当前文本，被选中的文本将以灰底黑字的效果显示；②将鼠标定位到文本的最左端，按住 Shift 键，再单击文本的最右端，可以选中整行文本。

3）文本的复制和移动。

复制与移动文本的最大区别是：复制文本后，原位置的文本不发生改变；移动文本后，原位置的文本被删除了。

复制文本的具体操作方法有 3 种：①选择文本后，按 Ctrl 键的同时将文本拖动到新的位置，松开鼠标即完成对文本的复制操作；②选择文本后，按组合键 Ctrl+C 进行复制，将光标定位到新位置后按组合键 Ctrl+V 进行粘贴；③选择文本后，使用"开始"选项卡中的"复制"按钮进行复制，在新位置使用"粘贴"按钮进行粘贴。

移动文本的具体操作方法有 3 种：①选择文本后，直接将文本拖动到新的位置，松开鼠标即完成对文本的移动操作；②选择文本后，按组合键 Ctrl+X 进行剪切，将光标定位到新位置后按组合键 Ctrl+V 进行粘贴；③选择文本后，使用"开始"选项卡中的"剪切"按钮进行剪切，在新位置使用"粘贴"按钮进行粘贴。

4）文本删除与撤销删除。

在输入文本时，如果发现有输入错误，可以将其删除。选择需要删除的文本，直接按 Delete 键。若因为意外原因导致文本被误删除，可以使用"撤销"命令（组合键 Ctrl+Z）恢复被删除的文本，也可以使用快速访问工具栏中的"撤销"按钮实现。

5）文本字体与段落格式设置。

① 文本字体设置。通过"开始"选项卡中的"字体"组可以对文本的字体格式进行设置，如图 7-14 所示。其基本操作类似于 Word 2016，这里不再详述。

图 7-14 "开始"选项卡的"字体"组和"段落"组

单击"字体"组右下角的 □ 按钮或使用快捷菜单中的"字体"命令打开"字体"对话框，在其中对文本进行中英文字体、字体样式、字体大小、字体颜色、下划线及线型、下划线颜色、效果及字符间距的设置，如图 7-15 所示。

② 文本段落设置。通过"开始"选项卡中的"段落"组可以对段落格式进行设置，如图 7-14 所示。单击"段落"组右下角的 □ 按钮或使用快捷菜单中的"段落"命令打开"段落"对话框，在其中对文本进行对齐方式、缩进、段前、段后间距和行间距等的设置，如图 7-16 所示。

图 7-15 "字体"对话框

图 7-16 "段落"对话框

③ 项目符号和编号设置。把光标定位在要设置项目符号和编号的位置，分别单击"开始"选项卡"段落"组中的"项目符号"和"编号"两个命令进行设置。

④ 文本设置浮动工具栏。选定文本并右击会出现一个浮动工具栏，单击其中相应的按钮可以对文本进行字体格式和段落格式的快速设置，如图 7-17 所示。

图 7-17 文本设置浮动工具栏

6）"绘图工具/格式"选项卡。选择需要设置格式的文本框，PowerPoint 2016 将在功能区中自动显示"绘图工具/格式"选项卡，如图 7-18 所示。通过单击"形状样式"组中的对应按钮可以对文本框的边框进行形状填充、形状轮廓及形状效果的设置。通过"艺术字样式"组中的对应按钮可以对文本框中的文字进行文本填充、文本轮廓及文本效果的设置。"排列"组主要是对多个文本框的位置进行编辑与排列。"大小"组对文本框的大小及位置进行精确设置。

图 7-18　文本框的格式设置

"形状轮廓"用于设置文本框边框线的线型和粗细等。选中要更改边框线的文本框，在"绘图工具/格式"选项卡的"形状样式"组中单击"形状轮廓"按钮，选择"粗细"，在弹出的菜单中单击需要更改的线条，可以更改文本框的边框线，如图 7-19 所示。

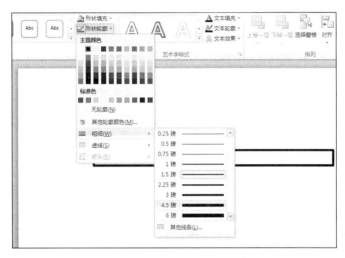

图 7-19　更改文本框边框线条

"形状填充"面板可以使用图片、渐变、纹理等，如图 7-20 所示。

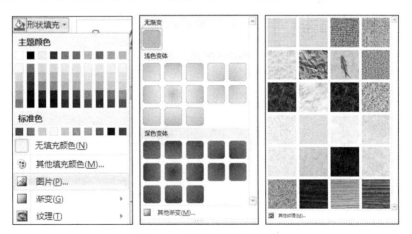

图 7-20　"形状填充"面板

"形状效果"则提供了更多的艺术效果，使文本框的边框更有艺术性，增加趣味性。

（2）页眉和页脚。单击"插入"选项卡"文本"组中的"页眉和页脚"命令进行设置，具体操作方法参见 Word 2016 相关章节。

（3）艺术字。把光标定位在要插入艺术字的位置，单击"插入"选项卡"文本"组中的"艺术字"命令进行设置，具体操作方法参见 Word 2016 相关章节。

（4）日期和时间。把光标定位在要插入日期和时间的位置，单击"插入"选项卡"文本"组中的"日期和时间"命令进行设置，具体操作方法参见 Word 2016 相关章节。

（5）幻灯片编号。单击"插入"选项卡"文本"组中的"幻灯片编号"命令，弹出"页眉和页脚"对话框，如图 7-21 所示，勾选"幻灯片编号"复选项，即可插入幻灯片编号。

图 7-21　插入幻灯片编号

（6）嵌入式对象。把光标定位在要插入嵌入式对象的位置，单击"插入"选项卡"文本"组中的"对象"命令进行设置，具体操作方法参见 Word 2016 相关章节。

2．插图

"插图"组的对象包括自选图形、SmartArt 图形和图表。

（1）自选图形。自选图形包括线条、矩形、基本形状、箭头总汇、公式形状、流程图、星与旗帜、标注等，如图 7-22 所示。单击"插入"选项卡中的"形状"按钮，在弹出的下拉列表中选择需要的自绘图形，在幻灯片编辑区的空白位置拖拉或单击鼠标，可以绘制出自选图形。自选图形的格式设置及图形的大小和位置调整与 Word 2016 相同，这里不再赘述。

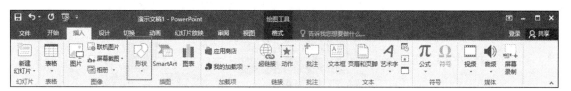

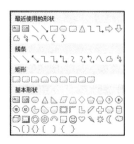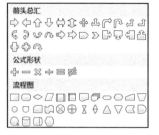

图 7-22　自选图形

（2）SmartArt 图形。SmartArt 图形是信息和观点的视觉表示形式。可以通过从多种不同布局中进行选择来创建 SmartArt 图形，从而快速、轻松、有效地传达信息。与文字相比，插图和图形更有助于读者理解和记住信息。

1）创建 SmartArt 图形并向其中添加文字。在"插入"选项卡的"插图"组中单击 SmartArt 按钮，在弹出的"选择 SmartArt 图形"对话框中单击所需的类型和布局，如图 7-23 所示。

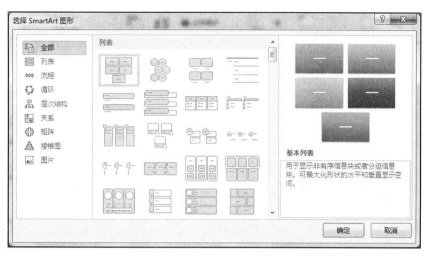

图 7-23　"选择 SmartArt 图形"对话框

要在 SmartArt 图形中输入文字，可以单击"文本"窗格中的"[文本]"输入，或者从其他位置或程序复制文本再粘贴到"文本"窗格的[文本]中。如果"文本"窗格没有显示出来，可以通过单击"SmartArt 工具/设计"选项卡"创建图形"组中的"文本窗格"按钮将其显示出来，如图 7-24 所示。

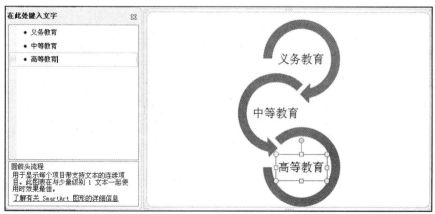

图 7-24　"文本"窗格的显示

2）在 SmartArt 图形中添加或删除形状。选中要向其中添加形状的 SmartArt 图形，单击最接近新形状添加位置的现有形状，在"SmartArt 工具/设计"选项卡的"创建图形"组中单击"添加形状"下拉箭头，如图 7-25 所示。

图 7-25 在 SmartArt 图形中添加形状

3）更改整个 SmartArt 图形的颜色和样式。可以将来自主题颜色的颜色变体应用于 SmartArt 图形中的形状。主题颜色是文件中使用颜色的集合。主题颜色、主题字体和主题效果三者构成一个主题。

选中 SmartArt 图形，单击"SmartArt 工具/设计"选项卡"SmartArt 样式"组中的"更改颜色"按钮，单击所需的颜色变体即可更改 SmartArt 图形的颜色，如图 7-26 所示。

选中 SmartArt 图形，单击"SmartArt 工具/设计"选项卡"SmartArt 样式"组中的其他按钮，选择 SmartArt 图形的总体外观样式。如图 7-27 所示是设置为"金属样式"。

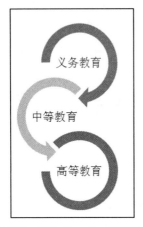

图 7-26 更改 SmartArt 图形颜色

图 7-27 更改 SmartArt 图形样式

选中 SmartArt 图形，单击"SmartArt 工具/设计"选项卡"版式"组中的其他按钮可以更改 SmartArt 图形的版式。

（3）图表。图表能够更直观地表现数据之间的联系。PowerPoint 2016 中图表的操作与 Excel 2016 中相同。

3．图像

"图像"组包括图片、联机图片、屏幕截图及相册对象的插入，如图 7-28 所示。为了使制作出来的幻灯片生动形象，可以在 PowerPoint 2016 制作的演示文稿中插入图片或联机图片。"屏幕截图"使用户在制作演示文稿的过程中不再借助第三方工具软件进行截图，为用户提供了极大的方便。"相册"是将一组图片同时插入到演示文稿中，并按照用户设定的格式进行排列。

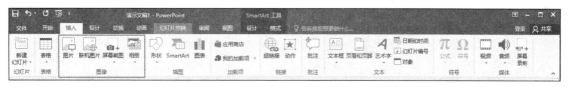

图 7-28　"图像"组

（1）联机图片。在 PowerPoint 2016 中，使用"联机图片"功能可以直接插入网络中的图片。

单击"插入"选项卡"图像"组中的"联机图片"按钮，弹出如图 7-29 所示的"插入图片"对话框。在"必应图像搜索"文本框中输入要搜索的联机图片关键字，如"飞机"，单击"搜索必应"按钮，将出现如图 7-30 所示的搜索结果页面。选中需要插入的联机图片并单击"插入"按钮，就完成了联机图片的插入。

图 7-29　联机图片的搜索

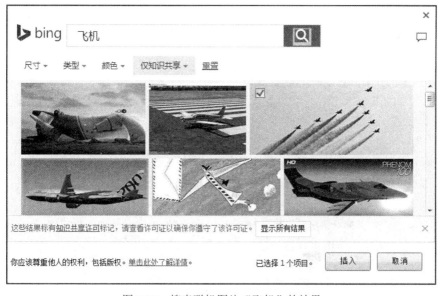

图 7-30　搜索联机图片"飞机"的结果

用户可以对所插入图片的大小、位置和样式进行编辑。选中插入的图片，将自动启动"图片工具/格式"选项卡，可以对图片进行删除背景、颜色、样式、位置、大小、边框、版式、阴影、映像、三维格式、三维旋转、发光等设置，如图 7-31 所示。

图 7-31　"图片工具/格式"选项卡

（2）图片。在幻灯片中插入相应的图片可以制作出图文并茂的演示文稿。选中需要插入图片的幻灯片，单击"插入"选项卡"图像"组中的"图片"按钮，将弹出"插入图片"对话框，如图 7-32 所示。

图 7-32　"插入图片"对话框

在 PowerPoint 2016 中可以对插入的图片进行颜色、透明度、大小等方面的编辑，也可以将艺术效果应用于图片或对图片进行重新着色。

1）更改图片的颜色浓度。饱和度是颜色的浓度。饱和度越高，图片色彩越鲜艳；饱和度越低，图片越黯淡。单击要为其更改颜色浓度的图片，在"图片工具/格式"选项卡的"调整"组中单击"颜色"按钮，如图 7-33 所示。

2）将艺术效果应用于图片。可以将艺术效果应用于图片或图片填充，使图片看上去更像草图、绘图或绘画。图片填充是一个形状或者其中填充了图片的其他对象。一次只能将一种艺术效果应用于图片，因此应用不同的艺术效果会删除以前应用的艺术效果。

3）裁剪图片。可以使用增强的"裁剪"工具来修整并有效地删除图片中不需要的部分，以获得所需要的外观并使文档更加漂亮，如图 7-34 所示。

图 7-33　图片颜色的调整

图 7-34　裁剪图片

- 裁剪：裁剪对象的垂直或水平边缘。经常对图片进行裁剪，以将注意力集中于特定区域。
- 消除图片背景，以强调或突出图片的主题或者消除杂乱的细节，如图 7-35 所示。

（a）原始图片　　　　　　　　（b）消除了背景　　　　　　　（c）显示背景消除线

图 7-35　消除图片背景（一）

具体操作方法为：①在"图片工具/格式"选项卡的"调整"组中单击"背景消除"按钮；②单击点线框线条上的一个句柄，然后拖动线条，使之包含希望保留的图片部分，并将大部分希望消除的区域排除在外，如图 7-36 所示；③显示背景消除线和句柄的图片，大多数情况下，不需要执行任何附加操作，而只要不断尝试点线框线条的位置和大小就可以获得满意的结果。如有必要，请执行下列一项或两项操作：若要指示不希望自动消除的图片部分则单击"用线条绘制出要保留的区域"，若要指示除了自动标记要消除的图片部分外哪些部分确实还要消除则单击"标记要消除的区域"；④单击"关闭"组中的"关闭并保留更改"按钮。

图 7-36　消除图片背景（二）

（3）屏幕截图。屏幕截图有两种截图方式：一种是将当前打开的文档整屏截取出来，另一种是将当前打开的文档部分截取出来，如图 7-37 所示。"可用视窗"用于整屏截取，"屏幕剪辑"用于屏幕的部分截取。

图 7-37　"屏幕截图"功能

（4）相册。PowerPoint 2016 提供了相册制作功能，只需要简单的几步就能制作出精美的电子相册。具体制作步骤如下：

1）单击"插入"选项卡"图像"组中的"相册"按钮，选择"新建相册"命令。

2）在弹出的"相册"对话框中单击"文件/磁盘"按钮，如图 7-38 所示。

3）选中需要插入的图片，单击"插入"按钮。

4）回到"相册"对话框，在"相册版式"的"图片版式"下拉列表框中选择"4 张图片"选项，单击"创建"按钮，如图 7-39 所示。相册创建完成后的效果如图 7-40 所示。

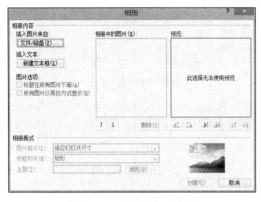
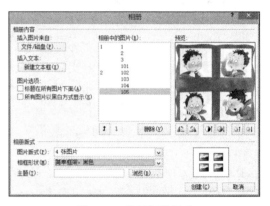

图 7-38 "相册"对话框　　　　　　　　图 7-39 选择相册版式

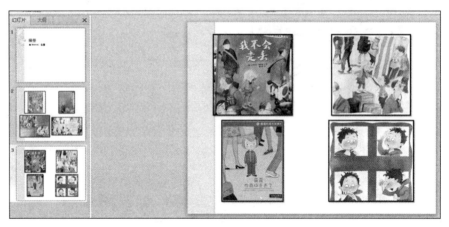

图 7-40 "相册"演示文稿

4. 表格

在幻灯片中可以添加表格，可以通过"插入"选项卡"表格"组中的"表格"按钮进行插入，如图 7-41 所示。

图 7-41 插入表格

（1）插入表格。表格插入的方法同 Word 2016，这里不再详述，请参考 Word 2016 中的相关章节。

（2）设置表格样式。新创建的表格样式是统一的，有时不满足用户的需求，因此需要对表格样式进行更改。设置和修改表格样式有两种方法：快速套用已有样式和用户自定义样式。

1）快速套用已有样式。选择需要修改样式的表格，单击"表格工具/设计"选项卡"表格样式"组的其他按钮，选择相应的表格样式，如图 7-42 所示。

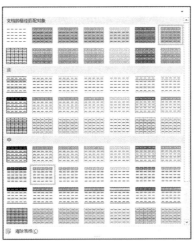

图 7-42　套用表格样式

2）用户自定义样式。用户可以通过"表格工具/设计"选项卡"表格样式"组中的"底纹"按钮、"边框"按钮、"效果"按钮为表格中的每个单元格设置不同的样式。底纹和边框的设置同 Word 2016。效果主要包括单元格的凹凸效果、阴影、映象。单元格的凹凸效果共有 12 种样式，如图 7-43 所示。阴影效果可以设置表格的内部、外部、透视三类阴影，如图 7-44 所示。映像效果设置选项如图 7-45 所示。

图 7-43　单元格的凹凸效果

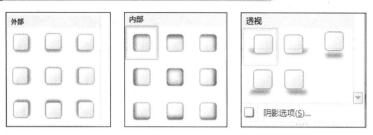

图 7-44　单元格外部、内部、透视阴影设置

图 7-45　单元格映像设置

（3）设置表格布局。利用"表格工具/布局"选项卡可以完成表格的布局设置，具体方法参照 Word 2016 中的相关章节。

5．媒体

在演示文稿的制作过程中，除了添加文本、图像、形状、表格、SmartArt 图形等对象外，还可以通过单击"插入"选项卡"媒体"组中的"视频"按钮和"音频"按钮完成视频和音频等多媒体对象的插入，也可以临时进行"屏幕录制"，如图 7-46 所示。

图 7-46　视频与音频的插入

还可以将视频和音频文件以嵌入或链接的方式添加到 PowerPoint 2016 演示文稿中。

PowerPoint 2016 支持.swf、.asf、.avi、.mpg、.mpeg、.wmv 格式的视频文件。视频文件的添加有 3 种来源：文件中的视频、网站上的视频、录制的视频。

PowerPoint 2016 支持.aiff、.au、.mid、.midi、.mp3、.wav、.wma 格式的音频文件。音频文件的添加也有 3 种来源：文件中的音频、剪贴画音频、录制的音频。

（1）视频文件的添加。

1）从文件中插入视频文件。选择需要插入视频文件的幻灯片，单击"插入"选项卡"媒体"组中的"视频"下拉按钮，在弹出的下拉列表中选择"PC 上的视频"命令，从弹出的"插入视频文件"对话框中选择计算机中已经保存好的视频文件，如图 7-47 和图 7-48 所示。

图 7-47　"插入视频文件"对话框　　　　　图 7-48　插入视频文件的幻灯片

2）插入联机视频。插入联机视频的方法同插入联机图片，此处不再赘述。

3）设置视频文件播放选项。插入视频文件后，选中插入的视频文件，通过"视频工具/播放"选项卡可以设置视频文件的播放选项，如声音大小、开始方式、结束方式、全屏播放、淡入淡出时间等，也可以对视频文件进行简单的剪裁，如图 7-49 所示。

图 7-49　视频文件的播放选项

（2）音频文件的添加。演示文稿中不仅可以插入视频，也可以插入音频。可插入的音频文件可以是 PC 上的音频，也可以是录制音频。其中，PC 上的音频的插入方法类似于视频文件的插入，请参考视频插入部分的内容。下面重点讲解音频录制，即为幻灯片配音。

PowerPoint 2016 可以像录音机一样将事先为幻灯片录制好的演讲稿、解说词等添加到幻灯片中，但在音频录制过程中需要连接专门的音频输入设备，如话筒。

操作方法如下：单击"插入"选项卡"媒体"组中的"音频"按钮，在弹出的下拉列表中选择"录制音频"命令，在弹出的"录音"对话框中进行现场录制，并可以指定录制文件的名称。单击"确定"按钮后，在幻灯片上会出现小喇叭图标，表示已经完成了幻灯片的配音，然后将小喇叭移动到合适的位置即可，如图 7-50 所示。

图 7-50　录制音频

音频文件的播放方式同视频文件，这里不再重复。

6. 链接

"链接"组主要包括"超链接"按钮和"动作"按钮。

（1）超链接。在 PowerPoint 2016 中，超链接可以是从一张幻灯片到同一演示文稿中另一张幻灯片的链接，也可以是从一张幻灯片到不同演示文稿中另一张幻灯片、到电子邮件地址、网页或文件的链接，如图 7-51 所示。

图 7-51　"插入超链接"对话框

创建超链接的对象可以是文本或其他对象。超链接可以指向以下对象：

1）同一演示文稿中的幻灯片。在"普通"视图中，选择要用作超链接的文本或对象。在"插入"选项卡的"链接"组中单击"超链接"按钮，在弹出的"插入超链接"对话框中选择"本文档中的位置"选项，单击要用作超链接目标的幻灯片。

2）不同演示文稿中的幻灯片。在"普通"视图中，选择要用作超链接的文本或对象。在"插入"选项卡的"链接"组中单击"超链接"按钮，在弹出的"插入超链接"对话框中选择"现有文件或网页"选项，找到包含要链接到的幻灯片的演示文稿。单击"书签"按钮，然后选择要链接到的幻灯片的标题。

3）Web 上的页面或文件。在"普通"视图中，选择要用作超链接的文本或对象。在"插入"选项卡的"链接"组中单击"超链接"按钮，在"链接到"下选择"现有文件或网页"选项，然后单击"浏览 Web"按钮，找到并选择要链接到的页面或文件，单击"确定"按钮。

4）电子邮件地址。在"普通"视图中，选择要用作超链接的文本或对象。在"插入"选项卡的"链接"组中单击"超链接"按钮。在"链接到"下选择"电子邮件地址"选项，在"电子邮件地址"文本框中输入要链接到的电子邮件地址，或者在"最近用过的电子邮件地址"框中单击电子邮件地址，在"主题"文本框中输入电子邮件的主题。

5）新文件。在"普通"视图中，选择要用作超链接的文本或对象。在"插入"选项卡的"链接"组中单击"超链接"按钮。在"链接到"下选择"新建文档"选项，在"新建文档名称"文本框中输入要创建并链接到的文件的名称。

（2）动作。为所选对象添加一个操作，以指定单击该对象时或者鼠标在其上悬停时应执行的操作，其对话框如图 7-52 所示。

1）单击"插入"选项卡"插图"组中的"形状"按钮，在下拉列表的"动作按钮"中选择一种内置的动作按钮，如图 7-53 所示。在幻灯片编辑区按住鼠标左键并拖动可以绘制所选动作按钮，松开鼠标则弹出如图 7-52 所示的"操作设置"对话框，完成设置后单击"确定"按钮。

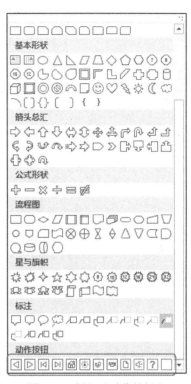

图 7-52　"操作设置"对话框　　　　　　　图 7-53　插入"动作按钮"

2）单击"插入"选项卡"插图"组中的"形状"按钮，在弹出的下拉列表中选择除"动作按钮"外的任意形状，在幻灯片编辑区按住鼠标左键并拖动绘制形状。选择该形状，单击"插入"选项卡"链接"组中的"动作"按钮，在弹出的"操作设置"对话框中进行设置即可。

7.3　PowerPoint 2016 演示文稿美化

演示文稿内容添加完毕后需要对幻灯片进行外观设计，以美化演示文稿。美化的主要方式包括幻灯片版式的使用、幻灯片主题的使用、幻灯片模板的使用、幻灯片母版的使用及页面设置、背景设置等。

扫码看视频

7.3.1　幻灯片版式的使用

在 PowerPoint 2016 中，可以根据需要设置幻灯片版式。

（1）通过选项卡设置幻灯片版式。选中幻灯片，单击"开始"选项卡"幻灯片"组中的"版式"下拉按钮，弹出如图 7-54 所示的系统内置幻灯片版式界面，根据需要选中相应的版式完成设置。

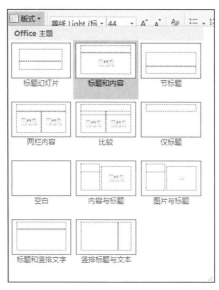

图 7-54   系统内置幻灯片版式

（2）通过快捷菜单设置幻灯片版式。选中幻灯片，在空白处右击，在弹出的快捷菜单中选择"版式"命令，弹出如图 7-54 所示的系统内置幻灯片版式界面，根据需要选中相应的版式完成设置。

7.3.2   幻灯片主题的使用

幻灯片主题包含颜色方案、字体方案和效果方案。PowerPoint 2016 内置了很多主题，在设计幻灯片的时候可以根据需要使用相应的主题。单击"设计"选项卡"主题"组的"其他"按钮可以选择内置的主题，也可以单击"浏览主题"命令选择计算机上的其他主题，如图 7-55 所示。选择一个主题后，所有幻灯片将自动转换为该主题样式。

图 7-55   幻灯片内置主题

若想将主题样式只应用于选定的幻灯片，首先需要选择应用主题样式的幻灯片，再在选择的主题样式上右击，在弹出的快捷菜单中选择"应用于选定幻灯片"命令。

利用"设计"选项卡"变体"组中的"颜色""字体""效果""背景样式"选项可以创建自己的主题，如图 7-56 所示。通过图 7-55 中的"保存当前主题"命令可以保存自己的主题。

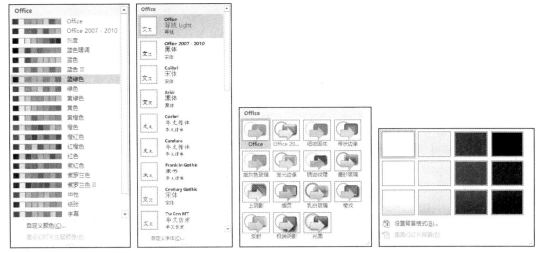

图 7-56　创建自己的主题

7.3.3　幻灯片模板的使用

幻灯片模板是用户保存为.potx 文件的一张或一组幻灯片的图案或蓝图。模板可以包含版式、主题颜色、主题字体、主题效果和背景样式，甚至还可以包含内容。

用户也可以创建自己的自定义模板，然后存储、重用和与他人共享。此外，用户可以获取多种不同类型的 PowerPoint 内置免费模板，也可以在 Office.com 和其他合作伙伴网站上获取可以应用于演示文稿的数百种免费模板。

使用模板快速创建演示文稿。单击"文件"菜单，选择其中的"新建"选项，在其中的"可用的模板和主题"窗口中进行如下操作：

（1）要重复使用最近用过的模板，选择"最近打开的模板"选项。

（2）要使用先前安装到本地驱动器上的模板，选择"我的模板"选项，再单击所需的模板，然后单击"确定"按钮。

（3）在"Office.com 模板"下单击模板类别，选择一个模板，然后单击"下载"按钮将该模板从 Office.com 下载到本地驱动器，如图 7-57 所示。

图 7-57　使用 Office.com 模板

以"婚礼新人介绍"模板为例：选择图 7-57 中的"场合与事件"模板，出现如图 7-58 所示的界面，选择"婚礼新人介绍"模板，再单击右侧的"下载"按钮，弹出如图 7-59 所示的下载对话框，PowerPoint 2016 将从 Office.com 网站上下载该模板，下载后的效果如图 7-60 所示。模板应用到新的演示文稿后，可以在演示文稿中添加内容。

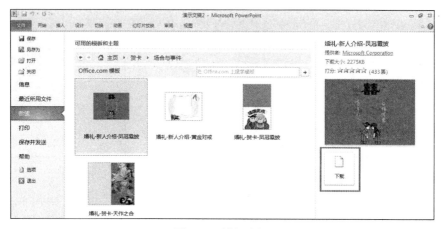

图 7-58　模板选择

图 7-59　下载模板

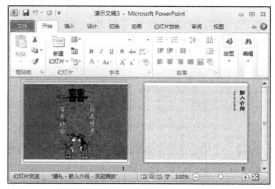

图 7-60　应用模板后的效果

7.3.4　幻灯片母版的使用

母版具有统一每张幻灯片上共同具有的背景图案、文本位置与格式的作用。PowerPoint 2016 提供了 3 种母版：幻灯片母版、讲义母版、备注母版，其中使用最多的是幻灯片母版，本节只介绍幻灯片母版的使用。

幻灯片母版是幻灯片层次结构中的顶层幻灯片，用于存储演示文稿的主题和幻灯片版式的信息，如背景、颜色、字体、效果等。每个演示文稿至少包含一个幻灯片母版，使用幻灯片母版可以对幻灯片进行统一的样式修改、在每张幻灯片上显示相同信息，这样可以加快演示文稿的制作速度，节省设计时间。

1．插入幻灯片母版

如图 7-61 所示，在"视图"选项卡的"母版视图"组中单击"幻灯片母版"按钮，在功能区中将显示专门的"幻灯片母版"选项卡，如图 7-62 所示。

图 7-61　"母版视图"组

图 7-62　"幻灯片母版"选项卡

若要使演示文稿包含两个或两个以上不同的样式或主题（如背景、颜色、字体和效果），则需要为每个主题分别插入一个幻灯片母版。例如，图 7-63 有两个幻灯片母版（每张幻灯片下方均有相关版式），它们显示在"幻灯片母版"视图中。

图 7-63　演示文稿中应用两个幻灯片母版

用户在插入新的幻灯片时，通过单击"开始"选项卡中的"新建幻灯片"下拉按钮即可选择两个母版中的任何一个创建新幻灯片。

2．删除幻灯片母版

当幻灯片中的母版过多或不满足用户需求时，可以将其删除。删除的首要条件是演示文稿中必须有两个或两个以上的幻灯片母版。如果只有一个母版，则"删除"按钮不可用。

7.3.5　幻灯片的页面设置

单击"设计"选项卡"自定义"组中的"幻灯片大小"按钮可以将幻灯片设置为标准（4:3）或宽屏（16:9）；也可以单击"自定义幻灯片大小"选项，在弹出的"幻灯片大小"对话框中进行更加细致的设置，如图 7-64 所示。

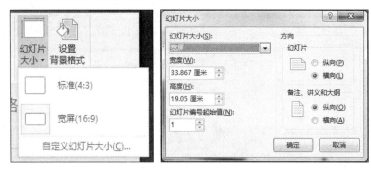

图 7-64　幻灯片大小的设置

7.3.6　幻灯片的背景设置

背景样式是系统内置的一组背景效果，包括深色和浅色两种背景。背景样式会随着用户当前所选择的主题样式的变化而变化。

单击"设计"选项卡"自定义"组中的"设置背景格式"按钮打开"设置背景格式"面板，可以根据自己的风格设置个性化的背景格式，如图 7-65 所示。可将背景填充为纯色、渐变色、图片、纹理或图案，具体设置方法请参考 Word 2016 中的相应介绍。单击"全部应用"按钮则将背景格式应用于全部的幻灯片，否则只将背景格式应用于当前幻灯片或所选定的幻灯片。

图 7-65　"设置背景格式"面板

7.4　PowerPoint 2016 动画制作

扫码看视频

PowerPoint 2016 的动画方式有幻灯片切换方式和幻灯片动画方式两种。"幻灯片切换"将整张幻灯片作为一个整体对象来设置换屏效果，"动画"则是以每一张幻灯片上的对象作为操作对象为其设置动态效果。

7.4.1　幻灯片切换

1．添加切换效果

切换效果是一张幻灯片过渡到另一张幻灯片时所用的效果。选择要设置切换效果的幻灯片，单击"切换"选项卡"切换到此幻灯片"组中的"其他"按钮，在下拉列表中选择需要的切换效果，如图 7-66 所示。

图 7-66　幻灯片切换

2．设置切换效果

添加好切换效果后，单击"切换"选项卡"切换到此幻灯片"组中的"效果选项"按钮，在下拉列表中选择切换的具体样式，如图 7-67 所示。

利用"切换"选项卡"计时"组中的相关按钮可以对切换效果进行更详细的设置，如图 7-68 所示。"声音"用于添加切换幻灯片时的声音效果，如风铃声、鼓掌声等；"持续时间"用于控制幻灯片切换的速度；"换片方式"用于设置人工切换或自动切换，可以设置自动切换的时长；"全部应用"则将效果应用于所有幻灯片。

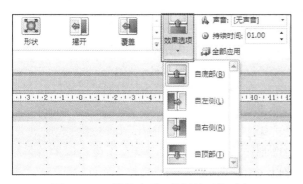

图 7-67　"效果选项"按钮的下拉列表

图 7-68　"计时"组

7.4.2 幻灯片动画

PowerPoint 2016 中的动画是指幻灯片在放映过程中出现的一系列动作。演示文稿的后期制作任务之一是动画的设置，用户可以设置幻灯片上的文本、图片、形状、表格、SmartArt图形等对象的动画，以控制演示文稿的放映、增强表达效果、提高观看者对演示文稿的兴趣。

1. 使用预定义的动画方案

选中幻灯片中需要设置动画的文本或图形元素，单击"动画"选项卡中的"添加动画"按钮可以为文本或图形元素设置动画，如图 7-69 所示。主要的动画效果有"进入"效果、"强调"效果、"退出"效果、"动作路径"效果，如图 7-70 所示。

图 7-69　"动画"选项卡

图 7-70　四类主要的动画效果及更多的效果

（1）"进入"效果。使对象逐渐淡入焦点、从边缘进入幻灯片的一种动画显示效果。

（2）"退出"效果。使对象飞出幻灯片、从视图中消失的一种动画效果。

（3）"强调"效果。使对象缩小或放大、更改颜色等，以达到突出显示或强调的动画效果。

（4）"动作路径"效果。使用这些效果可以使对象沿着指定的路径移动。

2. 为对象添加动画

选择要制作成动画的对象，在"动画"选项卡的"动画"组中单击"其他"按钮▼，然后选择所需的动画效果。如果没有看到所需的"进入""退出""强调"或"动作路径"动画效果，可以选择"更多进入效果""更多强调效果""更多退出效果"或"其他动作路径"选项。

在将动画应用于对象或文本后，幻灯片中已制作成动画的项目会标上不可打印的编号标记，该标记显示在文本或对象旁边。仅当选择"动画"选项卡或"动画窗格"可见时才会在"普通"视图中显示该标记。设置好动画后，各个效果将按照其添加顺序显示在"动画窗格"中，如图 7-71 所示。

图 7-71　动画窗格

其中，①②③④表示的含义分别为：①该任务窗格中的编号表示动画效果的播放顺序，该任务窗格中的编号与幻灯片上显示的不可打印的编号标记相对应；②时间线代表效果的持续时间；③图标代表动画效果的类型，本例中代表"退出"效果；④选择列表中的项目后会看到相应的菜单图标（向下箭头），单击该图标即可显示相应的菜单。

也可以查看指示动画效果相对于幻灯片上其他事件的开始计时的图标。若要查看所有动画的开始计时图标，可以单击相应动画效果旁的菜单图标，然后选择"隐藏高级日程表"选项。

指示动画效果开始计时的图标有多种类型，包括以下几种：

（1）单击开始（鼠标图标）。动画效果在播放者单击鼠标时开始。

（2）从上一项开始（无图标）。动画效果开始播放的时间与列表中上一个效果的时间相同。此设置可以在同一时间组合多个效果。

（3）从上一项之后开始（时钟图标）。动画效果在列表中上一个效果完成播放后立即开始。

3.　为动画设置效果选项、计时或顺序

（1）为动画设置效果选项。在"动画"选项卡的"动画"组中单击"效果选项"右侧的箭头，然后选择所需的选项。可以在"动画"选项卡中为动画指定开始、持续时间或延迟计时。

（2）为动画设置开始计时。在"计时"组中单击"开始"右侧的箭头，然后选择所需的计时。

（3）设置动画将要运行的持续时间。在"计时"组的"持续时间"文本框中输入所需的秒数。

（4）设置动画开始前的延时。在"计时"组的"延迟"文本框中输入所需的秒数。

4.　设置动作路径

PowerPoint 2016 提供了一种特殊的动画效果，即动作路径动画效果。它是幻灯片自定义动画的一种方法，用户可以使用预定义的动作路径，同样可以自行设计一条动作路径。动作路径的设置方法与其他动画的设置方法一样，不同的是，对象旁边会出现一个箭头指示动作路径的开始端和结束端，分别用绿色和红色表示。常见的动作路径有直线、弧形、转弯、形状、循环、自定义路径等。

以自定义路径为例介绍其设置过程：选中需要设置的对象，单击"动画"选项卡"高级动画"组中的"添加动画"按钮，在弹出的下拉列表中选择"自定义路径"选项，并在幻灯片中绘制动画对象需要运行的路径，双击结束路径的绘制，如图 7-72 所示。绘制完路径后，PowerPoint 2016 会自动演示路径效果，并可以进行路径形状的修改。

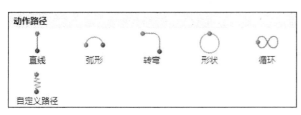

图 7-72　路径动画设置

5．删除、更改和重新排列动画效果

（1）删除动画效果。删除单个的特定动画效果的方法是：在"动画窗格"中右击要删除的动画效果，在弹出的快捷菜单中选择"删除"命令。删除幻灯片所有对象上的动画的方法是：选中幻灯片上所有的对象，在"动画"选项卡的"动画"组中单击"无"。

（2）更改动画效果。选中需要更改动画效果的对象，在"动画"选项卡的"动画"组中单击"其他"按钮▽，在下拉列表中选择所需的新动画。

（3）重新排列动画效果。动画效果的排列顺序设置在"动画窗格"中。动画效果在"动画窗格"中的排列顺序即为放映时的放映顺序，如果需要改变幻灯片中对象的播放顺序，则需要对动画的播放顺序进行调整。一种方法是通过选中"动画窗格"中设置好的动画效果，再单击底部的"上移"按钮▲和"下移"按钮▼实现动画播放顺序的调整。另一种方法是通过鼠标拖拉的方式，将"动画窗格"中设置好的动画效果拖放到需要的位置再释放，以达到改变播放顺序的效果。

7.5　演示文稿的放映

演示文稿制作完成后，需要进行放映测试，以便查看演示文稿的预期效果并做出相应的修改。

1．设置放映方式

幻灯片的放映方式主要通过"幻灯片放映"选项卡中的"设置"组进行设置。单击"幻灯片放映"选项卡"设置"组中的"设置幻灯片放映"按钮，如图 7-73 所示，弹出如图 7-74 所示的对话框，可以设置放映类型、放映幻灯片序号、放映选项、换片方式等。

图 7-73　"设置幻灯片放映"按钮

图 7-74　"设置放映方式"对话框

2. 设置自定义放映

自定义放映可供用户选择性地放映演示文稿中的部分幻灯片，以达到不同的演示效果。基本操作步骤如下：

（1）单击"幻灯片放映"选项卡"开始放映幻灯片"组中的"自定义幻灯片放映"按钮，在下拉列表中选择"自定义放映"选项，弹出"自定义放映"对话框，如图 7-75 所示。

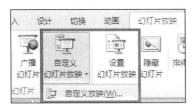

图 7-75　"自定义放映"选项和"自定义放映"对话框

（2）单击"新建"按钮，在弹出的"定义自定义放映"对话框中输入幻灯片放映名称并选择需要放映的幻灯片添加至自定义放映中，如图 7-76 所示。

（3）单击"确定"按钮完成自定义放映的定义并关闭"自定义放映"对话框，用户的自定义放映将出现在"自定义幻灯片放映"按钮的下拉列表中，如图 7-77 所示。

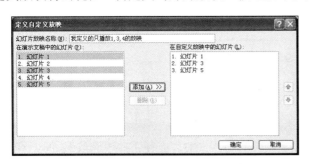

图 7-76　"定义自定义放映"对话框

图 7-77　被添加的自定义放映

3. 控制演示文稿的放映

幻灯片放映有人工控制播放和自动放映两种方式，主要的控制方式有顺序播放、暂停播放、改变幻灯片播放顺序、退出幻灯片放映等。

（1）"顺序播放"控制方式。包括单击鼠标左键；按键盘上的 Enter 键；单击屏幕左下角的方向按钮➡；右击屏幕，在弹出的快捷菜单中选择"下一张"命令。

（2）"暂停放映"控制方式。幻灯片处于自动放映状态下才需要进行暂停放映操作，暂停放映的一个显著优点是可以任意控制幻灯片内容的显示时间，以方便观众观察和理解幻灯片上的内容，或者对幻灯片进行补充说明。进行暂停放映的方法有：右击屏幕，在弹出的快捷菜单中选择"暂停"命令；或者直接按键盘上的 S 键。

（3）改变幻灯片的播放顺序。

一种方法是在幻灯片中插入动作按钮并设置动作按钮的跳转页码。常用的动作按钮在"插入"选项卡中的"插图"组中，通过单击"形状"按钮可以插入"上一页"◁、"下一页"▷、"第一页"◁、"最后一页"▷等动作按钮，当动作按钮添加到幻灯片上后会自动弹出"动作设置"对话框，如图 7-78 所示。

图 7-78　"动作设置"对话框

另一种方法是在幻灯片上添加各种图形元素,右击图形元素并选择"超链接"选项,在弹出的"插入超链接"对话框中选择"本文档中的位置",再选择指定的幻灯片,如图 7-79 所示。

 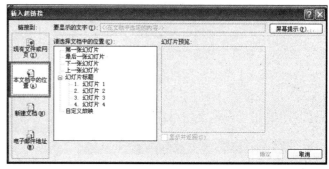

图 7-79　使用超链接跳转到指定幻灯片

(4)退出幻灯片放映。按 Esc 键可以快速退出正处于放映状态的演示文稿;或者右击幻灯片,在弹出的快捷菜单中选择"结束放映"命令。

4. 演示文稿的打包

PowerPoint 2016 可以将演示文稿及相关文件打包成 CD,方便那些没有安装 PowerPoint 2016 的用户放映演示文稿。打包的另一个优点是:演示文稿一旦打包后,幻灯片中使用的链接文件、声音、视频将被同时打包,不会出现文件在不同计算机间复制过程中找不到链接文件的现象。

打包成 CD 的基本操作步骤如下:

(1)打开需要打包的演示文稿,单击"文件"菜单,选择"导出"命令,再单击"将演示文稿打包成 CD"选项,弹出"打包成 CD"对话框,如图 7-80 所示。

图 7-80　打包成 CD 的命令及对话框

（2）选择包的存放位置，单击"复制到 CD"按钮，弹出如图 7-81 所示的对话框，提示链接文件是否打入包中；或者单击"复制到文件夹"按钮，弹出如图 7-82 所示的对话框，显示打包文件存放目录及目录的名称。考虑到大部分教学用计算机没有安装 CD 驱动器，本例以打包到文件夹为例进行阐述。

图 7-81　提示对话框

（3）完成打包并自动打开包所在的文件夹。

5. 演示文稿的打印

为了查阅方便，可以将演示文稿打印出来。在打印前一般需要进行打印设置，基本操作步骤如下：

（1）在"设计"选项卡的"自定义"组中单击"幻灯片大小"按钮，在下拉列表中选择"自定义幻灯片大小"命令，弹出"幻灯片大小"对话框，如图 7-83 所示，在其中设置好幻灯片大小和方向等。

图 7-82　文件夹命名与指定位置

图 7-83　"幻灯片大小"对话框

（2）在"文件"菜单中选择"打印"命令，再单击右侧的"打印机属性"按钮，如图 7-84 所示，设置打印纸张大小与方向。

图 7-84　"打印机属性"按钮及对话框

（3）在"文件"菜单中选择"打印"命令，再单击右侧的"编辑页眉页脚"按钮进行页眉和页脚的设置，单击"全部应用"按钮并返回。

（4）在"文件"菜单中选择"打印"命令，再单击右侧的"打印"按钮 🖶。

8

信息安全与网络安全

 **本章导读**

　　随着网络经济和信息社会的到来，信息与网络将涉及社会的各个领域。信息安全与网络安全已经是一个关系到国家安全和主权、社会的稳定、民族文化的继承和发扬的重要问题，已成为每个用户必须面对的一个问题。本章主要阐述了信息安全、网络安全及其技术的有关概述，几种常用的安全威胁与攻击类型，以及信息安全的服务与目标和安全策略等内容。

本章要点

- 信息安全、网络安全及其技术概述
- 常见的安全威胁与攻击
- 信息安全服务与目标
- 网络信息安全策略

8.1　信息安全与网络安全的基本概念

8.1.1　信息安全的定义与特征

　　1．信息安全的定义

　　信息安全是一门涉及计算机科学、网络技术、通信技术、密码技术、信息安全技术、应用数学、数论、信息论等多种学科的综合性学科。信息安全是指信息网络的硬件、软件及其系统中的数据受到保护，不因偶然的或恶意的原因而遭到破坏、更改、泄露，系统连续、可靠、正常地运行，信息服务不中断。

　　2．信息安全的特征

　　（1）完整性。完整性是指信息在传输、交换、存储和处理过程中保持非修改、非破坏和非丢失的特性，即保持信息原样性，使信息能正确生成、存储、传输，这是最基本的安全特征。

（2）保密性。保密性是指信息按给定要求不泄漏给非授权的个人、实体或过程，或者提供给其利用的特性，即杜绝有用信息泄漏给非授权个人或实体，强调有用信息只被授权对象使用的特征。

（3）可用性。可用性是指网络信息可被授权实体正确访问，并按要求能正常使用或在非正常情况下能恢复使用的特征，即在系统运行时能正确存取所需信息，当系统遭受攻击或破坏时，能迅速恢复并能投入使用。可用性是衡量网络信息系统面向用户的一种安全性能。

（4）不可否认性。不可否认性是指通信双方在信息交互过程中，确认参与者本身，以及参与者所提供的信息的真实同一性，即所有参与者都不可能否认或抵赖本人的真实身份，以及提供信息的原样性和完成的操作与承诺。

8.1.2 网络安全的定义与特征

1．网络安全的定义

网络安全从其本质上讲就是网络上的信息安全，指的是网络系统的硬件、软件及数据受到保护，不遭受破坏、更改、泄露，系统可靠、正常地运行，网络服务不中断。

从用户的角度，他们希望涉及个人和商业的信息在网络上传输时受到机密性、完整性和真实性的保护，避免其他人或对手利用窃听、冒充、篡改、抵赖等手段对自己的利益和隐私造成损害和侵犯。从网络运营商和管理者的角度来说，他们希望对本地网络信息的访问、读写等操作受到保护和控制，避免出现病毒、非法存取、拒绝服务、网络资源的非法占用和非法控制等威胁，制止和防御网络"黑客"（Hacker）的攻击。

2．网络安全的特征

（1）保密性。信息不泄露给非授权用户、实体或过程，或者供其利用的特性。

（2）完整性。数据未经授权不能进行改变的特性，即信息在存储或传输过程中保持不被修改、不被破坏和丢失的特性。

（3）可用性。可被授权实体访问并按需求使用的特性，即当需要时能否存取所需的信息。例如，网络环境下拒绝服务、破坏网络和有关系统的正常运行等都属于对可用性的攻击。

（4）可控性。对信息的传播及内容具有控制能力。

8.2 信息安全技术

8.2.1 信息安全技术概述

1．信息安全技术的定义

信息安全技术就是维护信息安全的技术，包括信息安全概述、信息保密技术、信息隐藏技术、消息认证技术、密钥管理技术、数字签名技术、物理安全、操作系统安全、网络安全协议、应用层安全技术、网络攻击技术、网络防御技术、计算机病毒、信息安全法律与法规、信息安全解决方案等。

2．信息安全技术的分类

信息安全技术主要有以下几种安全技术类型：防火墙、入侵检测系统、安全路由器、虚拟专用网（VPN）、安全服务器、电子签证机构、用户认证产品、安全管理中心、安全数据库、安全操作系统等。

（1）防火墙。防火墙在某种意义上可以说是一种访问控制产品。它在内部网络与不安全的外部网络之间设置障碍，阻止外界对内部资源的非法访问，防止内部对外部的不安全访问。其主要技术有包过滤技术、应用网关技术、代理服务技术。防火墙能够较为有效地防止"黑客"利用不安全的服务对内部网络进行攻击，并且能够实现对数据流的监控、过滤、记录和报告功能，较好地隔断内部网络与外部网络的连接。但它本身可能存在安全问题，可能会是一个潜在的瓶颈。

（2）安全路由器。由于 WAN 连接需要专用的路由器设备，因而可以通过路由器来控制网络传输。通常采用访问控制列表技术来控制网络信息流。

（3）虚拟专用网。虚拟专用网是在公共数据网络上采用数据加密技术和访问控制技术，实现两个或多个可信内部网之间的互联。VPN 的构筑通常都要求采用具有加密功能的路由器或防火墙，以实现数据在公共信道上的可信传递。

（4）安全服务器。安全服务器主要针对一个局域网内部的信息存储、传输的安全保密问题，其功能包括对局域网资源的管理和控制，对局域网内用户的管理，以及对局域网中所有安全相关事件的审计和跟踪。

（5）电子签证机构（Certificate Authority，CA）作为通信的第三方，为各种服务提供可信任的认证服务。CA 可以向用户发行电子签证证书，为用户提供成员身份验证和密钥管理等功能。PKI 及配套产品可以提供更多的功能和更好的服务。

（6）用户认证产品。由于 IC 卡技术的日益成熟和完善，IC 卡被更为广泛地用于用户认证产品中，用来存储用户的个人私钥，并与其他技术（如动态口令）相结合，对用户身份进行有效的识别。同时，还可以利用 IC 卡上的个人私钥与数字签名技术结合，实现数字签名机制。随着模式识别技术的发展，诸如指纹、视网膜、脸部特征等高级的身份识别技术也将投入应用，并与数字签名等现有技术结合，必将使得用户身份的认证和识别技术更趋完善。

（7）安全管理中心。由于网上的安全产品较多，而且分布在不同的位置，这就需要建立一套集中管理的机制和设备，即安全管理中心。它用来给各个网络安全设备分发密钥，监控网络安全设备的运行状态，负责收集网络安全设备的审计信息等。

（8）入侵检测系统（Intrusion Detection System，IDS）。作为传统保护机制（如访问控制、身份识别等）的有效补充，形成了信息系统中不可或缺的反馈链。

（9）安全数据库。由于大量的信息存储在计算机的数据库内，有些信息是有价值的，也是敏感的、需要保护的。安全数据库可以确保数据库的完整性、可靠性、有效性、机密性、可审计性及存取控制与用户身份识别等。

（10）安全操作系统。给系统中的关键服务器提供安全运行平台，构成安全 WWW 服务、安全 FTP 服务、安全 SMTP 服务等，并作为各类网络安全产品的坚实底座，确保这些安全产品的自身安全。

3. 信息安全技术的发展趋势

（1）信息安全技术将成为未来纵横捭阖的安全体系。在过去的几年里，信息安全技术的研究和信息安全产品的供应都是以节点产品为主的。例如，防火墙、防杀毒都是以某一局域网的节点控制为主的，很难实现纵向的体系化的发展。特别是在电子政务、电子党务等纵向大型网络规划建设以后，必须能够实现全网动态监控。就横向而言，以前存在的两个方面的问题也会得到解决：一是安全产品很难与信息系统的基本组成要素，如光驱、软驱、USB 接口、打印机等之间无缝衔接；二是各种安全产品之间很难实现协同工作。要实现信息系统的立体安全防护，就必须实现安全产品纵横向的有机结合，以实现高效立体防护。以审计监控体系为例，多级审计实现了全网的策略统一、日志数据的管理统一与分级查询；提供了标准化的接口，可以与防火墙、入侵检测、防杀毒等安全产品无缝衔接，协同工作；提供了自主定制的应用审计，有效地保障了应用系统的责任认定和安全保障，这样就构建了一个完整的安全保障管理体系。这是未来信息安全的发展趋势之一。

（2）未来信息安全技术的发展将由防"外"为主转变为防"内"为主，建立和加强"内部人"网络行为监控与审计并进行责任认定，是网络安全建设的重点内容之一。美国《信息周刊》联合《电脑商情报》等全球合作伙伴进行了"全球信息安全调研"，调研结果表明：信息系统受到攻击的最大总量来自恶意代码和与企业有密切联系的个人的非法使用。

8.2.2 信息安全的主要技术

1. 加密与解密

信息的保密性是信息安全性的一个重要方面。保密的目的是防止敌人破译机密信息。加密是实现信息保密性的一个重要手段。所谓加密，就是使用数学方法来重新组织数据，使除了合法的接收者之外，任何其他人都不能恢复原先的"消息"或读懂变化后的"消息"。加密前的信息称为明文，加密后的信息称为密文。将密文变为明文的过程称为解密。

在对明文进行加密时所采用的一组规则称为加密算法。类似地，对密文进行解密时所采用的一组规则称为解密算法。加密和解密算法的操作通常都是在一组密钥的控制下进行的，分别称为加密密钥和解密密钥。加密技术分为两类，即对称加密和非对称加密。

（1）对称加密。对称加密又称私钥加密，即信息的发送方和接收方用同一个密钥去加密和解密数据。它最大的优势是加密和解密速度快，适合对大数据量进行加密，但密钥管理困难。如果进行通信的双方能够确保专用密钥在密钥交换阶段未曾泄露，那么机密性和报文的完整性就可以通过这种加密方法加密机密信息，随报文一起发送报文摘要或报文散列值来实现。

（2）非对称加密。非对称加密又称公钥加密，也称不对称密钥。使用一对密钥来分别完成加密和解密操作，其中一个公开发布（即公钥），另一个由用户自己秘密保存（即私钥）。信息交换的过程是甲方生成一对密钥并将其中的一把作为公钥向其他交易方公开，得到该公钥的乙方使用该密钥对信息进行加密后再发送给甲方,甲方再用自己保存的私钥对加密信息进行解密。

2. 认证技术

认证就是指用户必须提供"他是谁？"的证明，如他是某个雇员、某个组织的代理、某个软件过程（股票交易系统或 Web 订货系统的软件过程）。认证的标准方法就是弄清楚他是谁、他具有什么特征、他知道什么可用于识别身份的东西。例如，系统中存储了他的指纹，他接入网络时，就必须在连接到网络的电子指纹机上提供他的指纹（这就防止他使用假的指纹或其他电子信息欺骗系统），只有指纹相符才允许他访问系统。为了解决安全问题，一些公司和机构正千方百计地解决用户身份认证的问题，主要有以下四种认证方法。

（1）数字签名。签名主要起到认证、核准和生效的作用。政治、军事、外交等活动中签署文件，商业上签订契约和合同，以及日常生活中从银行取款等事务的签字，传统上都采用手写签名或印签。随着信息技术的发展，人们希望通过数字通信网络进行迅速的、远距离的贸易合同的签名，数字或电子签名应运而生。

数字签名是一种信息认证技术。信息认证的目的有两个：一是验证信息的发送者是真正的发送者还是冒充的；二是验证信息的完整性，即验证信息在传送或存储过程中是否被篡改、重放或延迟等。认证是防止敌人对系统进行主动攻击的一种重要技术。

数字签名是签署以电子形式存储的消息的一种方法，一个签名消息能在一个通信网络中传输。基于公钥密码体制和私钥密码体制都可以使用数字签名，特别是公钥密码体制的诞生为数字签名的研究和应用开辟了一条广阔的道路。

（2）数字水印。数字水印（Digital Watermarking）技术是将一些标识信息（即数字水印）直接嵌入数字载体当中（包括多媒体、文档、软件等）或间接表示（修改特定区域的结构），而且不影响原载体的使用价值，也不容易被探知和再次修改，但可以被生产方识别和辨认。通过这些隐藏在载体中的信息，可以达到确认内容创建者、购买者、传送隐秘信息或判断载体是否被篡改等目的。数字水印是信息隐藏技术的一个重要研究方向。数字水印是实现版权保护的有效办法，是信息隐藏技术研究领域的重要分支。

（3）数字证书。数字证书是一种权威性的电子文档。它提供了一种在 Internet 上验证身份的方式，其作用类似于司机的驾驶执照或日常生活中的身份证。它是由一个权威机构——证书认证中心发行的，人们可以在互联网交往中用它来识别对方的身份。当然，在数字证书认证的过程中，证书认证中心作为权威的、公正的、可信赖的第三方，其作用是至关重要的，也是企业现在可以使用的一种工具。

（4）双重认证。例如，波士顿的 Beth Isreal Hospital 公司和意大利一家居领导地位的电信公司正采用"双重认证"的办法来保证用户的身份证明。也就是说，他们不是采用一种方法，而是采用两种形式的证明方法，这些证明方法包括令牌、智能卡和仿生装置，如视网膜或指纹扫描器。

3．访问控制技术

（1）访问控制技术概述。访问控制（Access Control）技术就是通过不同的手段和策略实现网络上主体对客体的访问控制。在 Internet 上，客体是指网络资源，主体是指访问资源的用户或应用。访问控制的目的是保证网络资源不被非法使用和访问。

访问控制是网络安全防范和保护的主要策略，通过某种途径显式地准许或限制访问能力及范围的一种方法，是实现数据保密性和完整性机制的主要手段。根据控制手段和具体目的的不同，可以将访问控制技术划分为结果不同的级别，包括入网访问控制、网络权限控制、目录安全控制、属性控制等多种手段。

（2）访问控制技术级别。

1）入网访问控制。入网访问控制为网络访问提供了第一层访问控制。它控制哪些用户能够登录到服务器并获取网络资源，控制用户入网的时间和允许他们在哪一台工作站入网。用户的入网访问控制可以分为三个步骤：用户名的识别与验证、用户口令的识别与验证、用户账号的缺省限制检查。如果有任何一个步骤未通过检验，该用户便不能进入该网络，但这种用户口令验证方式易被攻破。

2）网络权限控制。网络权限控制是针对网络非法操作所提出的一种安全保护措施。能够访问网络的合法用户被划分为不同的用户组，不同的用户组被赋予了不同的权限。例如，网络控制用户和用户组可以访问哪些目录、子目录、文件和其他资源，可以指定用户对这些文件、目录、设备执行哪些操作等。这些机制的设定可以通过访问控制表来实现。

3）目录级安全控制。目录级安全控制是针对用户设置的访问控制，具体为控制目录、文件、设备的访问。用户在目录一级指定的权限对所有文件和目录有效，用户还可以进一步指定目录下的子目录和文件的权限。

4）属性安全控制。当用文件、目录和网络设备时，网络系统管理员应给文件、目录等指定访问属性。属性安全控制在权限安全的基础上提供更进一步的安全性，往往能控制以下几个方面的权限：向某个文件写入数据、复制一个文件、删除目录或文件、查看目录和文件、执行文件、隐含文件及共享等。

（3）访问控制技术分类。访问控制有访问控制矩阵、访问控制表、能力关系表、权限关系表等实现方法。通过访问控制服务，可以限制对关键资源的访问，防止非法用户的侵入或因合法用户的不慎操作所造成的破坏。传统访问控制技术主要有自主访问控制、强制访问控制、基于角色的访问控制、基于任务的访问控制和基于组机制的访问控制。接下来介绍其中的前三种。

1）自主访问控制（Discretionary Access Control，DAC）。允许某个主体显式地指定其他主体对该主体所拥有的信息资源是否可以访问及可执行的访问类型。DAC 是目前计算机系统中实现最多的访问控制机制，是多用户环境下最常用的一种访问控制技术。

2）强制访问控制（Mandatory Access Control，MAC）。每个主体都有既定的安全属性，每个客体也都有既定的安全属性，主体对客体是否能执行特定的操作取决于两者安全属性之间的关系。通常所说的 MAC，主要用来描述美国军用计算机系统环境下的多级安全策略。安全属性用二元组（安全级、类别集合）表示，安全级表示机密程度，类别集合表示部门或组织的集合。

3）基于角色的访问控制（Role-Based Access Control，RBAC）。在用户（User）和访问许可权（Permission）之间引入了角色（Role）的概率，用户与特定的一个或多个角色相联系，角色与一个或多个访问许可权相联系。每个角色与一组用户和有关的动作相互关联，角色中所属的用户可以有权执行这些操作。角色与组的区别是组是一组用户的集合，角色是一组用户的集合加上一组操作权限的集合。

4．防火墙

（1）防火墙简介。防火墙技术最初是针对 Internet 不安全因素所采取的一种保护措施。顾名思义，防火墙就是用来阻挡外部不安全因素影响的内部网络屏障，其目的是防止外部网络用户未经授权的访问。它是一种计算机硬件和软件的结合，使 Internet 与 Internet 之间建立起一个安全网关（Security Gateway），从而保护内部网免受非法用户的侵入。防火墙主要由服务访问政策、验证工具、包过滤和应用网关四个部分组成，防火墙就是一个位于计算机和它所连接的网络之间的软件或硬件。该计算机流入、流出的所有网络通信均要经过此防火墙。

（2）防火墙的功能。

1）允许网络管理员定义一个中心点来防止非法用户进入内部网络。

2）可以方便地监视网络的安全性并报警。

3）可以作为部署网络地址变换（Network Address Translation，NAT）的地点，利用 NAT 技

术将有限的 IP 地址动态或静态地与内部的 IP 地址对应起来，用来缓解地址空间短缺的问题。

4）防火墙是审计和记录 Internet 使用费用的一个最佳地点。网络管理员可以在此向管理部门提供 Internet 连接的费用情况，查出潜在的带宽瓶颈的位置，并能够依据本机构的核算模式提供部门级的计费。

5）防火墙可以连接到一个单独的网段上，从物理上与内部网段隔开，并在此部署 WWW 服务器和 FTP 服务器，将其作为向外部发布内部信息的地点。从技术角度来讲，就是所谓的停火区（Demilitarized Zone，DMZ）。

（3）防火墙类型。尽管防火墙的发展经过了几代，但是按照防火墙对内外来往数据的处理方法，大致可以将防火墙分为两大体系：包过滤防火墙和代理防火墙（应用层网关防火墙）。前者以以色列的 Checkpoint 防火墙和 Cisco 公司的 PIX 防火墙为代表，后者以美国 NAI 公司的 Auntlet 防火墙为代表。

从实现原理上分，防火墙的技术包括四类：网络级防火墙（也叫包过滤防火墙）、应用级网关、电路级网关和规则检查防火墙。它们之间各有所长，具体使用哪一种或是否混合使用，要看具体需要。

1）网络级防火墙。网络级防火墙一般是基于源地址和目的地址、应用、协议和每个 IP 包的端口来作出通过与否的判断。一个路由器便是一个"传统"的网络级防火墙，大多数的路由器都能通过检查这些信息来决定是否将所收到的包转发，但它不能判断一个 IP 包来自何方、去向何处。防火墙检查每一条规则，直至发现包中的信息与某规则相符。如果没有一条规则符合，防火墙就会使用默认规则，一般情况下，默认规则就是要求防火墙丢弃该包。其次，通过定义基于TCP或UDP数据包的端口号，防火墙能够判断是否允许建立特定的连接，如 Telnet、FTP连接。

2）应用级网关。应用级网关就是我们常常说的"代理服务器"，它能够检查进出的数据包，通过网关复制传递数据，防止在受信任服务器和客户机与不受信任的主机间直接建立联系。应用级网关能够理解应用层上的协议，能够做一些复杂的访问控制，并进行精细的注册和稽核。但每一种协议需要相应的代理软件，使用时工作量大，效率不如网络级防火墙。常用的应用级防火墙已经有了相应的代理服务器，如 HTTP、NNTP、FTP、Telnet、rlogin、X-windows 等。

3）电路级网关。电路级网关用来监控受信任的客户或服务器与不受信任的主机间的 TCP 握手信息，这样来决定该会话（Session）是否合法。电路级网关是在 OSI 模型中的会话层上过滤数据包的，这样比包过滤防火墙要高两层。实际上，电路级网关并非作为一个独立的产品存在，它与其他的应用级网关结合在一起，如 Trust Information Systems 公司的 Gauntlet Internet Firewall、DEC 公司的 Alta Vista Firewall 等产品。另外，电路级网关还提供了一个重要的安全功能——代理服务器（Proxy Server）。代理服务器是个防火墙，在上面运行一个叫作"地址转移"的进程，来将所有公司内部的 IP 地址映射到一个"安全"的 IP 地址上，这个地址是由防火墙使用的。但是作为电路级网关也存在一些缺陷，因为该网关是在会话层中工作的，所以它无法检查应用层级的数据包。

4）规则检查防火墙。规则检查防火墙结合了包过滤防火墙、电路级网关和应用级网关的特点。同包过滤防火墙一样，规则检查防火墙能够在 OSI 网络层上通过 IP 地址和端口号过滤进出的数据包。它也像电路级网关一样，能够检查 SYN 和 ACK 标记和序列数字是否逻辑有序。当然，它也像应用级网关一样，可以在 OSI 应用层上检查数据包的内容，查看这些内容是否符合公司网络的安全规则。规则检查防火墙虽然集成了前三者的特点，但是不同的是，它并不打破客户机/服务机模式来分析应用层的数据，允许受信任的客户机和不受信任的主机建立直接连接。规则检查防火墙不依靠与应用层有关的代理，而是依靠某种算法来识别进出的应用层数据，这些算法通过已知合法数据包的模式来比较进出的数据包，这样从理论上就能比应用级代理在过滤数据包上更有效。

目前，在市场上流行的防火墙大多属于规则检查防火墙，因为该防火墙对用户透明，在 OSI 最高层上加密数据，不需要用户去修改客户端的程序，也不需要对每个在防火墙上运行的服务额外增加一个代理。例如，现在最流行的防火墙——软件公司 OnTechnology 生产的 OnGuard 和软件公司 CheckPoint 生产的 Fire Wall-1 防火墙，都是一种规则检查防火墙。

（4）防火墙的使用。在具体应用防火墙技术时，还要考虑到以下两个方面的内容：一是防火墙是不能防病毒的，尽管有不少的防火墙产品声称其具有这个功能；二是防火墙技术的另一个弱点是数据在防火墙之间的更新很难，如果延迟太久，将无法支持实时服务请求。并且防火墙采用滤波技术，滤波通常使网络的性能降低 50%以上，如果为了改善网络性能而购置高速路由器，又会大大增加经济预算。

总之，防火墙是企业网安全问题的流行方案，即把公共数据和服务置于防火墙外，使其对防火墙内部资源的访问受到限制。作为一种网络安全技术，防火墙具有简单实用的特点，并且透明度高，可以在不修改原有网络应用系统的情况下达到一定的安全要求。

防火墙不是万能的，防火墙一般存在以下缺陷：

1）防火墙不能防范内部用户的攻击。恶意的外部用户直接连接到内部用户的机器上，以内部用户的机器为跳板，就可以绕过防火墙进行攻击。

2）不能拦截带病毒的数据在网络之间传播。

3）防火墙不能防止数据驱动式攻击。有些表面看来无害的数据被邮寄或复制到 Internet 主机上被执行而发起攻击时，就会发生数据驱动式攻击，防火墙也无能为力。

因此，防火墙只是整体安全防范政策的一部分。有时我们还需要对内部网的部分站点加以保护，以免受内部其他站点的侵袭。

5．入侵检测技术

（1）入侵检测的概述。入侵检测的目标就是从信息系统和网络资源中采集信息，分析来自网络内部和外部的信号，实时地对攻击作出反应。其主要特征是使用主机传感器监控系统的信息、实时监视可疑的连接、检查系统日志、监视非法访问，并且判断入侵事件，迅速作出反应。

入侵监测系统（Intrusion Detection System，IDS）处于防火墙之后，对网络活动进行实时检测。许多情况下，由于可以记录和禁止网络活动，所以入侵监测系统是防火墙的延续。它可以和防火墙、路由器配合工作。入侵监测系统与系统扫描器（System Scanner）不同。系统扫描器是根据攻击特征数据库来扫描系统漏洞的，它更关注配置上的漏洞而不是当前进出用户主机的流量。在遭受攻击的主机上，即使正在运行着扫描程序，也无法识别这种攻击。

入侵监测是通过从计算机网络或计算机系统中的若干关键点收集信息并对其进行分析，从中发现网络或系统中是否有违反安全策略的行为和遭到袭击迹象的一种安全技术。

1980 年，美国人詹姆斯·安德森的《计算机安全威胁监控与监视》第一次详细阐述了入侵检测的概念。1986 年，乔治敦大学研究出了第一个实时入侵检测专家系统。1990 年，加州大学开发出了网络安全监控系统，该系统第一次直接将网络流作为审计数据来源，因而可以在不将审计数据转换成统一格式的情况下监控异种主机。从此，入侵检测系统发展史翻开了新的一页，两大阵营正式形成：基于网络的 IDS 和基于主机的 IDS。1988 年之后，美国开展对分布式入侵检测系统的研究，将基于主机和基于网络的检测方法集成到一起。从 20 世纪 90 年代到现在，入侵检测系统的研发呈现出百家争鸣的繁荣局面，并在智能化和分布式两个方向取得了长足的进展。按照分析方法或检测原理，可以分为基于统计分析原理的异常入侵检测和基于模板匹配原理的误用入侵检测；按照体系结构，可以分为集中式入侵检测和分布式入侵检测；按照工作方式，可以分为离线入侵检测和在线入侵检测。

（2）常用的入侵检测手段。入侵检测系统常用的检测手段有特征检测、统计检测和专家系统。据公安部计算机信息系统安全产品质量监督检验中心的报告可知，国内送检的入侵检测产品中，95%是属于使用入侵模板进行模式匹配的特征检测产品，其他 5%是采用概率统计的统计检测产品和基于日志的专家知识库产品。

1）特征检测。特征检测对已知的攻击或入侵的方式作出确定性的描述，形成相应的事件模式。当被审计的事件与已知的入侵事件模式相匹配时，即报警。原理上其与专家系统相仿。其检测方法与计算机病毒的检测方式类似。目前，基于对包特征描述的模式匹配应用较为广泛。该方法预报检测的准确率较高，但对于无经验知识的入侵与攻击行为无能为力。

2）统计检测。统计模型常用异常检测，在统计模型中常用的测量参数包括审计事件的数量、间隔时间、资源消耗情况等。常用的入侵检测的五种统计模型为操作模型、方差、多元模型、马尔柯夫过程模型、时间序列分析。

统计方法的最大优点是它可以"学习"用户的使用习惯，从而具有较高的检出率与可用性。但是它的"学习"能力也给入侵者机会，通过逐步"训练"使入侵事件符合正常操作的统计规律，从而入侵检测系统。

3）专家系统。专家系统对入侵进行检测，经常针对有特征的入侵行为。所谓的规则即知识，不同的系统与设置具有不同的规则，而且规则之间往往无通用性。专家系统的建立依赖于知识库的完备性，知识库的完备性又取决于审计记录的完备性与实时性。入侵特征的抽取与表达，是入侵检测专家系统的关键。在系统实现中，将有关入侵的知识转化为 if-then 结构（也可以是复合结构），if 部分为入侵特征，then 部分是系统防范措施。运用专家系统防范有特征入侵行为的有效性完全取决于专家系统知识库的完备性。

8.3 安全威胁与攻击

信息与网络安全面临的威胁来自很多方面，并且随着时间的变化而变化，这些威胁可以宏观地分为人为威胁（无意失误和恶意攻击）、非人为威胁（自然灾害、设备老化、断电、电磁泄漏、意外事故等）及不明或综合因素（安全漏洞、后门、复杂事件）。在这里主要讨论人为的恶意攻击和有目的的破坏。

8.3.1 黑客与黑客技术

1. 黑客

"黑客"指的是喜欢挑战难度、破解各种系统密码、寻找各类服务器漏洞的计算机高手，尤其是程序设计人员。大部分黑客不搞破坏，只是依靠自己掌握的知识帮助系统管理员找出系统中的漏洞并加以完善。也有些黑客通过各种黑客技能对系统进行攻击、入侵或做一些有害于网络的事情，对这些人正确的英文叫法是 Cracker，有人翻译为"骇客"。从20世纪80年代初开始，每年都有黑客攻击网络的记录，攻击范围包括军事网、商业网、政府网及其他网站。黑客对计算机网络的安全已构成严重威胁。

互联网上存在很多不同类型的计算机及运行各种系统的服务器，它们的网络结构不同，是 TCP/IP 协议把这些计算机连接在一起。IP 的工作是把数据包从一个地方传递到另一个地方，TCP 的工作是对数据包进行管理与校验，保证数据包的正确性。黑客正是利用 TCP/IP 协议，在网络上传送含有非法目的的数据，对网络上的计算机进行攻击。黑客常利用漏洞扫描器扫描网络上存在的漏洞，然后实施攻击。

2. 黑客常用的攻击方法

（1）木马攻击。特洛伊木马是一种基于远程控制的黑客工具，它具有隐蔽性和非授权性等特点。所谓的隐蔽性是指木马的设计者为了防止木马被发现，会采用多种手段隐藏木马，这样服务器即使发现感染了木马，也不能确定其具体位置。所谓的非授权是指一旦控制端与服务端连接，控制端将享有服务端的大部分操作权限，包括修改文件、修改注册表、控制鼠标和键盘等。

（2）邮件攻击。邮件攻击又称 E-mail 炸弹，是指一切破坏电子邮箱的方法，如果电子邮箱一下被成千上万封电子邮件所占据，电子邮件的总容量就有可能超过电子邮箱的总容量，造成邮箱崩溃。

（3）端口攻击。网络系统主要采用 UNIX 操作系统，一般提供 WWW、mail、FTP、BBS等日常网络服务。每一台网络主机可以提供几种服务，UNIX 系统将网络服务划分为许多不同的端口，每一个端口提供一种不同的服务，一个服务会有一个程序时刻监视端口的活动，并且给予相应的应答，而且端口的定义已成为标准。例如，WWW 服务的端口是80，FTP 服务的端口是21。如果用户不小心运行了木马程序，其计算机的某个端口就会开放，黑客就可以通过端口侵入计算机，并自由地下载和上传目标机器上的任意文件，执行一些特殊的操作。

（4）密码破译。密码破译是入侵者使用最早也最原始的方法，它不仅可以获得对主机的操作权，而且可以通过破解密码制造漏洞。首先要取得系统的用户名，获得用户名之后，就可以进行密码的猜测和破解并尝试登录。密码的猜测和破解有多种方法，常用的有根据密码和用户名之间的相似程度进行猜测、用穷举法进行密码破解等。

（5）Java 炸弹。通过 HTML 语言，让用户的浏览器耗尽系统资源，如使计算机不停地打开新的窗口，直到计算机资源耗尽而死机。

3. 网络安全防御

不同的网络攻击应采取不同的防御方法，主要应从网络安全技术的加强和采取必要防范措施两个方面考虑。网络安全技术包括入侵检测、访问控制、网络加密技术、网络地址转换技术、身份认证技术等。

（1）入侵检测。从目标信息系统和网络资源中采集信息，分析来自网络内部和外部的信号，实时地对攻击作出反应。其主要特征是使用主机传感器监控系统的信息，实时监视可疑的连接，检查系统日志，监视非法访问，并且判断入侵事件，迅速作出反应。

（2）访问控制。访问控制主要有两种类型：网络访问控制和系统访问控制。网络访问控制限制外部对主机网络服务的访问和系统内部用户对外部的访问，通常由防火墙实现。系统访问控制为不同用户赋予了不同的主机资源访问权限，操作系统提供一定的功能实现系统访问控制。

（3）网络加密技术。网络加密技术就是为了安全从而对信息进行编码和解码，是保护网内的数据、文件、口令和控制信息及保护网上传输数据的一种有效方法，它能够防止重要信息在网络上被拦截和窃取。常用的网络加密的方法有链路加密、端点加密和节点加密三种。链路加密的目的是保护网络节点之间的链路信息安全；端点加密的目的是对源端用户到目的用户的数据提供加密保护；节点加密的目的是对源节点到目的节点之间的传输链路提供加密保护。

（4）网络地址转换技术。网络地址转换器也称地址共享器或地址映射器，目的是解决 IP 地址的不足。当内部主机向外部主机连接时，使用同一个 IP 地址。这样外部网络看不到内部网络，从而达到保密的作用。

（5）身份认证技术。身份认证技术主要采取数字签名技术，一般用不对称加密技术，通过对整个明文进行变换得到值，作为核实签名，接收者使用发送者的公开密钥对签名进行解密运算，如结果为明文，则签名有效，证明对方身份是真实的。

网络安全防范主要通过防火墙、系统补丁、IP 地址确认和数据加密等技术实现。

8.3.2　计算机病毒

扫码看视频

1．计算机病毒及其特征

计算机病毒就是能够通过某种途径潜伏在计算机存储介质（或程序）中，当达到某种条件时即被激活的、具有对计算机资源进行破坏作用的一组程序或指令集合。计算机病毒程序一般具有以下五个方面的特征。

（1）一段可执行程序。计算机病毒是一种可存储、可执行的"非法"程序，和其他合法程序一样，它可以直接或间接地运行，可以隐蔽在可执行程序或数据文件中而不易被人们察觉和发现。

（2）传染性。计算机病毒具有很强的自我复制能力。病毒程序运行时进行自我复制，并不断感染其他程序，在计算机系统内、外扩散。因此，只要机器一旦感染病毒，这种病毒就会像瘟疫一样迅速传播开来。计算机病毒主要通过硬盘、网络和 U 盘等进行传染。

（3）潜伏性。计算机病毒的潜伏性是指计算机病毒进入系统并开始破坏数据的过程不易被用户察觉，而且这种破坏活动又是用户难以预料的。计算机病毒一般依附于某种介质中，就可以在几周或几个月内进行传播和再生而不被人发现。当病毒被发现时，系统实际上往往已经被感染，数据已经被破坏，系统资源也已经被损坏。

（4）激发性。计算机病毒一般都有一个激发条件触发其传染，如在一定条件下激活一个病毒的传染机制使之进行传染，或者在一定的条件下激活计算机病毒的表现部分或破坏部分或同时激发其表现部分和破坏部分。

（5）破坏性。计算机病毒的破坏性是指对正常程序和数据进行增、删、改、移，以致造成局部功能的残缺或系统的瘫痪、崩溃。该功能是由病毒的破坏模块实现的。计算机病毒的目的就是破坏计算机系统，使系统资源受到损失，数据遭到破坏，计算机运行受到干扰，严重时造成计算机的全面摧毁。

随着计算机互联网的高速发展和计算机软、硬件水平的不断提高，计算机病毒的传播途径不再限于存储介质之间的媒介传播，而更多的是经过互联网、局域网，传播得更广、更快。

2. 计算机病毒的分类

（1）按照计算机病毒依附的操作系统分类，可以分为基于 DOS 系统的病毒、基于 Windows 系统的病毒、基于 UNIX 系统的病毒及基于 OS/2 系统的病毒。

（2）按照计算机病毒的传播媒介分类，可以分为通过存储介质传播和通过网络传播的病毒。

（3）按照计算机病毒的寄生方式和传播途径分类，可以分为引导型病毒、文件型病毒、混合型病毒。另外，还有一种叫作宏病毒，它的传播速度极快，制作、变种方便，破坏性极大。

3. 计算机病毒的表现形式

由于技术上的防病毒方法尚无法达到完美的境地，难免有新病毒会突破防护系统的保护，传染到计算机中。因此，及时发现异常情况，不使病毒传染到整个磁盘和计算机，应对病毒发作的症状予以注意。

计算机病毒出现什么样的表现症状，是由计算机病毒的设计者决定的，而计算机病毒设计者的思想又是不可判定的，所以计算机病毒的具体表现形式也是不可判定的。然而可以肯定的是，病毒症状是在计算机系统的资源上表现出来的，具体出现哪些异常现象与所感染的病毒种类直接相关。可能的症状如下：①键盘、打印、显示有异常现象，如键盘在一段时间内没有任何反应，屏幕显示或打印时出现一些莫名其妙的图形、文字、图像等信息；②系统启动异常，引导过程明显变慢；③机器运行速度突然变慢；④计算机系统出现异常死机或死机频繁；⑤无故丢失文件、数据；⑥文件大小、属性、日期被无故更改；⑦系统不识别磁盘或硬盘，不能开机；⑧扬声器发出尖叫声、蜂鸣声或乐曲声；⑨个别目录变成一堆乱码；⑩计算机系统的存储容量异常减少或有不明常驻程序；⑪没有写操作时出现"磁盘写保护"信息；⑫异常要求用户输入口令；⑬程序运行出现异常现象或出现不合理结果等。

发生上述现象，应意识到系统可能感染了计算机病毒，但也不能把每一个异常现象或非期望后果都归于计算机病毒，因为可能还有别的原因，如程序设计错误造成的异常现象。要真正确定系统是否感染了计算机病毒，必须通过适当的检测手段来确认。

4. 计算机病毒的检测与清除

当用户在使用计算机的过程中，发现计算机工作不正常，甚至直接出现了病毒发作的症状，此时不要慌张，首先应该马上关闭计算机电源，以免病毒对计算机造成更多的破坏，然后用无毒盘启动计算机，使用病毒消除软件对系统进行病毒的清除。一般用户不宜用手动的方法消除病毒，因为用户的一个误操作可能会使操作系统或文件损坏，其结果可能更惨。

病毒消除软件一般包含两部分：一部分是病毒检测程序，查找出病毒；另一部分是病毒消除程序。在检测病毒时，最主要的是保证判断准确。如果在检测病毒时发生误判，则会使下一步的消除工作对系统造成破坏，如产生文件不能运行、系统不能启动或软盘和硬盘不能识别等严重后果。

清除计算机病毒的关键是要把病毒的传染机制搞清楚，如果有任何不当操作，则在杀毒过程中会给系统带来意想不到的灾难。目前，常用的杀毒软件有金山毒霸、360 杀毒软件等。

由于计算机病毒的种类繁多，而且新的病毒变种不断出现，原本安装的杀毒软件虽然能抵御绝大多数已知病毒的入侵，但是面对某些特种及变种病毒或未知病毒，就有可能防不胜防。因此，除了安装一般的防毒软件，最好安装几种常用的专杀软件，如专门针对木马变种病毒、求职信病毒、冲击波病毒、震荡波病毒等的专杀工具。

5. 计算机病毒的预防

对于已经感染了病毒的计算机，首先应当将没有感染任何病毒的系统盘插入光驱或软驱进行启动，然后再采取消除病毒的措施。

不过，正像医疗一样，应重在预防，因为系统一旦染上病毒，如同病人的肌体一样，已经受到不同程度的损害。具体来说应该做到以下几点：

（1）及时给操作系统打上漏洞补丁。

（2）对外来的 U 盘或光盘，应先使用杀毒软件检测，确认无毒后再使用。

（3）系统软盘和重要数据盘要贴好写保护口，防止被感染。

（4）在硬盘无毒的情况下，尽量不要使用软盘启动系统。

（5）对于重要系统信息和重要数据要经常进行备份，以便系统遭到破坏后能及时得到恢复。系统信息主要指主引导记录、引导记录、CMOS 等。重要数据是指日常工作中自己创作、收集而来的数据文件，如手工输入的文章、费了很大劲才得到的股票数据等。

（6）经常使用查毒软件对计算机进行预防性检查。

（7）对于网络上的计算机用户，要遵守网络软件的使用规定，不能在网络上随意使用外来的软件。

（8）留意各种媒体有关病毒的最新动态，注意反病毒商的病毒预报。及时了解计算机病毒的发作时间，并事先采取措施，如 CIH 病毒的发作时间为 4 月 26 日，可以通过修改系统日期跳过这一天而避免其发作。

（9）安装正版杀毒软件并及时升级。千万不要相信盗版的、解密的、从别处复制来的杀毒软件。因为这些软件包不仅杀毒能力极低，而且非常有可能由于广为传播而使自己也携带有恶性病毒，结果成了携带和传播病毒的"罪魁祸首"。

（10）条件允许时，安装防病毒保护卡。

尽管采取了各种防范措施，有时仍不免感染病毒。因此，上述的检测和消除病毒仍是用户维护系统正常运转所必需的工作。检测和消除病毒通常可以使用两种方法：一种是使用通常的工具软件，另一种是使用杀毒软件。其目的都是判断病毒是否存在及确定病毒的类型，并合理地消除病毒。但是必须再次强调的是，一旦发现感染了病毒，首先应使用没有感染的系统盘启动机器，然后再采取相应的杀毒措施。

8.3.3 网络攻击的类型

1. 密码暴力破解攻击

密码暴力破解攻击的目的是破解用户的密码，从而进入服务器获取系统资源或进行系统破坏。例如，黑客可以利用一台高性能的计算机，配合一个数据字典库，通过排列组合算法尝试各种密码，最终找到能够进入系统的密码，登录系统获取资源或进行信息篡改。

现在网络上有很多类似这种暴力破解密码的软件。如果密码设置得过于简单，那么黑客可以在几分钟内获取系统密码。密码是登录系统的第一防线，如果密码被破解了，后果可想而知。

2. 拒绝服务攻击

拒绝服务攻击的基本原理是利用合理的服务请求来占用过多的服务资源，从而使网络阻塞或服务器死机，导致 Linux 服务器无法为正常用户提供服务。常见的有拒绝服务攻击（Denial of Service，DoS）和分布式拒绝服务攻击（Distributed Denial of Service，DDos）。黑客一般利用伪装的源地址或控制其他多台计算机向目标服务器发起大量连续的连接请求,由于服务器无法在短时间内接受这么多的请求，造成系统资源耗尽，服务挂起，严重时造成服务器瘫痪。

3. 应用程序漏洞攻击

这种攻击是由服务器或应用软件的漏洞引起的，黑客首先利用网络扫描攻击扫描目标主机的漏洞，然后根据扫描的漏洞有针对性地实施攻击。常见的有 SQL 注入漏洞、Shell 注入漏洞、网页权限漏洞"挂马"攻击等。

8.4　信息安全服务与目标

1. 信息安全服务

信息安全服务是指为适应整个安全管理的需要，为企业、政府提供全面或部分信息安全解决方案的服务。信息安全服务提供包含从高端的全面安全体系到细节的技术解决措施。其基本法则有以下三点：

（1）谨慎选择厂商和服务内容。用户在选择服务商的时候，遇到的困惑之一是服务厂商服务内容的同质化，市场排名或成本因素往往成了选择的主要标准，但这是不理性的。真正重要的因素是服务商对安全现状和安全目标的理解和认可程度,并能否针对性地提出合理的服务内容和方案；服务人员的技能考察非常重要，取得安全服务资格的厂商并不一定能具有真正的服务能力，用户方的负责人员和实际服务人员的深入交流一般会提供鉴别的依据；服务商的服务管理能力和信用等也是考察的要点。

（2）引导与监控安全服务进程。在安全服务的实施过程中需要用户的积极参与。虽然在签订服务契约时，双方已经初步确定了服务的内容和目标，但这些内容和目标往往是抽象的，高素质的服务人员会依此主动发现问题，并提供合理的建议，普通的服务人员常常不具备这种能力。但无论哪种情况，用户的引导和监控都是必要的，服务商对用户信息系统的认识程度是有限的，能够介入的范围也很狭窄，用户应当用需求或目标来引导和监控服务的实施，甩手掌柜式的用户会导致安全服务的效力无法发挥和自身能力的停滞。

（3）善于放大安全服务的效力。信息安全服务是一项借用外脑的活动，一般用户更愿意在软、硬件系统的购买上投入资金，却对安全服务比较质疑，原因是认为服务既是无形的，又不创造经济效益。其实，用户是可以将安全服务的效力放大的，如果把安全服务看作是仅对 IT 部门的服务，那效力就仅限于一个部门，如果为更大的范围服务，就会取得更大的效力，如安全预警。另外，创造性的服务也可以带来经济上的效益，一个合理的安全建设方案可能会带来实际成本的节约，一个安全管理的认可可能会带来企业形象的提升，甚至一项安全增值业务可能会带来直接的收益。

2. 信息安全目标

信息安全通常强调 CIA 三元组的目标，即保密性（Confidentiality）、完整性（Integrity）和可用性（Availability）。CIA 概念的阐述源自信息技术安全评估标准（Information Technology Security Evaluation Criteria，ITSEC），它也是信息安全的基本要素和安全建设所应遵循的基本原则。

（1）保密性。确保信息在存储、使用、传输过程中不会泄漏给非授权用户或实体。

（2）完整性。确保信息在存储、使用、传输过程中不会被非授权用户篡改，同时还要防止授权用户对系统及信息进行不恰当的篡改，保持信息内、外部的一致性。

（3）可用性。确保授权用户或实体对信息及资源的正常使用不会被异常拒绝，允许其可靠且及时地访问信息及资源。

8.5 网络信息安全策略

随着现代化信息技术的高速发展，基于计算机、网络、信息技术基础运行和实现的信息系统，容易受到病毒、黑客等因素的干扰。因此在实际的运行过程中，要采取一定的防范措施，才能保障网络信息管理系统健康安全的发展。主要的网络信息安全策略包括提高防火墙技术、对有效数据进行加密、反病毒技术。

1. 提高防火墙技术

防火墙技术是为了增强网络信息安全保障的一种特殊的防御段。其实现形式有多种方式，配置有效的防火墙应该大体分为以下三种：

（1）软件防火墙。一般计算机上都会有防火墙软件，它需要已经安装好的系统软件做支撑，这些防火墙就是俗称的"个人防火墙"，只有在计算机上完成防火墙软件配置，防火墙才能正式发挥它的作用。

（2）硬件防火墙。硬件防火墙是基于硬件平台使用的防火墙。目前，市场上使用的硬件防火墙都是基于 PC 架构实现的。其实，普通的 PC 机和它们没有太大的区别。硬件防火墙最常用的系统有 Unix、Linux 和 Free BSD。

（3）芯片级防火墙。芯片级防火墙是基于专门的硬件平台使用的防火墙，在使用的过程中是没有任何操作系统的。芯片级防火墙具有专门的 ASIC 芯片，这就使得它们比其他种类的防火墙有处理速度更快、处理能力更强、使用性能更高等优势。

2. 对有效数据进行加密

所谓的数据加密，是指对有用信息进行加密和传输，防止有用信息被盗用或破坏。对有效数据进行加密是解决这种问题最有效的方法。一般地，对有效数据的加密均可在通信的三个层次上实现，分别是链路加密、节点加密和端到端加密。

3. 反病毒技术

面对病毒的日益侵害，除了传统地设置防火墙和对有效数据进行加密，人们还尝试开发了一系列的反病毒技术。随着信息技术的不断发展，反病毒技术也在不断发展，迅速更新，由最初的第一代病毒技术现在逐渐发展到第五代。

9

计算机常用工具软件

 **本章导读**

随着计算机技术广泛应用于日常办公、电子商务、金融财务、科学计算、家庭娱乐等领域，各类计算机工具软件应运而生，工具软件具有实用性强、操作方便、功能专一的特点，能有效地提高计算机操作效率。本章主要介绍四类常用的工具软件，以及这些工具软件的应用领域、下载安装及使用方法。

本章要点

- 压缩与解压缩软件
- 病毒查杀工具
- 多媒体工具软件
- 系统工具软件

9.1 压缩与解压缩

人们对信息数据日益广泛的需求导致存储系统的规模变得越来越庞大，从而管理越来越复杂，导致信息资源的爆炸性增长与管理能力相对不足之间的矛盾日益尖锐。同时，这种信息资源的高速增长也对存储空间大小、文件磁盘容量和网络传输速度提出了要求，用户可以借助压缩工具很好地解决这个问题。

由于计算机处理的信息是以二进制数的形式表示的，因此压缩软件就是把二进制信息中相同的字符串以特殊字符标记来达到压缩的目的。而压缩（Compression）的原理就是把文件的二进制代码压缩，把相邻的 0、1 代码减少，以此来减少文件的磁盘占用空间，如 00000 就可以把它变成 5 个 0 的写法 50。

压缩可以分为有损压缩和无损压缩两种。如果丢失个别的数据不会造成太大的影响，用户忽略这些不会造成太大影响的数据的压缩方式就是有损压缩。有损压缩广泛应用于动画、声音和图像文件中，典型的代表就是影碟文件格式（.mpeg）、音乐文件格式（.mp3）和图像文件格式（.jpg）。但是更多情况下压缩数据必须准确无误，人们便设计出了无损压缩格式，如常见的.zip、.rar 等。

压缩软件（Compression Software）自然就是利用压缩原理压缩数据的工具，压缩后所生成的文件称为压缩包（Archive），体积只有原来的几分之一甚至更小。当然，压缩包已经是另一种文件格式了，如果想使用其中的数据，首先得用压缩软件把数据还原，这个过程称为解压缩。常见的压缩软件有 WinRAR、WinZip、7-Zip 等。

9.1.1　WinRAR

WinRAR 是目前流行的压缩工具，界面友好，使用方便，在压缩率和速度方面都有很好的表现。其压缩率高，3.x 版采用了更先进的压缩算法，是现在压缩率较大、压缩速度较快的格式之一。3.3 版增加了扫描压缩文件内病毒、解压缩、增强压缩的功能，升级了分卷压缩的功能等。WinRAR 几乎是现在每台计算机必备的工具软件。

1. 主要特点

WinRAR 有以下特点：

（1）对.rar 和.zip 的完全支持。

（2）支持.arj、.cab、.lzh、.ace、.tar、.gz、.uue、.bz2、.jar、.iso 类型文件的解压。

（3）多卷压缩功能。

（4）创建自解压文件，可以制作简单的安装程序，使用方便。

（5）压缩文件大小可以达到 8589934 TB。

2. 下载安装

WinRAR 电脑版 32 位：http://xz.binqiyingshi.top/soft/index.html?id=198

WinRAR 电脑版 64 位：http://www.onlinedown.net/soft/90550.htm

在选择 32 位版或 64 位版前，请检查计算机的操作系统版本，如果操作系统是 64 位版的，需要下载 64 位版的 WinRAR 安装。查看操作系统类型的方法是：右击桌面的"计算机"图标，选择"属性"选项，在弹出的对话框中可以查看操作系统是 32 位版或 64 位版，如图 9-1 所示。

图 9-1　操作系统版本类型（本图是 32 位版）

3. 压缩

压缩可以减少数据的大小以节省保存空间，也可以节省网络传输时间。WinRAR 可以对文件或文件夹进行压缩，如果计算机上已经安装了 WinRAR 压缩软件，用户在需要进行压缩的文件或文件夹上右击，在弹出的快捷菜单中选择"添加到压缩文件"选项，"压缩文件名和参数"对话框如图 9-2 所示。对话框提供了压缩过程中的相关参数设置，主要有：①设置压缩文件名及保存位置；②选择压缩文件格式（RAR、RAR5、ZIP）；③选择压缩方式（最快、较快、标准、较好、最好等）；④字典大小；⑤分卷大小（5MB、100MB、700MB、4096MB等）；⑥设置压缩文件解压缩密码。

图 9-2 "压缩文件名和参数"对话框

4. 解压缩

WinRAR 的解压缩有两种方法：一种是双击需要解压缩的压缩包，在弹出的对话框中选择需要解压缩的文件或文件夹，如图 9-3 所示；另一种是在需要解压缩的压缩包上右击，在弹出的快捷菜单中选择"解压缩到当前文件夹"或"解压文件"选项。

单击"解压缩到当前文件夹"命令不会有对话框出现，直接将压缩包的文件或文件夹解压缩到当前文件夹中。解压文件的对话框如图 9-3 所示，在对话框中可以查看压缩包中有哪些被压缩的文件、文件类型、文件压缩前后占用的空间大小等信息。对话框的工具栏中有三个比较常用的按钮，分别是"添加""解压到""自解压格式"。

图 9-3 WinRAR 解压缩对话框

"添加"按钮可以将其他需要加入到这个压缩包中的文件或文件夹追加到本压缩包中；"解压到"按钮可以将当前选中的文件或文件夹解压到指定文件夹中，这里需要选择解压后文件存放路径；"自解压格式"可以将当前压缩包转换成.exe 格式的自解压包，这个压缩包可以在没有安装 WinRAR 的机器上解开压缩包。

9.1.2　WinZip

WinZip 支持打开 Zip、Zipx、7z、RAR 和 LHA 等多种格式的文件。其能够压缩生成 Zip 和 Zipx 类型文件，并支持压缩时对文件进行加密。

1. 主要特点

WinZip 有以下特点：

（1）具有文件预览功能，可以直接查看 Word、Excel、PPT、PDF、图片和音频类等文件。

（2）Zipx 格式的文件是 WinZip 特有的一种压缩格式，这种压缩格式的优势在于针对不同的文件采用不同的压缩算法，用最佳的方式提供文件的压缩比率。使用最佳方式创建的 Zipx 文件比 Zip 文件的大小更小。

2. 下载安装

WinZip 中国网站：http://www.wenya.cn

3. 压缩

WinZip 压缩文件的方法与 WinRAR 类似，在需要压缩的文件或文件夹上右击，在弹出的快捷菜单中选择"添加到压缩文件"选项，如图 9-4 所示。

图 9-4　WinZip 压缩对话框

对话框中可以进行如下设置：①设置文件的保存位置与压缩文件名称；②对压缩文件进行加密；③设置压缩包的分卷大小；④选择压缩类型。

4. 解压缩

WinZip 的解压缩有两种方法：一种是在需要解压缩的压缩包上右击，在弹出的快捷菜单中选择"解压文件"选项，如图 9-5 所示，可以选择解压的目标路径、更新方式、覆盖方式等参数设置；另一种是双击需要解压缩的压缩包，弹出的 WinZip 对话框如图 9-6 所示，用户可以查看压缩包中的文件名称和个数，单击右下角的预览按钮可以预览某个文件的内容，如图 9-6 所示，预览效果如图 9-7 所示。

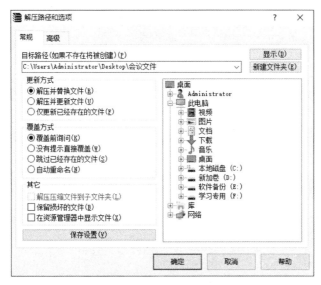

图 9-5　WinZip 解压缩对话框

图 9-6　WinZip 对话框

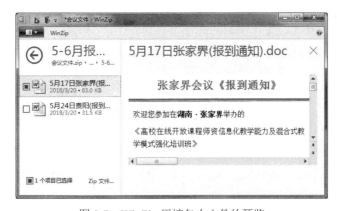

图 9-7　WinZip 压缩包内文件的预览

单击 WinZip 菜单栏，可以打开 WinZip 的一些相关功能选项，如图 9-8 所示，主要有新建、打开、添加、保存压缩文件、创建自解压文件、对压缩文件进行加密等。

图 9-8　WinZip 菜单栏的功能选项

9.1.3　7-Zip

7-Zip 是一款完全免费且开源的压缩软件，相比其他软件有更高的压缩比，而且相对于 WinRAR 消耗资源更少。7-Zip 虽然可以解开 RAR 压缩包，却不具备制作 RAR 格式的功能，所以对于普通用户来说，压缩软件可能还是要首选 WinRAR，而 7-Zip 则可以作为压缩或解压缩的首席备选软件，7-Zip 是完全免费的，而正版 WinRAR 是需要购买授权的。

1. 主要特点

7-Zip 的主要特点如下：

（1）7-Zip 是基于 GNULGPL 协议发布的软件，通过全新算法使压缩比率大幅提升。

（2）7-Zip 支持的格式：（压缩或解压缩）7z、.xz、.bzip2、.gzip、.tar、.zip 和.wim；（仅解压缩）.arj、.cab、.chm、.cpio、.cramfs、.deb、.dmg、.fat、.hfs、.iso、.lzh、.lzma、.mbr、.msi、.nsis、.ntfs、.rar、.rpm、.squashfs、.udf、.vhd、.wim、.xar、.z。

（3）对于 Zip 和 GZip 格式，7-Zip 能提供比使用 WinZip 高 2%～10%的压缩比率。

（4）7-Zip 格式支持创建自解压（SFX）压缩文件。

（5）7-Zip 格式支持加密功能。

（6）7-Zip 集成 Windows 外壳扩展。

（7）7-Zip 强大的文件管理能力。

2. 下载安装

7-Zip 压缩软件下载：https://sparanoid.com/lab/7z/

3. 压缩

在需要压缩的文件或文件夹上右击，在弹出的快捷菜单中选择"7-Zip"选项，在弹出的子菜单中选择"添加到压缩包"选项，如图 9-9 所示，在对话框中可以进行如下设置：

（1）选择压缩包存储位置和编辑压缩包文件名。

（2）选择压缩格式：.7z、.tar、.wim、.zip。

（3）选择压缩等级：极速、快速、标准、最大、极限压缩等。

（4）压缩方法：提供四种压缩方法可供选择，包括 LZMA2、LZMA、PPMd、Bzip2。

（5）字典大小：16～1536M。

（6）单词大小：8～273。

（7）CPU 的线程数：1～16。

（8）分卷大小：10M、100M、1000M、650M-CD、4480M-DVD、23040MBD 等。

（9）创建自释放程序，即自解压文件。

（10）可以设置压缩包安全密码和选择加密算法。

图 9-9　7-Zip 压缩对话框

4．解压缩

在需要解压缩的压缩包上右击，在弹出的快捷菜单中选择"7-Zip"选项，在弹出的子菜单中选择"提取文件"选项，如图 9-10 所示，在对话框中可以进行如下设置：解压缩文件存储路径、覆盖模式选择、输入解压密码等。

图 9-10　7-Zip 解压缩对话框

9.2　计算机病毒查杀工具

为了保护计算机的安全，很多人都会给计算机安装杀毒软件，以此来保障用户上网安全。现在网上的杀毒软件很多，国内知名安全机构精睿网络安全实验室发布的主流杀毒软件年度测试报告中列出了前十大杀毒软件，分别是 360、Avast、ESET、Windows Defender、金山毒霸、卡巴斯基、诺顿、趋势、瑞星、腾讯电脑管家。通过对静态扫描查杀功能和动态实时防御效果的测试，360 杀毒软件在木马病毒查杀、感染型病毒修复、主动防御三大测试项目优势明显。

下面以 360 杀毒软件为例，介绍计算机病毒查杀工具的使用。

　　360 是免费安全的首倡者，认为互联网安全像搜索、电子邮箱、即时通信一样，是互联网的基础服务，应该免费。为此，360 安全卫士、360 杀毒等系列安全产品免费提供给中国数亿的互联网用户。规模和技术均领先的云安全体系，能够快速识别并清除新型木马病毒及钓鱼、恶意网页，全方位保护用户的上网安全。

　　360 卫士：查杀木马、修补系统漏洞、管理计算机中的软件，是一个管理计算机的软件。

　　360 杀毒：查杀病毒、查杀木马、实时防护各种病毒的入侵。

9.2.1　360 杀毒软件的下载

　　360 杀毒下载网址：http://sd.360.cn

　　360 卫士下载网址：https://www.360.cn

9.2.2　360 杀毒软件的安装与使用

　　360 杀毒软件的安装过程如图 9-11 所示，必须同意安装许可使用协议。360 杀毒软件安装完成后，运行主界面如图 9-12 所示。

图 9-11　360 杀毒软件安装界面

图 9-12　360 杀毒软件主界面

360 杀毒软件的主要功能有：

（1）全盘扫描：扫描计算机上所有物理磁盘与逻辑分区。

（2）快速扫描：扫描系统设置、常用软件、内存活跃程序、开机启动项、系统关键位置等。

（3）系统优化：软件净化、垃圾清理、文件粉碎、弹窗过滤、进程追踪等。

（4）系统拯救：系统急救、备份助手、系统重装、修复杀毒、杀毒急救盘制作等。

360 杀毒软件特点如下：

（1）一键扫描：快速、全面地诊断系统安全状况和健康程度，并进行精准修复。

（2）交互友好：产品界面清爽、简洁。

（3）广告拦截：软件弹窗、浏览器弹窗、网页广告。

（4）纯净纯粹：零广告、零打扰、零胁迫。

9.3　多媒体工具软件

多媒体工具软件主要包括三类：一是多媒体展示软件，如图片浏览器 ACDSee 和音、视频播放软件迅雷看看等；二是多媒体创作软件，如图像处理软件 Photoshop、音频编辑软件 Cool Edit Pro 和视频编辑软件（会声会影、Camtasia、Adobe After Effects）；三是多媒体辅助工具软件，如格式工厂。下面重点介绍多媒体创作工具软件 Photoshop、Camtasia 和辅助工具软件"格式工厂"。

9.3.1　平面图像处理软件 Photoshop

Adobe 公司在数字媒体领域有许多优秀的产品，如平面图像处理软件 Photoshop、数字照片处理软件 Lightroom Classic、矢量图和插图编辑软件 Illustrator、视频编辑软件 Premiere Pro、用户体验设计和原型创建软件 XD、电影视觉效果和动态图形软件 After Effects、文档创建与编辑软件 Acrobat Pro PDF、交互式网站设计软件 Dreamweaver 等。

Photoshop 是一个实用性很强的图像处理软件，主要用于处理像素构成的数字图像，在图像、图形、文字、视频、出版等各个方面应用广泛。下面主要介绍 Photoshop 在图像处理领域中的一些典型应用。

1. Photoshop 软件界面

Photoshop 的界面主要构成为：菜单栏、工具栏、工具选项栏、绘图区、浮动面板等，如图 9-13 所示。菜单栏列出了一系列功能选项与图像处理的命令，工具选项栏则根据所选择的工具显示其相应的功能选项；在左侧用户会看到工具栏和 60 多个 Photoshop 的工具，其中，20 个工具是直接可见的，其他的工具都需要右击工具图标按钮才会显示；绘图区呈现在主窗口中，如果有多个图像同时打开，这些文件将以主窗口顶部选项卡的形式呈现，默认视图的排列方式可以在"窗口"菜单的"排列"选项中进行改变；浮动面板（或托盘）可以通过"窗口"菜单打开相应的面板，一共有 20 多个不同的面板，最重要的是"图层"面板，可以用快捷键 F7 打开，用户可以通过单击面板名称处进行拖动来改变面板位置，拖拽到主窗口的边缘时它们会再次吸附到主窗口。

图 9-13 Photoshop 界面主要构成

按住键盘上的 Tab 键，可以隐藏所有的工具栏和浮动面板，同时按住 Shift 键和 Tab 键，可以隐藏右边的活动面板。当用户绘制图像时，通过工具栏和浮动面板的隐藏，可以更好地查看图片的全貌。不同版本的 Photoshop，软件界面略有不同，用户还可以通过"编辑"菜单中的"首选项"设置软件的界面颜色、软件操作个人习惯。

2. 选区及基本绘图工具的应用

Photoshop 中，绘制图形必须先创建选区，常用的选区建立工具有椭圆形选择工具、矩形选择工具、魔棒工具、套索工具等。图 9-14（a）中脸谱的绘制需要使用椭圆形选择工具、矩形选择工具、魔棒工具三类。图 9-14（b）中太极图的绘制以椭圆形选择工具为主，通过选择区域的变换实现图形的创建。图 9-14（c）中宝马 LOGO 的制作以椭圆形选择工具为主，而且绘制的圆均是同心圆，使用路径工具与文字工具实现环绕文字 BMW 的制作。

（a）脸谱　　　　　　　　　（b）太极图　　　　　　　（c）宝马 LOGO

图 9-14 椭圆形及矩形选择工具绘制的图形

3. 渐变工具

Photoshop 以平面图像处理为主，三维立体效果一般通过图层叠加与色彩渐变的方式解决。图 9-15（a）和图 9-15（c）是通过图层叠加的方式实现立体图像的制作，实现方法为使用 Photoshop 的移动工具与键盘编辑键中的方向键。图 9-15（b）是通过色彩的渐变实现圆管的立体效果，实现方法为建立"红白红"的渐变样式，使用"线性渐变"制作矩形侧面和圆管内壁。

（a）圆柱　　　　　　　　　　（b）圆管　　　　　　　　　　（c）立体字

图 9-15　渐变工具绘制的图形

4．文字工具与钢笔路径工具

图 9-16（a）使用椭圆形选择工具、文字工具、钢笔路径工具、形状工具制作，图像编辑过程中须要打开相应的精确制图辅助开关，如网格、标尺。图 9-16（b）使用钢笔路径工具、画笔工具制作完成，黄色小鸟的阴影效果需要设置图层的效果样式。

（a）图章　　　　　　　　　　　　　　　　（b）黄色小鸟

图 9-16　文字工具与路径工具绘制的图形

5．滤镜应用

图 9-17（a）使用文字工具输入文字，并进行模糊处理，通过"滤镜"工具中"扭曲"选项中的"极坐标到"工具中的"平面坐标"命令将文字进行变形，使用"滤镜"工具中"风格化"选项中的"风"命令产生光芒效果，再次使用"滤镜"工具中"扭曲"选项中的"平面坐标到极坐标"命令，将图像恢复到变形前的状态。在"图像"选项中选择"模式"选项，在弹出的子菜单中选择"灰度图"命令，然后在"模式"中选择"颜色图"选项，选择其中的"黑体"命令产生火焰效果。图 9-17（b）使用文字工具输入文字，将文字"栅格化"并填充渐变色，在文字的笔画上建立圆形选择，最后使用"滤镜"工具中"扭曲"选项中的"旋转扭曲"，产生卷发效果。

（a）光芒效果　　　　　　　　　　　　　　（b）卷发效果

图 9-17　应用滤镜绘制的图形

6. 通道应用

图 9-18（a）图像是处理前的效果，照片有点模糊，图 9-18（b）图像是处理后的效果。照片清不清晰，关键看图像的轮廓边缘是否清晰，为了使边缘对比清晰，我们复制照片的红色通道作为红色通道副本，并使用"滤镜"工具内的"滤镜库"选项，在其中的"风格化"选项中选择"照亮边缘"命令，使红色通道副本变成只有黑白两色的照片轮廓，再将红色通道副本进行锐化处理，使边缘对比度更加明显，然后利用选区与通道的存储与载入功能，将红色通道副本中的白色轮廓以选区的方式载入，回到图层面板，最后使用"滤镜"工具中的"滤镜库"选项，在其中的"艺术效果"选项中选择"绘画涂抹"命令，对边缘进行涂抹，最终效果如图 9-18（b）所示。

（a）处理前的效果 （b）处理后的效果

图 9-18 应用通道处理照片

7. 蒙板应用

Photoshop 中制作的图像是由各个图层叠加而成的，每个图层只负责存储一部分图像构件。用户要调整照片的一部分，只需要调整相应的图层即可将几幅图像合成为一幅图像。我们经常使用"图层蒙板"功能来实现图像的无缝融合，如图 9-19 所示。

图 9-19 应用蒙板合成图像

将三幅图像合成为一幅图像，素材一是背景，通过图层叠加的方式将素材二和素材三合并到素材一上。主要操作步骤有三步：

（1）将素材二和素材三拖入素材一中，素材二移动到背景顶端，素材三移动到背景中间位置。

（2）在素材二所在图层添加蒙板，将前景色设置为黑色，使用画笔将素材二中需要遮盖的图像内容的蒙板上涂上黑色，实现图像的局部覆盖。

（3）素材三的处理方法与素材二的处理方法相同。

8. 软件界面设计

UI 即 User Interface（用户界面）的简称。UI 设计则是指对软件的人机交互、操作逻辑、界面美观的整体设计。好的 UI 设计不仅让软件变得有个性、有品味，还要让软件的操作变得舒适、简单、自由，充分体现软件的定位和特点。Photoshop 是一个常用的软件 UI 设计工具，如手机 APP、网站首页、软件界面等。图 9-20 是一个狱务公开查询系统的界面，这里不再详细介绍其制作过程。主要使用的工具有：文字工具、选框工具、渐变工具、移动工具等。

图 9-20 应用软件界面设计

9.3.2　视频编辑软件 Camtasia Studio

Camtasia Studio 是 TechSmith 旗下一款专门录制屏幕动作的工具，它能在任何颜色模式下记录屏幕动作，包括影像、音效、鼠标移动轨迹、解说声音等。同时，它还具有即时播放和编辑压缩的功能，可以对视频片段进行剪接、添加转场效果。它输出的文件格式很多，包括.mp4、.avi、.wmv、.m4v、.camv、.mov、.rm、.gif 动画等多种常见格式。软件提供了强大的屏幕录像（Camtasia Recorder）、视频的剪辑和编辑（Camtasia Studio）、视频菜单制作（Camtasia MenuMaker）、视频剧场（Camtasia Theater）和视频播放功能（Camtasia Player）。

下面就从软件界面、屏幕录制、媒体剪辑、视频输出四个方面介绍 Camtasia Studio 的功能与使用方法。

1. Camtasia Studio 软件界面

Camtasia Studio 软件界面主要由六个部分构成，如图 9-21 所示。

图 9-21 Camtasia Studio 软件界面

（1）视频剪辑箱：包括导入的各类媒体（图片、音频、视频、动画）、录制的视频或音频等。

（2）视频特效区：视频标注添加、场景转换、光标效果设置。

（3）视频预览区：当前剪辑的预览。

（4）视频剪辑区：包括视频片段的剪切、分割、复制、粘贴等。

（5）时间轴：用于媒体精准编辑，也可以查看视频长度。

（6）轨道显示区：包括轨道的增加、删除、缩放、编辑和视频特效的应用等功能。

2. 屏幕录制

Camtasia Studio 中内置的录制工具 Camtasia Recorder 可以灵活录制屏幕，录制全屏区域或自定义屏幕区域，支持声音和摄像头同步，录制后的视频可以输出为常规视频文件或导入到 Camtasia Studio 中剪辑输出。单击 Camtasia Studio 视频剪辑箱中的"录制屏幕"按钮，可以进行屏幕录制，录制屏幕的窗口如图 9-22 所示，主要有录制区域的设置、录制输入设备的选择、录制按钮三部分。

图 9-22 Camtasia Studio 录屏窗口

（1）录制选择区域。用于屏幕录制范围的设置，可以是全屏，也可以是宽屏（16:9）、标准（4:3）、应用程序窗口大小、用户自定义任意尺寸。

（2）录制输入设置。Camtasia Studio 在录制屏幕的过程中，可以将摄像头、麦克风等输入设备的信号同步录制到视频中，并生成各自不同的轨道。

（3）开始录制按钮。单击录制按钮，倒计时 3 秒后，用户在计算机中所进行的一切屏幕操作和麦克风采集的音频都将记录到当前的剪辑中，并提示停止录制的快捷键是 F10 键。暂停或继续录制的快捷键是 F9 键。

3．媒体编辑

（1）导入媒体到资源区。媒体导入到资源区有以下两种方法：

方法一：单击"文件"菜单中的"导入媒体"选项，选择需要导入的媒体。

方法二：在"媒体资源区"选项上右击，在弹出的快捷菜单中选择"导入媒体"选项。

可以导入的媒体类型有图像文件、视频文件、音频文件三类。

（2）轨道操作。将媒体资源导入到资源区后，用户可以通过拖拽的方式将资源区中的各类媒体拖入不同的轨道中，如图 9-23 所示，以方便对媒体进行剪辑和编辑。轨道的常用操作如下：

1）增加轨道。当需要新增内容与视频画面同时播放时可以增加轨道，如为视频增加背景音乐。增加方式有两种：①单击加号按钮，增加轨道；②将媒体显示区域的素材直接用鼠标拖拽至加号后面的灰色区域。

图 9-23　媒体剪辑插入媒体轨道

2）锁定轨道。当两个或两个以上的轨道上有媒体素材，其中一个轨道上的素材需要编辑，而不影响其他轨道上的素材时，可以将其他轨道进行锁定，避免受到影响。已经锁定的轨道由灰色斜纹表示已锁定。例如，为视频增加背景音乐，但音乐过长或只需要音乐的某一部分，在对音乐轨道进行编辑前，将视频画面的轨道进行锁定，再对音乐轨道进行编辑。

3）放大轨道宽度。放大轨道上的时间轴刻度，以方便对轨道进行处理。

4）删除轨道。将鼠标置于轨道上右击，选择 remove track 或"移除轨道"选项即可。

（3）视频剪辑。进行视频剪辑时，需要与时间轴配合使用。其主要的功能按钮如图 9-24 所示。

图 9-24　媒体剪辑主要的功能按钮

1）时间轴长度缩放按钮：剪辑时可以更加精确剪辑轨道上的媒体，向左缩小，向右放大。

2）"撤销"和"恢复撤销"按钮：可以撤销和恢复编辑过程中的操作步骤。

3）"剪切"按钮：用时间指针两侧的绿色和红色指针选中某段视频之后，单击此按钮，可以将选中的片段剪切掉。

4）"分割"按钮：可以将一段视频分割为多个独立的视频片段，方便在各个片段中间添加其他剪辑或制作转场效果。

5）"复制"按钮：右击，在弹出的菜单中选择"复制"命令，可以对轨道上的某段视频或整个视频、音频等素材进行复制。

6）"粘贴"按钮：粘贴刚刚复制的轨道片断。

（4）特效编辑。特效编辑区如图 9-25 所示，其主要的功能按钮如图 9-25 所示。

图 9-25　特效编辑区主要的功能按钮

1）剪辑素材箱。包含了所有添加的媒体素材。

2）媒体库。包含了已经制作好的音乐、按照风格主题分类的片头、带有特效的按钮图形等。媒体库的使用方法是：时间指针定位在要添加素材的正确时间点，单击图标，在"目录结构"选项中单击加号按钮，看到详细列表，用鼠标拖拽媒体剪辑的缩略图至轨道上。

3）插入标注。可以在视频界面中插入形状、文本等内容。插入标注的方法是：时间指针定位在要添加素材的正确时间点，单击需要的形状、文本框、遮罩、马赛克等内容，自动添加至轨道中。

4）变焦。可以放大显示画面中的细节，可以使视频产生一种镜头推送的效果。其操作方法是：时间指针定位在要添加变焦效果的开始时间点，单击 图标，在视频剪辑箱区域拖动边框四周的白点，改变显示界面的大小，预览区的界面自动呈现出变焦后的效果，在视频轨道上会出现变焦的开始标识 ，当鼠标滑过蓝色圆点区域时会变为双向箭头，拖动变焦按钮的长短调整变焦的速度，变焦距离越长，缩放速度越慢。

5）声音按钮。对声音进行相关设置，如去除噪音、设置淡入淡出效果等。操作方法是：单击该按钮后，轨道上的音频会变为绿色，使该视频处于选中状态，通过调整绿线的高度来改变声音的大小，绿线越高，声音越大。

6）转场。转场可以为视频片段设置多种类型的转场效果。操作方法是：选中需要添加转场的视频，将时间指针置于需要添加转场效果的时间点处，单击"分割"按钮，将视频分割为两段，之后选择需要的转场效果拖拽至分割点处，当鼠标接近视频区时，视频可以添加转场效果的地方会呈现为黄色。找到正确的位置，松开鼠标，"转场"按钮变为黄色。当鼠标滑过黄色的按钮出现双向箭头时，左右拖动，可以调整转场效果的时间长短，黄色区域越长，转场过程越慢。

7）光标。用于设置录屏视频的光标特效，可以设置光标是否可见、光标大小、光标高亮效果、左击鼠标效果、右击鼠标效果及单击鼠标音效等，提高屏幕操作过程中的视觉提示。

4．视频输出

（1）输出前的设置。在视频编辑箱中，单击"生成和分享"按钮，弹出如图 9-26 所示的"生成向导"对话框，在对话框中可以选择多种格式。当用户选择自定义生成设置时，继续弹出如图 9-27 所示的对话框选择视频格式，可以生成的视频格式有.mp4、.wmv、.avi、.m4v、.gif 等。

图 9-26　"生成向导"对话框

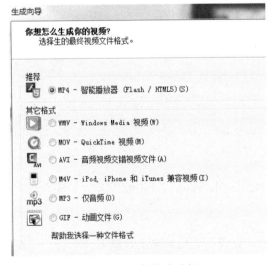

图 9-27　视频格式选择

接下来，用户还可以设置视频尺寸（图 9-28）和设置视频水印（图 9-29），如将视频水印设置成用户学校的 LOGO，也可以设置水印效果、大小、位置等。最后，设置视频的保存路径及文件名。

图 9-28　设置视频尺寸

图 9-29　设置视频水印

（2）渲染输出。当用户完成上述视频输出设置后，单击"完成"按钮进入渲染阶段，如图 9-30 所示。渲染完成后，用户可以在保存的路径中找到视频作品。

图 9-30　视频渲染

9.3.3　格式工厂

　　格式工厂是一款免费多功能的多媒体文件转换工具。格式工厂功能强大，可以帮助用户简单快速地转换需要的图形文件、视频文件、音频文件、PDF 文档、光盘文件等格式。格式工厂可以为多媒体"瘦身"，节省硬盘空间，还可以修复损坏的视频，可以备份 DVD 数据到硬盘，避免频繁读取光驱，提高了速度和效率。格式工厂操作简便，为用户带来快速简便的使用体验。如图 9-31 所示是格式工厂 4.6.0 版的软件主界面。

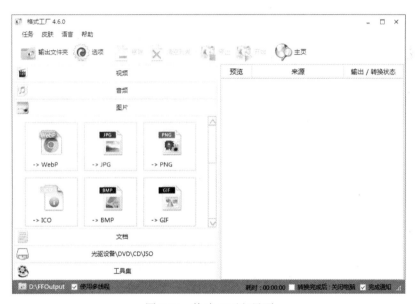

图 9-31　格式工厂主界面

　　格式工厂的功能如下：

（1）支持几乎所有类型的多媒体格式到常用的几种格式。

（2）转换过程中可以修复某些意外损坏的视频文件。

（3）多媒体文件"减肥"或"增肥"。

（4）支持 iPhone/iPod/PSP 等多媒体指定格式。

（5）转换图片文件，支持缩放、旋转、水印等功能。

（6）DVD 视频抓取功能，轻松备份 DVD 到本地硬盘。

1．图片转换

下面以图片转换为例，来介绍格式工厂的使用方法。

格式工厂在图片格式转换方面功能强大，可以转换成 8 类不同的图片格式，分别为.webp、

.jpg、.png、.ico、.bmp、.gif、.tif、.tga。下面以一批任意格式的图片转换成.gif 格式为例，介绍其操作过程。

（1）选择目标格式。在格式工厂的主界面中选择"图片"栏，再单击"->GIF"选项，即可将其他格式的图片文件转换成.gif格式，如图 9-32 所示。

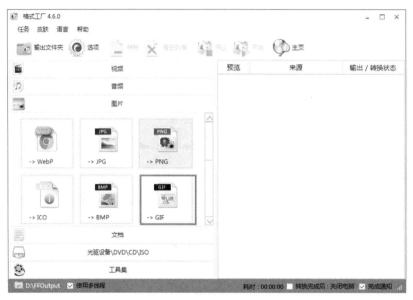

图 9-32　图片转换成.gif 格式

（2）添加文件。先将要转换成.gif 格式的图片文件通过单击"添加文件"按钮添加到对话框中，并通过单击"输出配置"按钮设置输出图片的尺寸大小，最后通过"输出文件夹"位置组合框设置输出文件的保存路径和相关输出参数，单击"确定"按钮，如图 9-33 所示。

图 9-33　"转换到.gif"对话框

（3）返回主界面。添加需要进行格式转换的文件后，返回主界面，如图 9-34 所示。

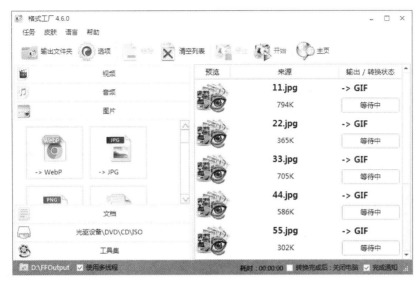

图 9-34　添加格式转换文件后的对话框

（4）完成转换。单击主界面中的"开始"按钮，完成.jpg 到.gif 格式的转换，图 9-35 可以看到转换后的图片文件大小。转换前文件大小为 16～795KB，转换后文件大小为 20KB 左右。淘宝网站或京东商城中的商品图片都可以通过这种方式批量处理，并格式化成统一的风格与样式，有效地提高图片处理速度。

名称	大小	日期	类型	名称	大小	日期	类型
11.jpg	795 KB	2019/4/26 10:03	JPEG 图像	11.gif	17 KB	2019/4/26 10:03	GIF 图像
22.jpg	366 KB	2019/4/26 10:03	JPEG 图像	22.gif	18 KB	2019/4/26 10:03	GIF 图像
33.jpg	706 KB	2019/4/26 10:03	JPEG 图像	33.gif	17 KB	2019/4/26 10:03	GIF 图像
44.jpg	587 KB	2019/4/26 10:04	JPEG 图像	44.gif	23 KB	2019/4/26 10:04	GIF 图像
55.jpg	303 KB	2019/4/26 10:04	JPEG 图像	55.gif	18 KB	2019/4/26 10:04	GIF 图像
66.jpg	32 KB	2019/4/26 10:04	JPEG 图像	66.gif	20 KB	2019/4/26 10:04	GIF 图像
77.jpg	16 KB	2019/4/26 10:04	JPEG 图像	77.gif	11 KB	2019/4/26 10:04	GIF 图像
88.jpg	34 KB	2019/4/26 10:05	JPEG 图像	88.gif	23 KB	2019/4/26 10:05	GIF 图像

图 9-35　格式转换前后文件占用空间大小的对比

2．视频转换

格式工厂在视频转换方面的功能非常强大，可以转换成 13 类不同的视频格式，分别为 .mp4、.mkv、.webm、.gif、.mov、.ogg、.flv、.avi、.3gp、.wmv、.mpg、.vob、.swf。其中，MP4 是一套由国际标准化组织（ISO）和动态图像专家组（MPEG）制定，用于音频、视频信息的压缩编码标准。.mpeg-4 格式主要用于网上流、光盘、语音发送（视频电话），以及电视广播。FLV 是 Flash Video 的简称，FLV 流媒体格式是随着 Flash MX 的推出发展而来的视频格式。它形成的文件极小、加载速度极快，它的出现有效地解决了视频文件不能在网络上很好得使用等问题。.3gp 是一种常见的视频格式，是 MPEG-4 Part 14（MP4）格式的一种简化版本，3GP（3GPP 文件格式）是第三代合作伙伴项目计划（3rd Generation Partnership Project，3GPP）为 3G UMTS 多媒体服务定义的一种多媒体容器格式，主要应用于 3G 移动电话，随着 5G 网络的研发，华为 5G 技术已经全球领先，对视频文件大小要求降低，更注重视频质量。下面以一批任意格式的视频转换成.3gp 格式为例，介绍其操作过程。

（1）在格式工厂主界面（图 9-36）中选择"视频"选项卡中的"->3GP"选项，弹出如图 9-37 所示的窗口。在这个窗口中可以添加需要转换格式的视频、配置 3GP 输出参数、设置视频输出位置，再单击"确定"按钮返回主界面，如图 9-38 所示。

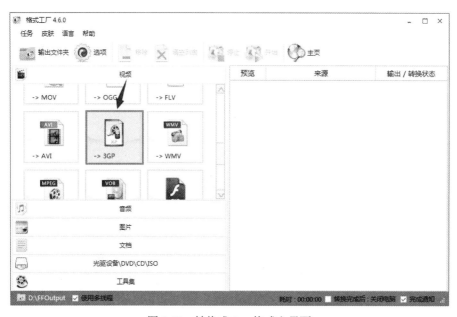

图 9-36　转换成.3gp 格式主界面

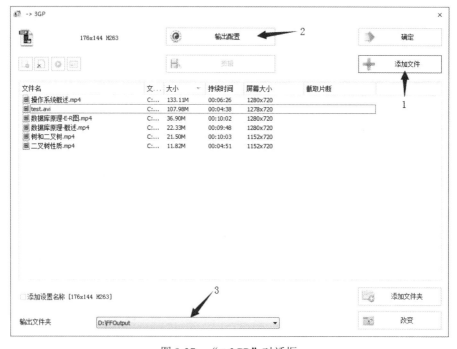

图 9-37　"->3GP"对话框

图 9-38　添加视频文件后的主界面

（2）单击"开始"按钮进行视频格式转换，转换过程所需时间与视频文件大小有关，文件大的原视频转换所需的时间较长，转换前后文件占用空间大小的比较如图 9-39 所示。

名称	大小	长度		名称	大小	类型
数据库原理-概述.mp4	22,865 KB	00:09:48		数据库原理-概述.3gp	9,512 KB	3GPP 音频/视频
数据库原理-E-R图.mp4	37,784 KB	00:10:02		数据库原理-E-R图.3gp	11,176 KB	3GPP 音频/视频
树和二叉树.mp4	22,012 KB	00:10:03		树和二叉树.3gp	10,075 KB	3GPP 音频/视频
二叉树性质.mp4	12,109 KB	00:04:51		二叉树性质.3gp	5,259 KB	3GPP 音频/视频
操作系统概述.mp4	136,308 KB	00:06:26		操作系统概述.3gp	5,620 KB	3GPP 音频/视频
test.avi	110,574 KB	00:04:38		test.3gp	5,978 KB	3GPP 音频/视频

图 9-39　转换前后文件占用空间大小的对比

音频等其他格式转换的操作过程基本类似，这里我们不再复述，请读者自行实践。

9.4　系统工具软件

随着计算机软、硬件技术的快速发展，计算机系统管理和维护的难度越来越大，一方面流氓软件和病毒软件的施虐，容易破坏计算机的软件系统；另一方面 Windows 操作系统本身的缺陷，随着计算机使用时间的延长，计算机产生大量的垃圾文件，导致计算机系统运行速度越来越慢，用户体验越来越差。因此，大量与计算机系统维护有关的软件应运而生，如鲁大师、驱动精灵、分区助手、数据恢复精灵、完美卸载等。下面主要介绍两个实用的系统维护工具：驱动精灵与系统恢复工具。

9.4.1　驱动精灵

驱动精灵是一款集驱动管理和硬件检测于一体的、专业级的驱动管理和维护工具。驱动精灵为用户提供驱动备份、恢复、安装、删除、在线更新等实用功能。

驱动精灵下载网址：http://www.drivergenius.com

驱动精灵安装完成后运行的主界面如图 9-40 所示。

图 9-40　驱动精灵运行主界面

驱动精灵的主要功能：

（1）超强硬件检测功能。驱动精灵使用专业级硬件检测手段，能够检测出绝大多数流行硬件。基于正确的检测结果，驱动精灵为用户提供准确无误的驱动程序。同时，硬件检测结果还可以帮助用户辨识自己的硬件，避免被奸商蒙蔽。

（2）驱动智能升级。驱动精灵提供了专业级驱动识别能力，能够智能识别计算机硬件并给计算机匹配最适合的驱动程序。驱动精灵提供的驱动程序均为微软 WHQL 认证或厂商正式版驱动，严格保证系统稳定性。

（3）驱动维护。驱动精灵可以严格按照原格式备份驱动程序，驱动还原技术使用户还可以快速还原曾经备份过的驱动程序，驱动删除功能更是用户维护系统时的好帮手。

（4）智能系统状态判断。驱动精灵是一款基于网络的应用程序，用户的网络连接状况将影响到软件的使用。驱动精灵自带流行网卡驱动程序库，可以自动为用户安装网卡驱动，从而彻底解决了用户没有网卡驱动导致无法联网的难题。

1．驱动管理

驱动程序是一种可以使计算机和设备通信的特殊程序，不同的硬件设备需要不同的驱动程序，只有安装与硬件匹配的驱动程序，计算机的硬件设备才可使用。驱动精灵可以自动检测硬件的型号、驱动程序版本、驱动程序文件大小，并提示用户安装或更新。驱动精灵还可以对已经安装好的驱动程序进行备份和卸载。"驱动管理"界面如图 9-41 所示。建议用户对新购入的计算机的各类驱动程序进行备份，当重新安装系统时，可以快速恢复各类硬件设备的驱动程序，而不需要到处找驱动光盘或从网上下载。

图 9-41 "驱动管理"界面

2. 软件管理

驱动精灵提供了电脑必备、视频音乐、聊天上网、高效办公、系统工具五类软件的安装管理，用户可以根据自身需要选择安装的软件，如图 9-42 所示。建议安装的软件有 QQ、WinRAR、酷狗音乐、迅雷看看、杀毒软件、办公软件（WPS 或 Office）、系统还原工具、Flash Player 等。

图 9-42 "软件管理"界面

3. 硬件检测

驱动精灵能检测连接到计算机上的硬件设备类型和型号，如 CPU 型号及主频、内存容量、显卡型号及显存容量、硬盘类型及硬盘容量、主板型号、网卡个数及类型、显示器类型及分辨率、操作系统类型等，如图 9-43 所示。

图 9-43 "硬件检测"界面

9.4.2 系统恢复软件

当用户在使用计算机的过程中，因为错误操作或计算机遭受病毒、木马程序的破坏，导致操作系统中的重要文件受损，甚至崩溃而无法正常启动，需要重新安装操作系统。重装系统是指对计算机的操作系统进行重新安装。重装系统一般有全新重装和覆盖式重装两种。

（1）全新重装。在现有计算机上安装一种全新的操作系统，原有的操作系统也被保留，两个操作系统必须安装在两个不同的分区或磁盘上，如用户可以根据自身学习的需要，在一台计算机上安装 Windows 和 Linux 两种操作系统，开机时根据选择进入对应的操作系统。

（2）覆盖式重装。对原有的操作系统进行覆盖，原操作系统所在分区的数据与程序将被清除。

1. 系统安装方法

操作系统重装一般有以下四种方法。

（1）Ghost 重装。Ghost 重装是最简单、最方便的重装系统方式，几乎所有的计算机维修和非官方的系统光盘都是基于 Ghost 进行重装的，Ghost 重装具有操作方便、重装速度快、方法简单的优点。

Ghost 重装系统是从网上下载的操作系统 GHO 镜像，然后使用 Ghost 工具（一般使用 Onekey Ghost）进行重装。

（2）U 盘重装。U 盘重装系统是目前较为方便的重装系统的方法，只需下载 U 盘启动盘制作工具制作 U 盘启动盘，然后在进入系统时在 CMOS 中设置 U 盘启动即可，先从网上下载 ISO 镜像，再使用工具软件将系统 ISO 写入 U 盘。在 CMOS 界面上将 U 盘调整为第一启动项。插入 U 盘并重启计算机，会自动进入安装程序的安装界面，按照提示安装即可。

（3）光盘重装。光盘重装系统是最为普遍的使用方法，利用光盘直接启动选择重装。首先，用户要在 CMOS 中设置成光驱启动或按相关快捷键进入启动菜单中选择光驱启动。

（4）硬盘安装。从网上下载 ISO（建议使用微软原版），然后解压到非系统盘，接着运行其中的 setup.exe 程序，安装时选择"高级"，选择操作系统安装的盘符（C:\）。后面的安装工作是全自动无人值守方式。

下面以 U 盘重装系统为例来介绍 Windows 7 的重装过程。

2．U 盘重装操作系统

（1）准备工作。

1）准备一个 8G 以上的 U 盘。

2）下载 Windows 7 操作系统镜像包（GHO 文件）。

3）下载 U 盘启动工具。

（2）下载 U 盘启动工具。以"老毛桃"U 盘启动工具为例，下载并安装（下载网址为 https://www.laomaotao.net/）。

（3）制作 U 盘启动盘。

1）下载并安装好"老毛桃"U 盘启动装机工具，打开软件并插入 U 盘。

2）选择"U 盘启动"选项，在磁盘列表中选择需要制作启动的设备，在模式选项中选择"USB-HDD"选项，选择格式"NTFS"并单击"一键制作"按钮，如图 9-44 所示。

扫码看视频

3）制作启动盘会格式化 U 盘（请提前备份好 U 盘数据），单击"确定"按钮后，"老毛桃"U 盘启动装机工具将相关启动程序与数据写入 U 盘。制作好的启动 U 盘可以一盘两用，不影响 U 盘的拷贝存储功能，而且占用空间小，还能用于计算机系统的启动与恢复，如图 9-45 所示。

图 9-44　启动 U 盘制作

图 9-45　启动程序写入 U 盘

（4）CMOS 中设置 U 盘启动。

1）将制作好的"老毛桃"启动盘插入计算机 USB 接口，计算机开机或重启，待屏幕出现开机画面后立即按下启动热键进入 CMOS 设置界面，不同品牌的计算机，进入 CMOS 的热键不同，如联想计算机进入 CMOS 的热键为 F12、华硕计算机进入 CMOS 的热键为 F8、苹果计算机进入 CMOS 的热键为 Option。

2）进入 BIOS 界面后选择 Boot 选项进入菜单，通过上、下方向键选择 Boot Device Priority 选项。

3）选择后按 Enter 键进入子菜单，选择 Boot Device 选项，通过 "+" "–" 键找到并将 U 盘所对应的选项调到第一位（注意：不同机型显示的不一样，我们只需找到带 USB 字样的即可），如图 9-46 所示。

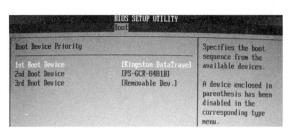

图 9-46　CMOS 中设置 U 盘为第一启动设备

4）按下 F10 键后会弹出如图 9-47 所示的窗口，选择 Yes 选项保存 CMOS 设置，计算机就会自动重启进入"老毛桃"PE 界面并重装系统。

图 9-47　保存 BIOS 设置

（5）系统恢复。

1）设置系统从 U 盘启动，插入 U 盘，开机或重启计算机，出现开机画面时，通过按 U 盘启动快捷键进入"老毛桃"主菜单页面（图 9-48），选择"【1】启动 Win10×64PE（2G 以上内存）"选项并按 Enter 键确认。

扫码看视频

图 9-48　"老毛桃"功能选择界面

2）进入 WinPE 后，双击桌面的"老毛桃一键装机软件"，打开"老毛桃"软件。

3）在"老毛桃"软件界面中（图 9-49），用户可以安装系统，也可以备份系统。安装系统时，需要选择 Windows 7 映像文件所在位置和新系统安装位置（通常情况下都是 C:\），最后单击"执行"按钮。

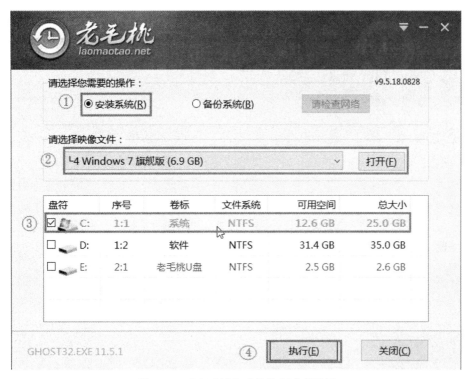

图 9-49　"老毛桃"系统恢复选项设置

4）执行后会弹出一个窗口，默认选项并单击"是"按钮（建议用户也勾选"网卡驱动"选项，以免新安装的系统不能使用网络），如图 9-50 所示。

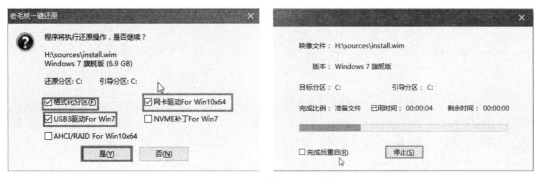

图 9-50　还原确认与还原过程

5）重启后会进入系统部署阶段，期间会弹出某些窗口，但无须理会，等待部署完成进入 Windows 7 系统桌面即重装系统成功。

10
计算机新技术

 **本章导读**

本章主要介绍当今社会几种前沿的计算机技术，通过对这些新技术概念、发展历程、特点、应用领域和发展趋势的解析，既让读者对计算机新兴或热点技术有一个宏观的把握，又能通过对这些技术的分析，指导读者将计算机最新技术联系到各自相关的专业和学科之中。

本章要点

- 3D 打印
- 大数据
- 人工智能
- 物联网
- 虚拟现实

10.1　3D 打印

在人类历史中，蒸汽机技术和电力技术分别是第一次和第二次工业革命的代表性技术，而 3D 打印技术是第三次工业革命的一项代表性技术（英国著名杂志《经济学人》）。自 1986 年，美国科学家 Charles Hull 开发了第一台商业 3D 印刷机，3D 打印的概念在学术界、工业界备受推崇，相关报道层出不穷。

10.1.1　3D 打印的概念

3D 打印（3D Printing）是一种快速成型技术，它是基于数字模型文件，运用 3D 打印材料，由 3D 打印设备逐层堆积来制造实体物件的技术，它综合了信息技术、数学建模技术、机电控制技术、数字制造技术、材料科学等多方面的前沿技术，具有很高的科技含量。3D 打印的成型原理类似于传统打印机工作原理，是一种"添加制造"（Additive Manufacturing）技术，因此，3D 打印不仅表达信息，更是直接实现功能。3D 打印的建筑如图 10-1 所示。

图 10-1　3D 打印的建筑

10.1.2　3D 打印的成型过程

依据其原理，3D 打印的成型过程可以分为前处理、打印、后处理三个阶段。整个打印过程分为七个步骤：①计算机辅助设计；②转成 STL 数据格式；③转到 3D 打印设备上或经过 STL 数据处理后，进行切片等处理后再转到 3D 打印设备上，由计算机控制三维打印机工作；④设置 3D 打印机打印参数和打印前准备；⑤建造实体物件；⑥移出实体物件；⑦后期加工。

前处理主要包括两个方面：一是模型输入的准备，它基于计算机构建数字模型，并将三维模型转换为打印设备可以识别的文件格式；二是打印材料的准备。打印是通过计算机将转换后的数字模型输入打印设备，并控制其工作，逐层堆积材料形成实体物件。后处理是对打印设备打印出来的 3D 实体物件进行后期硬化、清洗等。3D 打印原理及成型过程如图 10-2 所示。

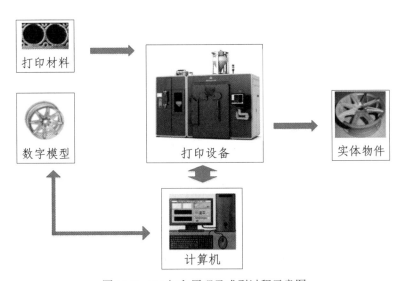

图 10-2　3D 打印原理及成型过程示意图

3D 打印的核心装备是打印设备，计算机技术在 3D 打印中扮演着重要角色，包括数字模型的构建和格式转换、模型的输入、接口及接口软件设计、打印设备的控制等。打印设备是其中的灵魂部分，不可或缺。

10.1.3　3D 打印的优缺点

3D 打印作为一种堆积材料制造方式，与传统的去材料制造原理几乎不同，也比利用模具进行加工的技术更具吸引力，其优点体现在以下方面：

（1）3D 打印是堆积制造，近似于等材制造，具有材料友好性，提高了材料的利用率，减少材料的浪费。

（2）3D 打印是数字制造，其基于数字模型制造产品，直接打印成型，不需要模具，简化了开发或制造工序，节约了生产成本，有利于产品开发或制造周期的控制。

（3）3D 打印是降维制造，将复杂的三维产品分解为简单的二维加工的"堆积"，更有利于形状复杂、个性化实体物件的生产制造。

（4）3D 打印是快速制造，打印设备由计算机控制，全自动，精度高，不依赖人工技能，降低了体力劳动强度。

理论上，作为堆积成型技术，3D 打印应用前景广阔。然而作为一种新的技术，就目前发展状况看来，其缺点体现在以下方面：

（1）3D 打印材料适用性不广泛，数字材料库不丰富，选择的局限性大。

（2）堆积成型实体物件的性能较差，与传统技术制造的产品有差距，如无法与传统锻件相媲美。

（3）3D 打印的价格优势尚不明显。

（4）3D 打印对知识产权的保护有冲击，相关数字模型有被复制、拷贝的风险。

（5）3D 打印对操作人员的技能要求高。

10.1.4　3D 打印的研究方向

3D 打印作为制造业共享经济的一环，降低了边际成本，在航空航天、海洋船舶、医疗、军事、汽车、机械设备制造、建筑、文化创意、消费等领域有广泛的市场空间，3D 打印技术的发展将朝着速度更快、精度更高、成本更低、应用更广、操作更简便等方向发展。据全球权威 3D 打印行业研究机构 Wohlers Associates 预计，至 2020 年，全球 3D 打印市场规模将达到 212 亿美元。我国国家部门和地方政府也在 3D 打印产业的发展中，从发展目标、行业标准、财政扶持、重大项目立项等多个层面给予了政策支持。目前，制约 3D 打印技术拓展的关键因素依旧是打印材料、打印设备、软件集成和打印标准。

1. 打印材料

目前，主要的 3D 打印材料有工程塑料、光敏树脂、复合材料、金属材料、陶瓷材料、生物材料、石墨烯材料和其他材料。这些材料有各自的应用领域，对应着不同的 3D 打印成型方法，如金属材料的 3D 打印，一般采用激光熔化或烧结成型技术，也可以采用电子束熔化技术，在航空航天、医疗、汽车等领域均有应用；陶瓷材料的 3D 打印，一般采用三维打印技术，在航空航天、军事领域应用广泛；我们熟知的生物材料一般采用细胞绘图打印，在医疗和组织工程领域是研究热点。因此，3D 打印材料库的丰富程度，在一定程度上决定了 3D 打印技术的应用范围。尽管目前应用在 3D 打印领域的材料已达 1000 多种，但扩展 3D 打印材料库是未来 3D 打印的研究方向之一，如开发智能材料、功能梯度材料、纳米材料、非均质材料等。

2. 打印设备

回顾打印机的发展历史，3D 打印设备也必然要向打印速度、打印效率和打印精度宣战，开拓并行打印、连续打印、远程打印、多材料打印等，不断提升实体物件的表面质量、化学性能和物理性能。同时，3D 打印设备的研发要满足不同的用户需求，兼顾个人级和工业级 3D 打印市场，不断降低设备成本，这也是 3D 打印的研究方向之一。

3. 软件集成

3D 打印的普及，离不开数字模型的构建，离不开"驱动软件"的开发，软件依旧是 3D 打印的灵魂。数字建模软件要求能够导出.stl、.obj 等可以用于 3D 打印分层的格式文件。市面上三维建模软件有参数化建模软件和非参数化建模软件，这两类建模软件都可以进行 3D 打印设计。参数化建模软件有美国参数技术公司的 Pro/Engineer、法国 Dassault Systèmes 公司的 Solidworks、德国西门子公司的 Ug。非参数化建模软件有 3DS MAX、MAYA、ZBrush、Rhino 等。如何更快、更精准地获得实体物件的原始数据或将设计理念变为数字模型，也是应当思考的方向。另外，CAD/CAPP/RP 的一体化使设计软件和生产控制软件能够无缝对接，实现设计者直接联网控制或远程在线制造，融入物联网等新兴领域也是研究方向之一。

4. 打印标准

3D 打印作为方兴未艾的前沿制造领域，美国等发达国家把 3D 打印领域的标准研究作为三大主攻方向之一。我国 3D 打印技术虽还没有真正迈入应用领域，但在 2017 年底原质检总局发布的一项 2017 年增材制造 3D 打印产品质量风险监测分析报告中的情况却不容乐观：经过电机安全、机械安全、电磁兼容安全等指标的监测，发现 37 批次国产 3D 打印设备中，有 34 批次在安全性能方面均有不符合项，只有 3 批次 3D 打印设备的安全性指标全项符合项目监测要求，不合格率超过 9 成。另外，我国 3D 打印设备制造领域已出现无序竞争迹象，不少国内 3D 打印设备制造企业一拥而上、低价竞争，个别企业甚至无一项核心技术。配置和质量上的参差不齐，亟须通过标准进行约束、规范和引导。虽然包括产品质量分级标准在内的四项增材制造的国家标准已经公布，但最为急迫的设备标准正在制定中。因此，打印标准的研究刻不容缓。

清华大学教授颜永年说："3D 打印不会取代传统的技术，而是一种融合，是对传统行业传统技术的提升。"这也是值得研究的课题。

10.2 大数据

在智能终端不断渗透、宽带网络基础设施不断优化的大背景下，社会生活的信息化、网络化程度越来越高，越来越多的大众享受到网购、手机支付等数字经济带来的刺激和便捷，此刻，你是否意识到大数据时代已经来临？大数据已经成为和材料、能源一样重要的国家战略资源。

2013 年 7 月，习近平总书记指出："大数据是工业社会的'自由'资源，谁掌握了数据，谁就掌握了主动权。"一个国家拥有的数据规模及运用能力已逐步成为综合国力的重要组成部分，对数据的占有权和控制权将成为陆权、海权、空权之外的国家核心权力。大数据正在重塑世界新格局，被誉为是"21 世纪的钻石矿"，更是国家基础性战略资源，正逐步对国家的治理能力、经济运行机制、社会生活方式产生深刻影响，国家的竞争焦点也已从资本、土地、人口、资源的争夺扩展到对大数据的竞争。

10.2.1　大数据的概念

　　如图 10-3 所示，何谓大数据（Big Date）？研究机构 Gartner 给出了这样的定义："大数据"是需要新处理模式才能具有更强的决策力、洞察发现力和流程优化能力来适应海量、高增长率和多样化的信息资产。麦肯锡全球研究所给出的定义是：一种规模大到在获取、存储、管理、分析方面大大超出了传统数据库软件工具能力范围的数据集合，具有海量的数据规模、快速的数据流转、多样的数据类型和价值密度低四大特征。在维克托·迈尔-舍恩伯格和肯尼斯·库克耶编写的《大数据时代》中的大数据是指不用随机分析法（抽样调查）这样的捷径，而是对所有数据进行分析处理。

图 10-3　大数据

　　虽然没有统一的看法，但是关于大数据的 4V 观点（Volume（大量）、Velocity（高速）、Variety（多样）、Value（价值））已经得到广泛的认可，多数学者和实践者赞同大数据指的是所涉及的数据量规模巨大到无法通过常规软件工具，在合理的时间内达到获取、管理、处理的数据集合，是需要新处理模式才能具有更强的决策力、洞察发现力和流程优化能力的海量、高增长率和多样化的信息资产。因此，大数据的内涵包括数据本身、大数据技术、大数据应用三个方面。就数据本身而言，大数据是指大小、形态超出典型数据管理系统获取、存储、管理、分析等能力的大规模数据，这些数据之间存在着直接或间接关联性，通过大数据技术可以从中挖掘出模式和知识。大数据技术是使大数据中所蕴含的价值得以挖掘和发现的一系列技术与方法，包括数据采集、预处理、存储、分析挖掘、可视化等。大数据应用对特定的大数据集应用大数据技术，以获得有价值的信息的过程。大数据技术的研究与突破，其最终目标就是从复杂的数据集中发现新的模式与知识，挖掘得到有价值的新信息。

　　需要指出的是，大数据并非大量数据的堆积，而是具有结构性和关联性的信息资产，这是大数据与大规模数据的重要差别。大数据概念包含对数据对象的处理行为，即大数据技术，目的是对某一特定的大数据集合快速挖掘出更多有价值的信息，这是大数据与大规模数据、海量数据等类似概念的最大区别。

10.2.2 大数据的特征

特征是表达内涵的，大数据的特征包括数据特征、技术特征、应用特征。大数据包括结构化、半结构化和非结构化数据，非结构化数据越来越成为数据的主要部分。结构化数据也称作行数据，是由二维表结构来逻辑表达和实现的数据，严格地遵循数据格式与长度规范，主要通过关系型数据库进行存储和管理。与结构化数据相对的是不适于由数据库二维表来表现的非结构化数据，其数据结构不规则或不完整，没有预定义的数据模型，包括所有格式的办公文档、XML、HTML、各类报表、图片和音频、视频信息等。非结构化数据其格式非常多样，标准也是多样性的，而且在技术上非结构化信息比结构化信息更难标准化和被理解。大数据也继承了非结构化数据 Variety（多样）、Complexity（复杂）等特性。

国际数据公司 IDC 定义 4V 来描述大数据的数据特征：

（1）大量（Volume）：数据体量巨大，可以从数百 TB 到数百 PB，甚至到 EB 的规模。

（2）高速（Velocity）：很多大数据需要在一定的时间限度下得到及时处理，才能最大化地挖掘利用大数据所潜藏的价值，具有时效性。

（3）多样（Variety）：大数据包括各种格式和形态的数据。

（4）价值（Value）：大数据包含很多深度的价值，大数据分析挖掘和利用将带来巨大的商业价值。

阿姆斯特丹大学的 Yuri Demchenko 等人提出了大数据体系框架的 5V 特征，增加了真实性（Veracity），即处理的结果要保证一定的准确性，如图 10-4 所示。

图 10-4　大数据 5V 特征

大数据的特征也可以用舍恩伯格的总结来描述，即全样而非抽样、效率而非精确、相关而非因果。

10.2.3 大数据技术

大数据技术包含于大数据概念之中，主要涉及数据采集、数据存储、数据处理、数据呈现等方面，见表 10-1。

表 10-1 大数据技术

主要技术	目的	技术细分	相关主流技术研究应用及实现
数据采集技术	通过 ETL 抽取、文件适配器、网络抓取、实时数据采集等多种技术,从外部数据源导入结构化数据(关系库记录)、半结构化数据(日志、邮件等)、非结构化数据(文件、视频、音频、网络数据流等)和实时数据	数据库数据采集技术	Sqoop 安装及应用实践
			数据库 CDC 技术(Oracle、MySQL 等)
			自定义适配器开发
		文件数据采集技术	Flume 安装及应用实践
			自定义适配器开发
		实时数据采集技术	消息中间件 Kafka 安装及应用实践
			自定义适配器开发
		全量数据复制、增量数据捕获(CDC)方案	全量和增量方案制定及应用实践
		ETL 工具应用实践	Kettle 安装及应用实践
		基于不同数据类型的多种技术的全量与增量数据采集的作业调度、运行、管理等自动化功能的实现	采集作业的调度、运行、管理等自动化功能需自定义开发
数据存储技术	负责进行大数据的存储,针对全数据类型和多样计算需求,以海量规模存储、快速查询读取为特征,存储来自外部数据源的各类数据,支撑数据处理层的高级应用	分布式文件存储技术	Hadoop Hdfs 安装、应用、管理可视化开发及基于开源代码优化
		分布式数据库技术(列式数据库)	Hbase 安装、应用、管理可视化开发及基于开源代码优化
		关系型数据库技术(集群)	MySQL 集群安装、分库分表等应用实践
			PostgreSQL 安装、分库分表等应用实践
		内存数据库技术(NOSQL)	Redis 安装及应用实践
		面向多种存储的元数据、数据资产管理功能	自定义开发
		面向多种应用的数据服务接口(低延时或实时要求)	自定义开发
数据处理技术	对多样化的大数据进行加工、处理、分析、挖掘,产生新的业务价值,发现业务发展方向,提供业务决策依据	批量计算技术	Hive 安装及应用实践
			Yarn(MRv2)安装及应用实践
			Pig 安装及应用实践
		流式计算技术	Storm 安装及应用实践
		内存计算技术	Spark 安装及应用实践
			Tachyon 安装及应用实践
		数据挖掘,主要基于人工智能、机器学习、统计学技术	R/SparkR/SparkML/Spark GraphX/SPSS 服务器版等
		大数据作业调度管理	Oozie 安装及应用实践
		基于不同数据处理作业调度、运行、管理等自动化功能的实现	处理业的调度、运行、管理等自动化功能需自定义开发

续表

主要技术	目的	技术细分	相关主流技术研究应用及实现
数据呈现技术	是关于数据视觉表现形式的研究，主要旨在借助于图形化手段清晰有效地传达与沟通信息	HTML5 展现技术	百度 ECharts
			D3.js
		Flex 展现技术	FusionCharts
		GIS 展现技术	……

大数据技术当然也重视数据安全技术和标准研究。大数据安全技术主要解决从大数据环境下的数据采集、存储、分析、应用等过程中产生的诸如身份验证、授权过程和输入验证等大量安全问题。由于在数据分析、挖掘过程中涉及企业各业务的核心数据，为防止数据泄露，控制访问权限等安全措施在大数据应用中尤为关键。大数据标准研究主要从数据自身的角度提出，在不断创新应用和服务模式下的大数据标准体系即为大数据标准化路线。

10.2.4　大数据的重要作用

中国电子技术标准化研究院在 2015 年 12 月发布的《大数据标准化白皮书 V 2.0》对大数据的重要作用作了很全面的阐述。

1.　改变经济社会管理方式

大数据作为一种重要的战略资源，已经不同程度地渗透到每个行业领域和部门，其深度应用不仅有助于企业经营活动，还有利于推动国民经济发展。在宏观层面，大数据使经济决策部门可以更敏锐地把握经济走向，制定并实施科学的经济政策。在微观层面，大数据可以提高企业经营决策的水平和效率，推动创新，给企业、行业领域带来价值。大数据技术作为一种重要的信息技术，对于提高安全保障能力、应急能力、优化公共事业服务、提高社会管理水平的作用正在日益凸显；在国防、反恐、安全等领域，应用大数据技术能够对来自于多种渠道的信息快速进行自动分类、整理、分析和反馈，有效地解决情报、监视和侦察系统不足等问题，提高国家安全保障能力。

除此之外，还将推动社会各个主体共同参与社会治理。网络社会是一个复杂、开放的巨系统，这个巨系统打破了传统组织的层级化结构，呈现出扁平化的特征。个体的身份经历了从单位人、社会人到网络人的转变过程。政府企业、社会组织公民等各种主体都以更加平等的身份参与到网络社会的互动和合作之中，这对促进城市转型升级和提高可持续发展能力、提升社会治理能力、实现推进社会治理机制创新、促进社会治理实现管理精细化、服务智慧化、决策科学化、品质高端化等具有重要作用。

2.　促进行业融合发展

网络环境、移动终端随影而行，网上购物、社交网站、电子邮件、微信不可或缺，社会主体的日常生活在虚拟的环境中得到承载和体现。正如工业化时代商品和交易的快速流通，催生大规模制造业的发展，信息大量、快速的流通将伴随着行业的融合发展，使经济形态发生大范围变化。

大数据应用的关键在于分享，各行业已经逐渐意识到单一的数据是没法发挥最大效能的，行业或部门之间相互交换数据已经成为一种发展趋势。虚拟环境下，遵循类似摩尔定律原则增长的海量数据，在技术和业务的促进下，使跨领域、跨系统、跨地域的数据共享成为可能，大数据支持着机构业务决策和管理决策的精准性、科学性和社会整体层面的业务协同效率提高。

3. 推动产业转型升级

信息消费作为一种以信息产品和服务为消费对象的活动，覆盖多种服务形态、多种信息产品和多种服务模式。当围绕数据的业务在数据规模、类型和变化速度达到一定程度时，大数据对产业发展的影响随之显现。

在面对多维度、爆发式增长的海量数据时，ICT 产业面临着有效存储、实时分析、高性能计算等挑战，这将对软件产业、芯片和存储产业产生重要影响，推动一体化数据存储处理服务器、内存计算等产品的升级创新。对数据快速处理和分析的需求，将推动商业智能、数据挖掘等软件在企业级的信息系统中得到融合应用，成为业务创新的重要手段。

同时，"互联网+"战略使大数据在促进网络通信技术与传统产业密切融合方面的作用更加凸显，对传统产业的转型发展及创造更多的价值影响重大。未来大数据发展将不仅催生软、硬件及服务等市场产生大量价值，也将对有关的传统行业转型升级产生重要影响。

4. 助力智慧城市建设

信息资源的开发利用水平，在某种程度上代表着信息时代下社会的整体发展水平和运转效率。大数据与智慧城市是信息化建设的内容与平台，两者互为推动力量。智慧城市是大数据的源头，大数据是智慧城市的内核。

针对政府，大数据为政府管理提供强大的决策支持。在城市规划方面，通过对城市地理、气象等自然信息和经济、社会、文化、人口等人文社会信息的挖掘，可以为城市规划提供强大的决策支持，强化城市管理服务的科学性和前瞻性；在交通管理方面，通过对道路交通信息的实时挖掘，能够有效地缓解交通拥堵，并快速响应突发状况，为城市交通的良性运转提供科学的决策依据；在舆情监控方面，通过网络关键词搜索及语义智能分析，能够提高舆情分析的及时性、全面性，全面掌握社情民意，提高公共服务能力，应对网络突发的公共事件，打击违法犯罪；在安防领域，通过大数据的挖掘，可以及时发现人为或自然灾害、恐怖事件，提高应急处理能力和安全防范能力。

针对民生，大数据将提高城市居民的生活品质。与民生密切相关的智慧应用包括智慧交通、智慧医疗、智慧家居、智慧安防等，这些智慧化的应用将极大地拓展民众生活空间，引领大数据时代智慧人生的到来。大数据是未来人民享受智慧生活的基础，将改变传统"简单平面"的生活常态，通过大数据的应用服务将使信息变得更加广泛，使生活变得多维和立体。

5. 创新商业模式

大数据时代，产业发展的模式和格局正在发生深刻变革。围绕数据价值的行业创新发展将悄然影响各行各业的主营业态。而随之带来的，则是大数据产业下的创新商业模式。

一方面围绕着数据产品价值链而产生诸如数据租售模式、信息租售模式、知识租售模式等。数据租售旨在为客户提供原始数据的租售；信息租售旨在为客户出售某种主题的相关数据集，是对原始数据进行整合、提炼、萃取，使数据形成价值密度更高的信息；知识租售旨在为客户提供一体化的业务问题解决方案，是将原始数据或信息与行业知识利用相结合，通过行业专家深入介入客户业务流程，提供业务问题解决方案。

另一方面通过对大数据的分析处理，企业现有的商业模式、业务流程、组织架构、生产体系、营销体系也将发生变革。以数据为中心，挖掘客户潜在需求，不仅能够提升企业运作的效率，更可以藉由数据重新思考商业社会的需求与自身业务模式的转型，快速重构新的价值链，建立新的行业领导能力，提升企业影响力。

6. 改变科学研究的方法论

大数据技术的兴起对传统的科学方法论带来了挑战和革命。随着计算技术和网络技术的发展，采集、存储、传输和处理数据都已经成了容易实现的事情。面对复杂的对象，我们没有必要再做过多的还原和精简，而是可以通过大量数据甚至是海量数据来全面、完整地刻画对象，通过处理海量数据来找到研究对象的规律或本质。当数据处理技术已经发生翻天覆地的变化时，在大数据时代需要的是所有数据，即样本=总体，相比依赖于小数据和精确性的时代，大数据因为更强调数据的完整性和混杂性，突出事物的关联性，为解决问题提供新的视角，帮助我们进一步接近事实的真相。

10.2.5 大数据产业规模和发展趋势

大数据是信息化发展的新阶段，特别是近年来互联网的高速发展，物联网、云概念等信息技术的出现，全球数据呈现爆发式增长，呈现海量数据集聚的特点。根据监测统计，2015年全球数据总量为 8.6ZB，按照目前全球数据增长速度在每年 40%左右预计，2020 年全球数据总量将达到 40ZB，这将对经济发展、社会治理、国家管理、人民生活产生重大影响。

大数据产业是以数据采集、交易、存储、加工、分析、服务为主的各类经济活动，包括数据资源建设，大数据软、硬件产品的开发、销售和租赁活动，以及相关信息技术服务。

根据前瞻产业研究院发布的《2017—2022 年中国大数据产业发展前景与投资战略规划分析报告》数据统计，2012—2016 年全球大数据产业规模复合年均增长率（CAGR）为 25.3%，2016—2027 年的复合年均增长率为 12%，预计到 2027 年期间，在大数据硬件、软件和服务上的开支复合年增长率分别为 9.5%、15.1%、10.5%，整体复合年增长率为 12%，到 2027 年全球大数据规模将达到大约 970 亿美元，硬件、软件、服务分别达到 224 亿美元、426 亿美元、320 亿美元，如图 10-5 所示。

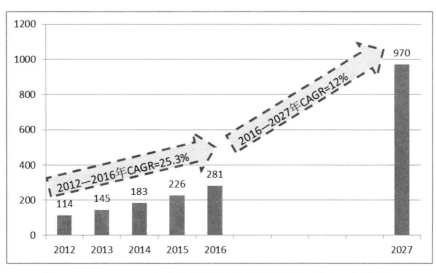

图 10-5 2012—2027 年全球大数据产业规模及预测（单位：亿美元）

中国大数据产业的发展，一般以 2014 年大数据写入政府工作报告作为"中国大数据政策元年"。2015 年，随着国家和地方政府的大力推动，大数据产业加速发展。一大批大数据产业园相继落地，大数据产业生态加速完善，相关标准和技术体系持续完善，应用市场日益壮大，产业国际影响力不断提升。2017 年，习近平总书记在中共中央政治局第二次集体学习时强调"实施国家大数据战略，加快建设数字中国"。

中国信息通信研究院发布的《中国数字经济发展与就业白皮书（2018 年）》中的数据显示，2020 年我国大数据市场产值将超过 1 万亿。赛迪顾问股份有限公司和大数据产业研究中心发布的《2019 年中国大数据产业发展白皮书》指出，除去产生数据的各类终端设备的产值，2018 年我国大数据产业整体规模已达 4384.5 亿元，2020 年大数据产业规模也将达到6500 亿元以上。2016—2021 年我国大数据产业规模及预测如图 10-5 所示，2015—2020 年我国大数据市场产值图如图 10-6 所示。

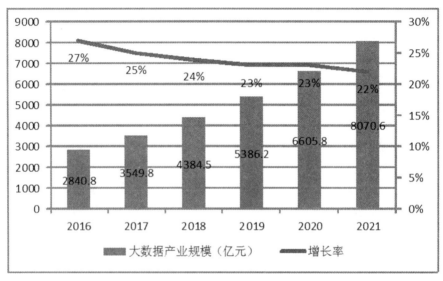

图 10-5　2016—2021 年我国大数据产业规模及预测

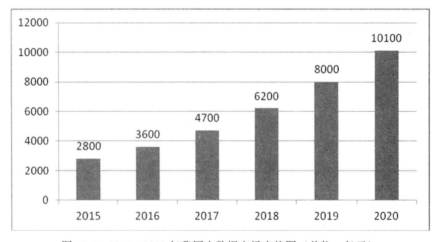

图 10-6　2015—2020 年我国大数据市场产值图（单位：亿元）

根据观研天下发布的《2018 年中国大数据市场分析报告——行业深度分析与投资前景研究》中的数据显示，我国预计在 2020 年全球大数据产业占有约 20.3% 的市场份额，位居世界第二，依旧排名在美国之后。2020 年全球各地区大数据产业市场份额如图 10-7 所示。

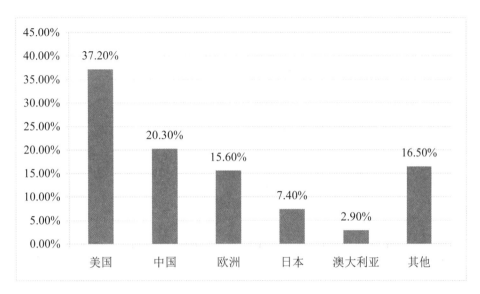

图 10-7　2020 年全球各地区大数据产业市场份额

同时，《2019 年中国大数据产业发展白皮书》指出，随着全国各地数字经济建设的持续推进，以及大数据产业生态的完善，"大数据+"将引爆多行业应用，推动传统产业转型升级和新兴产业发展，成为经济增长的新引擎。赛迪顾问对于未来大数据产业的发展提出了以下五个观点：①大数据将成为数字经济建设核心驱动力；②"大数据+"将引爆多行业应用；③数据外包将成为产业新的机遇点；④数据安全防护需求将驱动制度和技术变革；⑤线下场景营销成为大数据应用新机遇。

10.3　人工智能

人工智能（Artificial Intelligence，AI）对于我们来说科幻、陌生，而且透着神秘。然而事实上，我们已经每天在日常生活中使用人工智能了，如语音助手、无人驾驶、智能手环、智能家居等，只是我们没有意识到而已。这正如麦肯锡抱怨的一样："一旦一样东西用人工智能实现了，人们就不再叫它人工智能了。"人工智能已经是一种存在的现实。

10.3.1　人工智能的概念

人工智能这一概念首次出现在 1956 年，由麦肯锡在达特茅斯会议上提出，并定义为：人工智能就是要让机器的行为看起来像是人所表现出来的智能行为一样，这标志着人工智能学科的诞生。然而关于对人工智能的理解，国内外的人工智能学者们因其学术背景的不同和对智能的理解不同，对人工智能也作出了不一样的解释。贝尔曼把人工智能定义为："人工智能是与人的思维、决策、问题求解和学习等有关的活动的自动化。"费根鲍姆则认为："人工智能是计算机科学中的一个分支，涉及计算机系统的设计，该系统显示人类行为中与智能有关的某些特征。"绍特里夫把人工智能定义为："计算机科学中的一个分支，研究问题求解的符号方法和非算法问题。"尼尔逊这样定义人工智能："人工智能是关于知识的学科——怎样表示知识和怎样获得知识并使用知识的科学。"温斯顿认为："人工智能是计算机科学的一个领域，它主要解决如何使计算机感觉、推理和行为等问题。"国内的蔡曙山等认为人工智能就是试图实现人类智能的一种机器、方法或系统。钟义信指出，人工智能是一门学科，目标是要探索和理解人类智慧的奥秘，并把这种理解尽其可能地在机器上实现出来，从而创造具有一定智能水平的人工智能机器，帮助人类解决各种各样的问题。李鸣华在分析"智能"一词的基础上，综合人工智能专家和各位专家学者对于人工智能的定义，将人工智能定义为"用人工制造的方法，使计算机模拟人的思想与行为，实现如判断、推理、证明、感知、思考、识别、设计、学习和问题求解等思维活动，在机器上实现智能的方法"。

维基百科认为人工智能是由人工制造出来的系统所表现出来的智能。通常人工智能是指通过普通计算机实现的智能，同时也指研究这样的智能系统是否能够实现，以及如何实现的科学领域。百度百科则认为人工智能是研究、开发并用于模拟、延伸和扩展人的智能的理论、方法、技术及应用系统的一门新的技术科学。

腾讯 AI Lab 主任张潼认为，人工智能是指计算机像人一样拥有智能能力，是一个融合计算机科学、统计学、脑神经学和社会科学的前沿综合学科，可以代替人类实现识别、认知、分析和决策等多种功能，如图 10-8 所示。

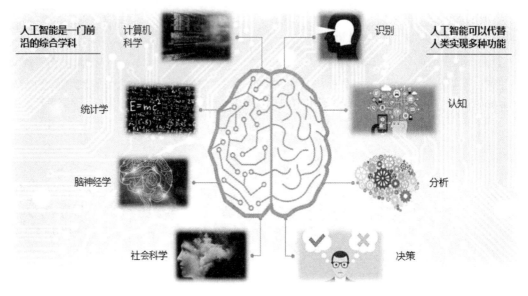

图 10-8　人工智能示意图

无论人工智能的概念被如何定义或理解，人工智能与计算机科学密不可分。当然，随着人工智能的发展，人工智能的范围已远远超出了计算机科学的范畴，涉及了自然科学和社会科学的所有学科，但目前从表 10-2 中的数据看，计算机科学学科依旧是人工智能领域论文产出最多的学科。

表 10-2　AI 领域全球及论文产出最多的五个国家主要学科分布

排名	全球	中国	美国	英国	日本	德国
1	计算机科学	计算机科学	计算机科学	计算机科学	计算机科学	计算机科学
2	工程	工程	工程	工程	工程	工程
3	自动化控制系统	自动化控制系统	自动化控制系统	自动化控制系统	自动化控制系统	自动化控制系统
4	机器人技术	电信学	机器人技术	机器人技术	机器人技术	机器人技术
5	电信学	影像学与摄影技术	影像学与摄影技术	数学	影像学与摄影技术	数学

需要指出的是，从 2018 年 4 月教育部下发《高等学校人工智能创新行动计划》不到一年时间，2019 年 3 月，上海交通大学、同济大学、浙江大学、华南师范大学、湖南工程学院等 35 所高校增设人工智能本科专业。人工智能已脱胎于计算机学科。那么，人工智能学科学什么呢？我们从浙江大学设计的人工智能研究生课程体系可窥一斑，其必修课分为数学与统计学、智能与认知科学、计算机和人工智能四大类，方向必修类则有智能教育、智能法学、智能金融、智能农学、智能医学和智能文学等，还特别设置了综合必修类课程人工智能伦理学。

10.3.2　人工智能的发展历程

人工智能始于 20 世纪 50 年代，至今大致分为三个发展阶段，如图 10-9 所示。

图 10-9　人工智能的发展历程

第一阶段（20 世纪 50—80 年代）：起步期。这一阶段人工智能刚诞生，基于抽象数学推理的可编程数字计算机已经出现，符号主义快速发展，但由于很多事物不能形式化表达，建立的模型存在一定局限性。随着计算任务复杂性的不断加大，人工智能的发展一度遇到瓶颈。

第二阶段（20 世纪 80—90 年代末）：发展期。在这一阶段，专家系统得到快速发展，数学模型有重大突破，但由于专家系统在知识获取、推理能力等方面的不足，以及开发成本高等原因，人工智能的发展又一次进入低谷期。

第三阶段（21 世纪初至今）：繁荣期。随着大数据的积聚、理论算法的革新和计算能力的提升，人工智能在很多应用领域取得了突破性进展，迎来了繁荣时期。

10.3.3　人工智能的思想流派

人工智能在 60 多年的发展历程中，主要思想流派有符号主义（Symbolism）、连接主义（Connectionism）、行为主义（Behaviourism）。

1．符号主义

符号主义又称逻辑主义、心理学派或计算机学派，其原理主要为物理符号系统（即符号操作系统）假设和有限合理性原理。因此，符号主义认为人工智能源于数理逻辑。数理逻辑从 19 世纪末起得以迅速发展，到 20 世纪 30 年代开始用于描述智能行为。计算机出现后，又在计算机上实现了逻辑演绎系统。其有代表性的成果为启发式程序 LT 逻辑理论家，证明了 38 条数学定理，表明了可以应用计算机研究人的思维逻辑，模拟人类智能活动。正是这些符号主义者，早在 1956 年首先采用"人工智能"这个术语，后来又发展了启发式算法、专家系统、知识工程理论与技术，并在 20 世纪 80 年代取得很大发展。符号主义曾长期一枝独秀，为人工智能的发展作出重要贡献，尤其是专家系统的成功开发与应用，为人工智能走向工程应用和实现理论联系实际具有特别重要的意义。在人工智能的其他学派出现之后，符号主义仍然是人工智能的主流派别。这个学派的代表人物有纽厄尔（Newell）、西蒙（Simon）和尼尔逊（Nilsson）等。

2．连接主义

连接主义又称仿生学派或生理学派，其主要原理为神经网络及神经网络间的连接机制与学习算法。因此，连接主义认为人工智能源于仿生学，特别是对人脑模型的研究。它的代表性成果是 1943 年由生理学家麦卡洛克（McCulloch）和数理逻辑学家皮茨（Pitts）创立的脑模型，即 MP 模型，开创了用电子装置模拟人脑结构和功能的新途径。它从神经元开始进而研究神经网络模型和脑模型，开辟了人工智能的又一发展道路。20 世纪 60—70 年代，连接主义，尤其是对以感知机（Perceptron）为代表的脑模型的研究出现过热潮，由于受到当时的理论模型、生物原型和技术条件的限制，脑模型研究在 20 世纪 70 年代后期至 80 年代初期落入低潮。直到 Hopfield 教授在 1982 年和 1984 年发表两篇重要论文，提出用硬件模拟神经网络以后，连接主义才又重新抬头。1986 年，鲁梅尔哈特（Rumelhart）等人提出多层网络中的反向传播（BP）算法。此后，连接主义势头大振，从模型到算法，从理论分析到工程实现，为神经网络计算机走向市场打下基础。现在，对人工神经网络（ANN）的研究热情仍然较高，但研究成果没有像预想的那样好。

3．行为主义

行为主义又称进化主义或控制论学派，其原理为控制论及感知—动作型控制系统。因此，行为主义认为人工智能源于控制论。控制论思想早在 20 世纪 40—50 年代就成为时代思潮的重要部分，影响了早期的人工智能工作者。维纳（Wiener）和麦克洛克（McCulloch）等人提出的控制论和自组织系统及钱学森等人提出的工程控制论和生物控制论，影响了许多领域。控制论把神经系统的工作原理与信息理论、控制理论、逻辑和计算机联系起来。早期的研究工作重点是模拟人在控制过程中的智能行为和作用，如对自寻优、自适应、自镇定、自组织和自学习等控制论系统的研究，并进行"控制论动物"的研制。到 20 世纪 60—70 年代，上述这些控制论系统的研究取得一定进展，播下智能控制和智能机器人的种子，并在 20 世纪 80 年代诞生了智能控制和智能机器人系统。行为主义是 20 世纪末才以人工智能新学派的面孔出现的，引起了许多人的兴趣。这一学派的代表人物首推布鲁克斯（Brooks），他的六足行走机器人被看作是新一代的"控制论动物"，是一个基于感知－动作模式模拟昆虫行为的控制系统。

10.3.4　人工智能分类

　　人工智能作为一门前沿交叉学科，其定义一直存有不同的观点：《人工智能——一种现代方法》中将已有的一些人工智能定义分为四类：像人一样思考的系统、像人一样行动的系统、理性思考的系统、理地行动的系统。这里的行动应广义理解为采取行动或制定行动的决策。人工智能是知识的工程，是机器模仿人类利用知识完成一定行为的过程。根据人工智能是否能真正实现推理、思考和解决问题，可以将人工智能分为弱人工智能、强人工智能和超人工智能。

　　1. 弱人工智能

　　弱人工智能是指不能真正实现推理和解决问题的智能机器，这些机器表面看像是智能的，但是并不真正拥有智能，也不会有自主意识。迄今为止的人工智能系统都还是实现特定功能的专用智能，而不是像人类智能那样能够不断地适应复杂的新环境并不断涌现出新的功能，因此都还是弱人工智能。

　　目前的主流研究仍然集中于弱人工智能，并取得了显著进步，如语音识别、图像处理、物体分割、机器翻译等方面取得了重大突破，甚至可以接近或超越人类水平。

　　2. 强人工智能

　　强人工智能是指真正能思维的智能机器，并且认为这样的机器是有知觉和自我意识的，这是人工智能发展的质变。这类机器可以分为类人（机器的思考和推理类似人的思维）与非类人（机器产生了和人完全不一样的知觉和意识，使用和人完全不一样的推理方式）两大类。从一般意义上来说，达到人类水平的、能够自适应地应对外界环境挑战的、具有自我意识的人工智能称为"通用人工智能""强人工智能"或"类人智能"。

　　强人工智能不仅在哲学上存在巨大争论（涉及思维与意识等根本问题的讨论），在技术上的研究也具有极大的挑战性。强人工智能当前鲜有进展，美国私营部门的专家及国家科技委员会比较支持的观点是，至少在未来几十年内难以实现。因为这涉及理解大脑产生智能的机理这一脑科学的终极性问题，绝大多数脑科学专家都认为这是一个数百年乃至数千年甚至永远都解决不了的问题。

　　通向强人工智能还有一条"新"路线，这里称为"仿真主义"。这条新路线通过制造先进的大脑探测工具从结构上解析大脑，再利用工程技术手段构造出模仿大脑神经网络基元及结构的仿脑装置，最后通过环境刺激和交互训练仿真大脑实现类人智能，简言之，"先结构，后功能"。虽然这项工程也十分困难，但都是有可能在数十年内解决的工程技术问题，而不像"理解大脑"这个科学问题那样遥不可及。

　　仿真主义是通向强人工智能的关键一环。经典计算机是数理逻辑的开关电路实现，采用冯·诺依曼体系结构，可以作为逻辑推理等专用智能的实现载体。但要靠经典计算机，不可能实现强人工智能。要按仿真主义的路线"仿脑"，就必须设计制造全新的软、硬件系统，这就是"类脑计算机"，或者更准确地称为"仿脑机"。"仿脑机"是"仿真工程"的标志性成果，也是"仿脑工程"通向强人工智能之路的重要里程碑。

　　3. 超人工智能

　　牛津大学哲学家、知名人工智能思想家博斯特伦（Bostrom）在其著作中提出，人工智能技术很可能在不久的将来孕育出在认知方面全面超越人类的超人工智能，并将超人工智能定义为"在几乎所有的领域都比人类最聪明的大脑聪明得多，包括科学、创新、通识和社交技能"。这是人工智能发展的终极目标，但是超人工智能将给人类带来什么深远的影响，这或许会颠覆我们常规的想法。

10.3.5 人工智能的特征

人工智能有以下三个方面的特征。

（1）由人类设计，为人类服务，本质为计算，基础为数据。从根本上说，人工智能系统必须以人为本，这些系统是人类设计出的机器，按照人类设定的程序逻辑或软件算法通过人类发明的芯片等硬件载体来运行或工作。其本质体现为计算，通过对数据的采集、加工、处理、分析和挖掘，形成有价值的信息流和知识模型，来为人类提供延伸人类能力的服务，来实现对人类期望的一些"智能行为"的模拟，在理想情况下必须体现服务人类的特点，而不应该伤害人类，特别是不应该有目的性地做出伤害人类的行为。

（2）能感知环境，能产生反应，能与人交互，能与人互补。人工智能系统应能借助传感器等器件产生对外界环境（包括人类）进行感知的能力，可以像人一样通过听觉、视觉、嗅觉、触觉等接收来自环境的各种信息，对外界输入产生文字、语音、表情、动作（控制执行机构）等必要的反应，甚至影响到环境或人类。借助于按钮、键盘、鼠标、屏幕、手势、体态、表情、力反馈、虚拟现实和增强现实等方式，人与机器间可以产生交互与互动，使机器设备越来越"理解"人类乃至与人类共同协作、优势互补。这样，人工智能系统能够帮助人类做人类不擅长、不喜欢但机器能够完成的工作，而人类则适合去做更需要创造性、洞察力、想象力、灵活性、多变性乃至用心领悟或需要感情的一些工作。

（3）有适应特性，有学习能力，有演化迭代，有连接扩展。人工智能系统在理想情况下应具有一定的自适应特性和学习能力，即具有一定的随环境、数据或任务变化而自适应调节参数或更新优化模型的能力；并且能够在此基础上通过与云、端、人、物越来越广泛深入数字化连接扩展，实现机器客体乃至人类主体的演化迭代，以使系统具有适应性、鲁棒性、灵活性、扩展性，来应对不断变化的现实环境，从而使人工智能系统在各行各业产生丰富的应用。

10.3.6 人工智能关键技术简介

人工智能涉及三个层次的相关技术，包括基础层、技术层、应用层，如图 10-10 所示。这里主要简单介绍与技术层相关的技术。

1. 机器学习

机器学习（Machine Learning）是人工智能技术的核心，研究计算机怎样模拟或实现人类的学习行为，以获取新的知识或技能，重新组织已有的知识结构使之不断改善自身的性能，达到寻找规律、利用规律对未来数据或无法观测的数据进行预测的目的。

2. 知识图谱

知识图谱本质上是结构化的语义知识库，是一种由节点和边组成的图数据结构，以符号形式描述物理世界中的概念及其相互关系，其基本组成单位是"实体—关系—实体"三元组，以及实体及其相关"属性—值"对。不同实体之间通过关系相互联结，构成网状的知识结构。在知识图谱中，每个节点表示现实世界的"实体"，每条边为实体与实体之间的"关系"。通俗地讲，知识图谱就是把所有不同种类的信息连接在一起而得到的一个关系网络，提供了从"关系"的角度去分析问题的能力。

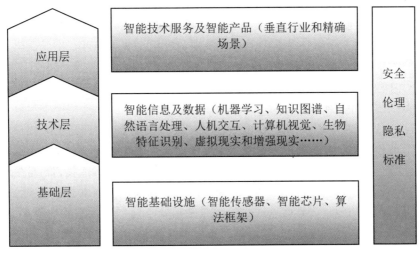

图 10-10　人工智能涉及的相关技术

3. 自然语言处理

自然语言处理是计算机科学领域与人工智能领域中的一个重要方向，研究能实现人与计算机之间用自然语言进行有效通信的各种理论和方法，涉及的领域较多，主要包括机器翻译、语义理解和问答系统等。

自然语言处理面临四大挑战：一是在词法、句法、语义、语用和语音等不同层面存在不确定性；二是新的词汇、术语、语义和语法导致未知语言现象的不可预测性；三是数据资源的不充分使其难以覆盖复杂的语言现象；四是语义知识的模糊性和错综复杂的关联性难以用简单的数学模型描述，语义计算需要参数庞大的非线性计算。

4. 人机交互

人机交互主要研究人和计算机之间的信息交换，主要包括人到计算机和计算机到人两部分信息的交换，是人工智能领域重要的外围技术。人机交互技术除了传统的基本交互和图形交互外，还包括语音交互、情感交互、体感交互和脑机交互等技术。

5. 计算机视觉

计算机视觉是使用计算机模仿人类视觉系统的科学，让计算机拥有类似人类提取、处理、理解、分析图像和图像序列的能力。自动驾驶、机器人、智能医疗等领域均需要通过计算机视觉技术从视觉信号中提取并处理信息。近来随着深度学习的发展，预处理、特征提取与算法处理渐渐融合，形成端到端的人工智能算法技术。

6. 生物特征识别

生物特征识别技术是指通过个体生理特征或行为特征对个体身份进行识别认证的技术。生物特征识别技术涉及的内容十分广泛，包括指纹、掌纹、人脸、虹膜、指静脉、声纹、步态等多种生物特征，其识别过程涉及图像处理、计算机视觉、语音识别、机器学习等多项技术。目前，生物特征识别作为重要的智能化身份认证技术，在金融、公共安全、教育、交通等领域得到广泛的应用。下面将分别对指纹识别、人脸识别、虹膜识别、指静脉识别、声纹识别和步态识别等技术进行介绍。

（1）指纹识别。指纹识别过程通常包括数据采集、数据处理、分析判别三个过程。数据采集通过光、电、力、热等物理传感器获取指纹图像；数据处理包括预处理、畸变校正、特征提取三个过程；分析判别是对提取的特征进行分析判别的过程。

（2）人脸识别。人脸识别是典型的计算机视觉应用，从应用过程来看，可以将人脸识别技术划分为检测定位、面部特征提取和人脸确认三个过程。人脸识别技术的应用主要受到光照、拍摄角度、图像遮挡、年龄等多个因素的影响，在约束条件下人脸识别技术相对成熟，在自由条件下人脸识别技术还在不断改进。

（3）虹膜识别。虹膜识别的理论框架主要包括虹膜图像分割、虹膜区域归一化、特征提取和识别四个部分，研究工作大多基于此理论框架发展而来。虹膜识别技术应用的主要难题包含传感器和光照影响两个方面：一方面由于虹膜尺寸小且受黑色素遮挡，需要在近红外光源下采用高分辨图像传感器才可以清晰成像，对传感器质量和稳定性要求比较高；另一方面光照的强弱变化会引起瞳孔缩放，导致虹膜纹理产生复杂形变，增加了匹配的难度。

（4）指静脉识别。指静脉识别是利用了人体静脉血管中的脱氧血红蛋白对特定波长范围内的近红外线有很好的吸收作用这一特性，采用近红外光对指静脉进行成像与识别的技术。由于指静脉血管分布的随机性很强，其网络特征具有很好的唯一性且属于人体内部特征，不受到外界影响，因此模态特性十分稳定。指静脉识别技术应用面临的主要难题来自于成像单元。

（5）声纹识别。声纹识别是指根据待识别语音的声纹特征识别说话人的技术。声纹识别技术通常可以分为前端处理和建模分析两个阶段。声纹识别的过程是将某段来自某个人的语音经过特征提取后与多复合声纹模型库中的声纹模型进行匹配，常用的识别方法可以分为模板匹配法、概率模型法等。

（6）步态识别。步态是远距离复杂场景下唯一可以清晰成像的生物特征，步态识别是指通过身体体型和行走姿态来识别人的身份。相比上述几种生物特征识别，步态识别的技术难度更大，体现在其需要从视频中提取运动特征，以及需要更高要求的预处理算法，但步态识别具有远距离、跨角度、光照不敏感等优势。

7. 虚拟现实和增强现实

虚拟现实（Virtual Reality，VR）和增强现实（Augmented Reality，AR）是以计算机为核心的新型视听技术。结合相关科学技术，在一定范围内生成与真实环境在视觉、听觉、触感等方面高度近似的数字化环境。用户借助必要的装备与数字化环境中的对象进行交互，相互影响，获得近似真实环境的感受和体验，通过显示设备、跟踪定位设备、触觉交互设备、数据获取设备、专用芯片等实现。

10.3.7 人工智能技术发展趋势

综上所述，人工智能技术在以下方面的发展有显著的特点，是进一步研究人工智能趋势的重点。

1. 技术平台开源化

开源的学习框架在人工智能领域的研发成绩斐然，对深度学习领域影响巨大。开源的深度学习框架使得开发者可以直接使用已经研发成功的深度学习工具，减少二次开发，提高效率，促进业界紧密合作和交流。国内外产业巨头也纷纷意识到通过开源技术建立产业生态，是抢占产业制高点的重要手段。通过技术平台的开源化，可以扩大技术规模，整合技术和应用，有效布局人工智能全产业链。谷歌、百度等国内外龙头企业纷纷布局开源人工智能生态，未来将有更多的软、硬件企业参与开源生态。

2．专用智能向通用智能发展

目前的人工智能发展主要集中在专用智能方面，具有领域局限性。随着科技的发展，各领域之间相互融合、相互影响，需要一种范围广、集成度高、适应能力强的通用智能，提供从辅助性决策工具到专业性解决方案的升级。通用人工智能具备执行一般智慧行为的能力，可以将人工智能与感知、知识、意识和直觉等人类的特征互相连接，减少对领域知识的依赖性、提高处理任务的普适性，这将是人工智能未来的发展方向。未来的人工智能将广泛地涵盖各个领域，消除各领域之间的应用壁垒。

3．智能感知向智能认知方向迈进

人工智能的主要发展阶段包括运算智能、感知智能、认知智能，这一观点得到业界的广泛认可。早期阶段的人工智能是运算智能，机器具有快速计算和记忆存储能力。当前大数据时代的人工智能是感知智能，机器具有视觉、听觉、触觉等感知能力。随着类脑科技的发展，人工智能必然向认知智能时代迈进，即让机器能理解、会思考。

10.4 物联网

物联网（Internet of Things，IoT）在国内外普遍公认的概念是麻省理工学院自动识别中心于 1999 年在研究射频识别（Radio Frequency Identification，RFID）时最早提出来的，目的是为企业管理者提供便利的货物管理手段，实现对"物"的自动化、智能化管理与控制。2005年，国际电信联盟发布《ITU Internet Reports 2005——the Internet of Things》把物联网的定义和范围进行了延伸，把 RFID 技术、传感网技术、智能器件、纳米技术和小型化技术作为都能引导物联网发展的技术，并介绍了物联网面临的挑战和未来的市场机遇。这使得物联网在全球范围内迅速获得认可，并成为继计算机、互联网之后信息产业革命第三次浪潮和第四次工业革命的核心支撑。我国也将物联网正式列为国家五大新兴战略性产业之一，写入了十一届全国人大三次会议政府工作报告。

10.4.1 物联网的概念

物联网是通过 RFID、红外感应器、全球定位系统、激光扫描器等信息传感设备，按约定的协议，把任何物品与互联网连接起来，进行信息交换和通信，以实现智能化识别、定位、跟踪、监控和管理的一种网络。一句话，物联网就是"物物相连的互联网"。这有两层意思：第一，物联网的核心和基础仍然是互联网，是在互联网基础上的延伸和扩展的网络；第二，其用户端延伸和扩展到了任何物品与物品之间，进行信息交换和通信。这里的"物"要满足以下条件才能够被纳入物联网的范围：①要有相应信息的接收器；②要有数据传输通路；③要有一定的存储功能；④要有 CPU；⑤要有操作系统；⑥要有专门的应用程序；⑦要有数据发送器；⑧遵循物联网的通信协议；⑨在世界网络中有可被识别的唯一编号。

物联网的作用是对其用户端的"物"进行定位、跟踪、监控和管理，即在网络的环境下，采用适当的信息安全保障机制，提供安全可控乃至个性化的实时在线监测、定位追溯、报警联动、调度指挥、预案管理、远程控制、安全防范、远程维保、在线升级、统计报表、决策支持、领导桌面等管理和服务功能，实现对"万物"的"高效、节能、安全、环保"的"管、控、营"一体化。

物联网应用场景大致可以分为三条主线：一是面向需求侧的消费性物联网，即物联网与移动互联网相融合的移动物联网，创新高度活跃，孕育出可穿戴设备、智能硬件、智能家居、车联网、健康养老等规模化的消费类应用；二是面向供给侧的生产性物联网，即物联网与工业、农业、能源等传统行业深度融合形成行业物联网，成为行业转型升级所需的基础设施和关键要素；三是智慧城市成为物联网应用集成创新的综合平台，具体应用有：智能制造；智能门锁，可以上传盗窃信息、物流配送最佳时间等；智能机器人；监控冰箱，显示冰箱里食物的保存状态；智能汽车，通过路径分析节省燃料或时间；智能运动检测程序；智能园艺浇水；智能家居系统，有效的节能与生活辅助；智能供应链定制；智能环境监测系统；智能贩卖机；智能城市；智能交通。

10.4.2　物联网的特征

物联网的本质还是互联网，只不过终端不再是计算机（PC、服务器），而是嵌入式计算机系统及其配套的传感器。这是计算机科技发展的必然结果。它具有对象设备化、终端互联化和服务智能化三个重要特征。

当前，互联网企业、传统行业企业、设备商、电信运营商全面布局物联网，连接技术不断突破，NB-IoT、eMTC、Lora 等低功耗广域网全球商用化进程不断加速，物联网平台迅速增长，服务支撑能力迅速提升，区块链、边缘计算、人工智能等新技术题材不断注入物联网。在技术和产业成熟度的综合驱动下，中国信息通信研究在《物联网白皮书（2018 年）》指出，物联网呈现出"边缘的智能化、连接的泛在化、服务的平台化、数据的延伸化"新特征。

（1）边缘的智能化。各类终端持续向智能化的方向发展，操作系统等促进终端软、硬件不断解耦合，不同类型的终端设备协作能力加强。边缘计算的兴起更是将智能服务下沉至边缘，满足了行业物联网实时业务、敏捷连接、数据优化等关键需求，为终端设备之间的协作提供了重要支撑。

（2）连接的泛在化。局域网、低功耗广域网、第五代移动通信网络等陆续商用为物联网提供泛在连接能力，物联网网络基础设施迅速完善，互联效率不断提升，助力开拓新的智慧城市物联网应用场景。

（3）服务的平台化。物联网平台成为解决物联网碎片化、提升规模化的重要基础。通用水平化和垂直专业化平台互相渗透，平台开放性不断提升，人工智能技术不断融合，基于平台的智能化服务水平持续提升。

（4）数据的延伸化。先联网、后增值的发展模式进一步清晰，新技术赋能物联网，不断推进横向跨行业、跨环节"数据流动"和纵向平台、边缘"数据使能"创新，应用新模式、新业态不断显现。

10.4.3　物联网的架构

由于物联网存在异构需求，所以物联网需要一个可扩展的、分层的、开放的基本网络架构。目前，大多数学者将物联网的基本架构分为三层：感知层、网络层和应用层，如图 10-11 所示。感知层是物联网中的关键技术，是实现物联网全面感知的核心能力，是在信息化、数字化中物联网标准化、产业化方面亟需突破的技术层面，感知能力的提高和感知技术的发展是关键。网络层是物联网中标准化程度最高、产业化能力最强、最成熟的部分，主要以一些覆盖面广、运行成熟的网络为基础设施和技术支撑，作为物联网中网络层的运作关键，在于形成具有系统感知能力的网络。应用层是物联网实现目的和目标的重要层面，其业务和应用，包括业务延拓和应用扩展，有很大的开发和发展空间，应用创新是物联网发展的核心。

图 10-11　物联网三层架构模型

1. 感知层

在三层架构中，感知层处于最底层，又称信源层，是物联网的皮肤和五官，负责识别物体、采集信息。感知层涉及的主要技术有电子产品代码（Electronic Product Code，EPC）技术、RFID 技术、智能传感技术等。

（1）EPC 技术。EPC 技术将物体进行全球唯一编号以方便接入网络。编码技术是 EPC 的核心，该编码可以实现单品识别，使用射频识别系统的读写器可以实现对 EPC 标签信息的读取，互联网 EPC 体系中实体标记语言服务器把获取的信息进行处理，服务器可以根据标签信息实现对物品信息的采集和追踪，利用 EPC 体系中的网络中间件等，对所采集的 EPC 标签信息进行管理。

（2）RFID 技术。射频识别技术是一种非接触式的自动识别技术，使用射频信号对目标对象进行自动识别，获取相关数据，目前该方法是物品识别最有效的方式。根据工作频率的不同，可以把 RFID 标签分为低频、高频、超高频、微波等不同的种类。

（3）智能传感器技术。获取信息的另一个重要途径是使用智能传感器，在物联网中，智能传感器可以采集和感知信息，使用多种机制把获取的信息表示为一定形式的电信号，并由相应的信号处理装置处理，最后产生相应的动作。常见的智能传感器包括温度传感器、压力传感器、湿度传感器、霍尔磁性传感器等。

2. 网络层

网络层位于第二层，处在感知层和应用层之间，类似于人体结构中的神经中枢和大脑，负责将感知层获取的信息进行传递和处理。网络层包括通信与互联网的融合网络、网络管理中心、信息中心和智能处理中心等。网络层又可以分为汇聚网、接入网和承载网三部分。

（1）汇聚网。汇聚网主要采用短距高通信技术，如 ZigBee、蓝牙和 UWB 等技术，实现小范围感知数据的汇聚。ZigBee 无线技术是一种小范围、低速率、低成本的无线网络标准，拥有 250kbit/s 的宽带，传输距离可达 1KM 以上，功耗小。蓝牙技术是一种支持设备短距离通信的无线电技术，可以在移动电话、PDA、无线耳机、笔记本电脑等众多设备之间进行无线信息交换。利用该技术可以简化设备终端之间的通信，也能简化设备与互联网之间的相互通信，从而使数据传输准确高效。UWB（超宽带）技术具有系统复杂度低、发射功率谱密度低、对信道衰落不敏感、低截获能力、定位精度高等优点，适用于室内等密集多径场所的高速无线接入。

（2）接入网。物联网的接入方式较多，多种接入手段整合起来是通过各种网关设备实现的，使用网关设备统一接入到通信网络中，需要满足不同的接入需求，并完成信息的转发、控制等功能。常用的技术主要有 6LoWPAN、M2M 及全 IP 融合架构。M2M 是机器之间建立连接的所有技术和方法的总称，这是目前物联网的一种重要接入方式。该技术是物联网实现通信链接的关键，在无线通信与信息技术的整合、双向通信等多种领域中都有广泛的应用。

（3）承载网。物联网需要大规模信息交互和无线传输，重新建立通信网络是不现实的，需要借助现有通信网设施，根据物联网特性加以优化和改造以承载各种信息。承载网发展可以分为三个阶段：混同承载阶段（信息量较小）、区别承载阶段（信息量较大）、独立承载阶段（信息量很大）。

3. 应用层

应用层是物联网社会分工与行业需求的结合，实现广泛智能化。应用层的关键技术包括中间件技术、云计算、物联网业务平台等技术。物联网中间件位于物联网的集成服务器和感知层、网络层的嵌入式设备中，主要针对感知的数据进行校对汇集，在物联网中起着比较重要的作用。云计算是基于网络将计算任务分布在大量计算机构成的资源池中，使用户可以借助网络按需获取计算力、存储空间和信息服务。物联网业务平台主要针对物联网的不同业务，研究其系统模型、体系架构等关键技术。

10.4.4 物联网的发展趋势

从物联网概念兴起发展至今，受基础设施建设、基础性行业转型和消费升级三大周期性发展动能的驱动，物联网作为新一代信息技术的代表成为推动传统产品、设备、流程、服务向数字化、网络化、智能化发展，产业力量不断增强，多样化技术加速融合，应用场景持续拓展。

全球物联网产业规模由 2008 年 500 亿美元增长至 2018 年近 1510 亿美元。未来，万物必将互联。而物联网与新技术的融合创新，使得物联网具备了更加智能、开放、安全、高效的"智联网"内涵，这也是物联网的发展趋势。物联网创新主要围绕横向的数据流动和纵向的数据赋能两大方向进行。其中，横向的数据流动创新主要体现在两个方面，一是跨层的数据流动，即云、管、端之间的数据流动，以提升效率为主要创新方向；二是跨行业、跨环节的数据流动，以物联网语义、区块链技术为代表，以数据一致性为创新方向。纵向的数据赋能包括平台的大数据赋能和边缘侧的现场赋能，实现途径包括基于人工智能的知识赋能、基于边缘计算的能力赋能和为数据开发服务的工具赋能。

需要指出的是，当前基于物联网的攻击已经成为现实。据 Gartner 调查，近 20%的企业或相关机构在过去三年内遭受了至少一次基于物联网的攻击。数据安全、网络安全、硬件安全日益影响物联网的发展，在服务端、终端和通信网等物联网应用模型各个主要环节，仍然存在网络安全管理和检测工作不规范、传统的安全防护技术不能适应当前的网络安全新形势、尚未建立起有效的安全防护防御体系和安全生态等诸多问题，需要从规范行业安全管理、制定行业安全检测标准、构建新型有效的安全防护体系、探索和研究新技术和新应用等多个维度着手，联合政府和行业力量，共同打造物联网安全生态，积极推动物联网安全健康发展。

总之，物联网有改变世界的潜能，就像互联网一样，甚至更深远。

10.5　虚拟现实

虚拟现实并不是真实的世界而是一种可交互的环境，人们可以通过计算机等各种媒介进入该环境与之交流和互动。它是把抽象、复杂的计算机数据空间转化为直观的、用户熟悉的事物，虽然其所产生的局部世界是人造的和虚构的，并非是真实的，但是当用户进入这一局部世界时，在感觉上与现实世界却是基本相同的。因此，虚拟现实改变了人与计算机之间枯燥、生硬和被动的现状，给用户提供了一个趋于人性化的虚拟信息空间，在信息通信、军事、医学、心理学、教育、科研、商业、影视、娱乐、制造业、工程训练等领域有广阔的应用前景。虚拟现实已经被公认为是 21 世纪重要的发展学科及影响人们生活的重要技术之一，对于推动相关产业、行业的转型升级具有重要意义。

10.5.1　虚拟现实的概念

虚拟现实是人工构建的三维空间虚拟环境，在该环境中用户可以产生视觉、听觉、触觉等感官的感觉，并以自然的方式与虚拟环境中的事物或其他用户进行交互作用，相互影响，也就是说，虚拟现实是一种多源信息融合的、交互式的三维动态视景和实体行为的系统仿真，使用户沉浸到该环境中，如图 10-12 所示。虚拟现实的目标有人提炼为：借助近眼现实、感知交互、渲染处理、网络传输和内容制作等新一代信息通信技术，构建跨越端、管、云的新业态，满足用户在身临其境等方面的体验需求，进而促进信息消费、扩大升级及与传统行业的融合创新。

图 10-12　裸眼 3D 沉浸式投影

虚拟现实是仿真技术的一个重要方向，作为一种综合计算机图形技术、多媒体技术、传感器技术、人机交互技术、网络技术、立体显示技术和仿真技术等多种科学技术而发展起来的计算机领域新技术，是一门富有挑战性的交叉技术前沿学科和研究领域。

根据虚拟现实所倾向的特征的不同，目前的虚拟现实系统可以分为四种：桌面式、增强式、沉浸式和网络分布式。

（1）桌面式。桌面虚拟现实系统比较普遍，它是利用 PC 机或中、低档工作站作为虚拟环境产生器，计算机屏幕或单投影墙作为用户观察虚拟环境的窗口，缺点是易受到周围真实环境的干扰，沉浸感较差，优点是成本相对较低。

（2）增强式。增强式虚拟现实系统是利用穿透型头戴式显示器将计算机产生的虚拟图形和实际环境重叠在一起，因此用户看见现实环境中的物体，同时又把虚拟环境的图形叠加在真实的物体上。该系统主要依赖于虚拟现实位置跟踪技术，以达到精确的重叠。

（3）沉浸式。沉浸式虚拟现实系统主要利用各种高档工作站、高性能图形加速卡和交互设备，通过声音、力与触觉等方式，并且有效地屏蔽周围现实环境（如利用头盔显示器、三面或六面投影墙），使得用户完全沉浸在虚拟世界中。

（4）网络分布式。网络分布式虚拟现实系统是由上述几种类型组成的大型网络系统，用于更复杂任务的研究，它的基础是分布交互模拟。

10.5.2 虚拟现实的发展历史

目前公认的"虚拟现实"名称，是由美国 VPL 公司的创建人拉尼尔在 20 世纪 80 年代提出的，也称灵境技术或人工环境。虚拟现实从小说、电影走向现实，从投机走向理性，历经了七个发展阶段。

（1）第一个阶段（20 世纪 60 年代以前）：模糊幻想阶段。关于"虚拟现实"这个词的起源，目前最早可以追溯到 1938 年法国剧作家安托南·阿尔托的知名著作《戏剧及其重影》，在这本书里阿尔托将剧院描述为"虚拟现实"。其他诸如，1932 年英国著名作家赫胥黎的长篇小说《美丽新世界》、1935 年美国著名科幻小说家威因鲍姆的小说《皮格马利翁的眼镜》和 1950 年美国科幻作家布莱伯利的小说《大草原》，都对"沉浸式体验"进行了最初的描写。

（2）第二阶段（20 世纪 60 年代左右）：萌芽发展阶段。1956 年，具有多感官体验的立体电影系统 Sensorama 被开发。但目前的多方面资料认为，海利希（Heilig）是在 1960 年才获得 Telesphere Mask 专利的。到了 1967 年，海利希才构造了一个多感知仿环境的虚拟现实系统——Sensorama Simulator，这也是历史上第一套虚拟现实系统。自此，虚拟现实继续在文学领域发酵，同时也有科学家开始介入研究。

美国著名科幻杂志编辑根斯巴克（Gernsback）于 1963 年探讨了他的虚拟现实设备，并命名为 Teleyeglasses，这个再造词的意思是这款设备由"电视+眼睛+眼镜"组成。1965 年，美国科学家及虚拟现实之父 Lvan Sutherland 提出感觉真实、交互真实的人机协作新理论，不久之后，美国空军开始用虚拟现实技术进行飞行模拟。1968 年，Lvan Sutherland 研发出视觉沉浸的头盔式立体显示器和头部位置跟踪系统，同时在第二年开发了一款终极显示器——达摩克利斯之剑，从而使虚拟现实终于从科幻小说中走出来成为现实。

（3）第三阶段（20 世纪 70—80 年代）：概念的产生和理论的初步形成阶段。1973 年，

Myron Krurger 提出 Virtual Reality 的概念。虚拟现实从小说延伸到了电影。例如，1981 年科幻小说家文奇的中篇小说《真名实姓》和 1984 年吉布森的科幻小说《神经漫游者》都有关于虚拟现实的描述。而在 1982 年，由史蒂文利斯伯吉尔执导、杰夫•布里奇斯等人主演的一部剧情片《电子世界争霸战》第一次将虚拟现实用电影的形式呈现给了观众。

科技界，特别是美国科技界掀起了虚拟现实热，虚拟现实甚至出现在了《科学美国人》和《国家寻问者》杂志的封面上。1983 年，美国国防部高级研究计划署与陆军共同制订了仿真组网计划，随后宇航局开始开发用于火星探测的虚拟环境视觉显示器。1986 年，"虚拟工作台"这个概念也被提出，裸视 3D 立体显示器开始被研发出来。1987 年，游戏公司任天堂推出了 Famicom 3D System 眼镜。最为重要的是，VPL 公司则在 20 世纪 80 年代推出了如手套、头盔显示器、环绕音响系统、3D 引擎和虚拟现实操作系统等一系列产品，并再次提出 Virtual Reality 这个词，得到了大家的认可和使用。

（4）第四阶段（20 世纪 90 年代至 21 世纪初）：理论完善阶段。20 世纪 90 年代，虚拟现实掀起了第一波全球热潮。除了《黑客帝国》等电影不断地呈现虚拟现实，波音、世嘉、任天堂、索尼等公司也大力布局虚拟现实，开发了很多产品，并于 1994 年出现了虚拟现实建模语言，为图形数据的网络传输和交互奠定基础。

（5）第五阶段（2004—2011 年）：静默酝酿阶段。在 21 世纪的第一个十年里，手机和智能手机呈现爆发状态，虚拟现实仿佛被人遗忘。尽管在市场尝试上不太乐观，但人们从未停止在虚拟现实领域的研究和开拓。索尼在这段时间推出了 3kg 重的头盔，Sensics 公司也推出了高分辨率、超宽视野的显示设备 piSight，其他公司也连续性地推出各类产品。由于虚拟现实技术在科技圈已经充分扩展，科学界与学术界对其越来越重视，虚拟现实在医疗、飞行、制造和军事领域开始得到深入的应用研究。

（6）第六阶段（2012—2017 年）：爆发阶段。2012 年 8 月，19 岁的 Palmer Luckey 把 Oculus Rift 摆上了众筹平台 Kickstarter 的货架，短短一个月左右就获得了 9522 名消费者的支持，收获 243 万美元众筹资金。2014 年，Oculus 被互联网巨头 Facebook 以 20 亿美金收购，该事件强烈刺激了科技圈和资本市场，沉寂了那么多年的虚拟现实终于迎来了爆发。

此后全球资本密集地投向虚拟现实这一领域。随着 2016 年产业元年 Sony、HTC 和 Oculus 第一代面向大众消费市场的 VR 终端 "三剑客" 的上市（PSVR、Vive、Rift），以及 Microsoft 推出面向垂直行业市场的 AR 终端 Hololens，资本市场投资的热潮进一步高涨，各大 ICT 巨头积极提出有关发展战略，众多科技初创公司纷纷涌现。2017 年，苹果、谷歌相继推出了基于 iOS 11、Android 7.0（Nougat）平台的 ARKit、ARCore，将虚拟现实技术赋予数亿台手机与平板电脑。

（7）第七阶段（2016 年至今）：理性调整阶段。当前的 "虚拟现实产业临冬论"（2017 年投资增速负增长）反映出虚拟现实发展已由概念热炒进入理性调整阶段，自 2016 年进入高速发展之后，全球虚拟现实风险资本市场已经针对产业链条开展了更加审慎明确的投入。

需要指出的是，2018 年，全球虚拟现实产业规模超过 700 亿人民币，终端出货量约为 900 万台，预计 2020 年产业规模将超过 2000 亿人民币，终端出货量接近 4000 万台，2018—2022 年期间虚拟现实复合增长率超过 70%，终端出货量增速约为 65%。

10.5.3　虚拟现实的特点

虚拟现实有以下三个特点：

（1）沉浸性（Immersion）。沉浸性也称存在感，是指用户感到作为主角存在于虚拟环境中的真实程度，即除计算机技术所具有的视觉感知之外，还有听觉、力觉、触觉、运动感知，甚至包括味觉、嗅觉感知等。理想的模拟环境应该具有一切人所具有的感知功能，身临其境，达到使用户难以分辨真假的程度。

（2）交互性（Interactivity）。交互性是指用户对虚拟环境中物件的可操作程度和从环境中得到反馈的自然程度。例如，当用户用手去抓取虚拟环境中的物件时，手就有握东西的感觉，而且可以感受到物件的重量，被抓的物件也如现实中一样可以随手的移动而移动。又如当受到力的推动时，物件会向力的方向移动，或者翻倒，或者从桌面落到地面等。

（3）构想性（Imagination）。构想性是指在虚拟环境中具有广阔的想象空间，不仅可以再现真实存在的环境，也可以随意构想客观不存在的甚至是不可能发生的环境，用户沉浸其中，可以获取新的知识，提高感性和理性认识，从而使用户深化概念和萌发新的联想，最终拓展人类认知范围，启发人的创造性思维。

10.5.4　虚拟现实的实现

无论哪种虚拟现实系统，虚拟现实的实现一般是从用户的角度展开的，大体过程是从用户发起虚拟现实服务请求开始，到完成沉浸式互动，并成功结束虚拟环境在用户面前的展示，如图 10-13 所示。

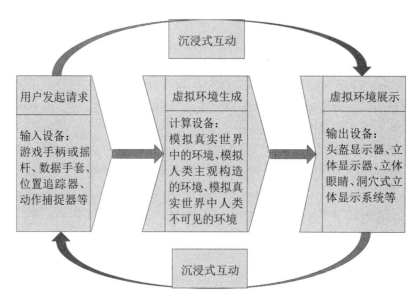

图 10-13　虚拟现实实现过程示意图

虚拟现实的实现依赖于输入设备、计算设备、输出设备。其中，输入设备（也称辅助设备）主要用于信息输入和反馈，包括手柄、位置追踪器和动作捕捉器等。计算设备主要用于实现虚拟现实环境的逻辑计算和图像渲染，一般基于智能化操作系统、底层芯片能力访问的驱动接口、采用 Unity 3D、Unreal 等支持虚拟现实渲染的中间件。输出设备（也称展示设备）主要用于将渲染的虚拟环境清晰化输出，并实现虚拟环境的三维立体化，展示在用户面前。

10.5.5　虚拟现实的发展趋势

纵观多年以来的发展历程，未来虚拟现实的研究仍将遵循"低成本、高性能"这一原则，从软、硬件上展开，并将从以下主要方向发展。

1.　动态环境建模技术

虚拟环境的建立是虚拟现实技术的核心内容，动态环境建模技术的目的是获取实际环境的三维数据，并根据需要建立相应的虚拟环境模型。

2.　实时三维图形的生成和显示技术

三维图形的生成技术已经比较成熟，而关键是如何"实时生成"，在不降低图形的质量和复杂程度的前提下，如何提高刷新频率将是今后重要的研究内容。此外，虚拟现实还依赖于立体显示和传感器技术的发展，现有的虚拟设备还不能满足系统的需要，有必要开发新的三维图形生成和显示技术。

3.　人机交互

新型交互设备的研制有助于实现人自由地与虚拟世界中的对象进行交互，犹如身临其境，借助的输入和输出设备主要有头盔显示器、数据手套、数据衣服、三维位置传感器和三维声音产生器等。因此，新型、便宜、鲁棒性优良的数据手套和数据服将成为未来研究的重要方向。

4.　智能化语音虚拟现实建模

虚拟现实建模是一个比较繁复的过程，需要花费大量的时间和精力。如果将虚拟现实技术与智能技术、语音识别技术结合起来，可以很好地解决这个问题。我们对模型的属性、方法和一般特点的描述通过语音识别技术转化为建模所需的数据，然后利用计算机的图形处理技术和人工智能技术进行设计、导航和评价，将基本模型用对象表示出来，并逻辑地将各种基本模型静态或动态地连接起来，最后形成系统模型。在模型形成后进行评价并给出结果，并由人直接通过语言来进行编辑和确认。

5.　大型网络分布式虚拟现实的应用

网络分布式虚拟现实将分散的虚拟现实系统或仿真器通过网络连接起来，采用协调一致的结构、标准、协议和数据库，形成一个在时间和空间上互相耦合的虚拟合成环境，参与者可以自由地进行交互作用。目前，分布式虚拟交互仿真已经成为国际上的研究热点，相继推出了DIS、mA 等相关标准。网络分布式虚拟现实在航天中极具应用价值，如国际空间站的参与国分布在世界不同的区域，分布式虚拟现实训练环境不需要在各国重建仿真系统，这样不仅减少了研制费和设备费用，也减少了人员出差的费用和异地生活的不适。

6.　虚拟现实与人工智能的融合

虚拟现实与人工智能的融合主要体现在三个方面：一是虚拟对象的智能化，包括虚拟实体、虚拟化身向虚拟人发展和虚拟人体；二是虚拟交互的智能化，智能交互强调交互的感知、理解和识别，带来全新的交互方式；三是虚拟现实内容研发和生产的智能化。

参考文献

[1] 宋绍成. 大学计算机基础[M]. 北京：高等教育出版社，2015.

[2] 徐秀花. 大学计算机基础[M]. 北京：清华大学出版社，2017.

[3] 王广春. 3D打印技术及应用实例[M]. 北京：机械工业出版社，2016.

[4] 中国信息通信研究院. 大数据白皮书（2018年），2018.

[5] 全国信息安全标准化技术委员会，大数据安全标准特别工作组. 大数据安全标准化白皮书（2018版），2018.

[6] 中国电子技术标准化研究院. 人工智能标准化白皮书（2018版），2018.

[7] 德勤有限公司. 中国人工智能产业白皮书，2018.

[8] 中国信息通信研究院. 物联网白皮书（2018年），2018.

[9] 王伟鑫. 关于物联网的架构及关键技术研究综述[J]. 山东工业技术，2015（18）：142.

[10] 中国信息通信研究院，华为技术有限公司，虚拟现实内容制作中心. 中国虚拟现实应用状况白皮书（2018年），2018.

[11] 郑轲. 虚拟现实关键技术及应用综述[J]. 通讯世界，2016（6）：258.